海上大风预报

基本原理与技术方法

吴曼丽　王坚红　郜凌云　编著

辽宁科学技术出版社
·沈阳·

策　划：孟　莹

编　著：吴曼丽　王坚红　郜凌云

统　稿：吴曼丽

编　审：王奉安

图书在版编目（CIP）数据

海上大风预报基本原理与技术方法 / 吴曼丽，王坚红，郜凌云编著 . —沈阳：辽宁科学技术出版社，2023.9

ISBN 978-7-5591-3232-1

Ⅰ.①海… Ⅱ.①吴… ②王… ③郜… Ⅲ.①海洋气象—气象预报　Ⅳ.① P732

中国国家版本馆 CIP 数据核字（2023）第 174713 号

出版发行：辽宁科学技术出版社

　　　　　（地址：沈阳市和平区十一纬路25号　邮编：110003）

印 刷 者：辽宁鼎籍数码科技有限公司

经 销 者：各地新华书店

开　　本：185 mm × 260 mm

印　　张：15.5

字　　数：330 千字

出版时间：2023 年 9 月第 1 版

印刷时间：2023 年 9 月第 1 次印刷

责任编辑：陈广鹏

封面设计：义　航

版式设计：义　航

责任校对：栗　勇

书　　号：ISBN 978-7-5591-3232-1

定　　价：98.00元

联系电话：024-23280036
邮购热线：024-23284502
http://www.lnkj.com.cn

前　言

我国是一个海洋大国，邻近我国大陆和岛屿的海域范围相当辽阔，由于地处东亚季风气候区，冬、夏季风差异显著，受季节、海岸带地形、海表温度等的影响，濒临我国的西北太平洋以及渤海、黄海、东海和南海的海洋环境条件十分复杂、气候多变，是海上大风灾害频繁发生的区域，在一定程度上影响了沿海地区渔农业和航运及工程项目。因此，沿海地区海洋灾害的防灾减灾任务相当艰巨，针对海上大风事件，需要提高海上大风的预报预警技术水平，才能有效提升沿海的抗风防险能力，满足日益增长的海上运输、海难救援、海上工程、海洋渔业和海洋农业的气象服务保障需求。

海上大风预报预警是海上气象导航业务系统的重点部分之一，提高海上大风预报预警技术将有助于海上气象导航系统的开发和改善。海上大风灾害的预报预警需要把对海区大风特性的统计认识、动力理论知识和依托现代化观测手段的实时监测，以及以数值预报为基础的预报预警技术有机结合在一起。引发海上大风的天气系统主要有台风（热带气旋）、温带气旋、强冷空气活动。海区大风的统计特性除了由各类天气过程引发的大风外，还要考虑海区的大风具有明显的季风特征，以及由地形等因素造成的局地特殊大风区。为加快精细化预报技术方法的开发应用，还应进一步提高海洋气象数值预报产品的准确率，延长海洋气象灾害的预报警报时效。海洋气象灾害的发生机制往往有别于陆地，然而，目前专门针对海洋气象灾害预报技术方法的参考书籍还有待丰富。

中国气象局气象干部培训学院 2016 年开始开展全国海洋气象预报业务培训，针对业务需要编写了《海上大风预报技术》培训讲义，本书是在此基础上进行扩充、完善而成的。本书内容在辽宁分院经过了课程讲授，受到学生尤其是来自一线气象部门学员的喜爱与肯定。

孟莹院长策划与组织了本书的编著和出版，协调中国气象局气象干部培训学院辽宁分院、南京信息工程大学海洋科学学院、南京信大气象科学技术研究院共同完成；李叶妮、曲荣强、冯艾琳、姜鹏、任志杰和苗春生参与了本书部分内容编写；刘斌、方缘对全书进行了校对，并整理了资料、图片。本书在编著过程中，参考了许多气象科技工作者的预报经验和科研成果，在此表示衷心感谢。

编著者

2023 年 3 月

目　录

1 风与大风的基本概念

1.1 风的基本概念

空气运动产生的气流称为风。它是由许多在时空上随机变化的小尺度脉动叠加在大尺度规则气流上的一种三维矢量。地面气象观测中测量的风是二维矢量（水平运动），用风向、风速表示。

依据中国气象局《地面气象观测规范》，风向是指风的来向，最多风向是指在规定时段内出现频数最多的风向。人工观测时，风向用 16 方位法；自动观测时，风向以（°）为单位，见图 1.1。

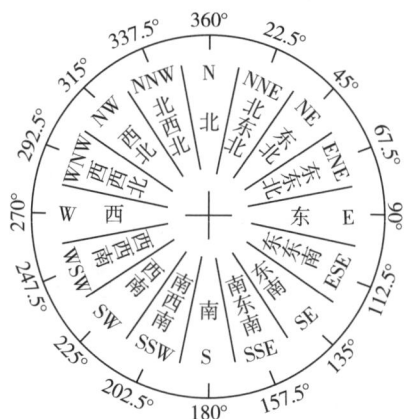

图 1.1　风向方位

风速是指单位时间内空气移动的水平距离。风速以 m/s 为单位，保留一位小数。

最大风速是指在某个时段内出现的最大 10 min 平均风速。

极大风速（阵风）是指某个时段内出现的最大瞬时风速。

瞬时风速是指 3 s 的平均风速。

风的平均量是指在规定时间段的平均值，有 3 s、1 min、2 min 和 10 min 的平均值。

如果挑取一天最大风速就是在这一天内任意的 10 min 平均的最大者为日最大风速，一天的极大风速就在这一天内瞬时（一般是指 1 s）风速的最大值。就是说最大风速是个平均值，极大风速是个瞬时值。在指定的同一时段内，极大风速永远大于等于最大风速，绝大部分情况下极大风速大于最大风速。

人工观测时，需测量平均风速和最多风向。配有自记仪器的要做风向、风速的连续记录并进行整理。自动观测时，测量平均风速、平均风向、最大风速、极大风速。没有仪器时，可按照蒲福风力等级表（表 1.1）目测风向和风力，即通过观察环境示踪物的形态来判断风向和风速。

表 1.1 蒲福风力等级

风力级数	名称	海面状况海浪		海面船只征象	陆地地物征象	相当于空旷平地上标准高度10m处的风速		
		一般/m	最高/m			m/s	中数/(m/s)	nm/h
0	静风	—	—	静	静，烟直上	0~0.2	0	小于1
1	软风	0.1	0.1	平常渔船略觉摇动	烟能表示风向，但风向标不能动	0.3~1.5	1.0	1~3
2	轻风	0.2	0.3	渔船张帆时，每小时可随风移行2~3km	人面感觉有风，树叶微响，风向标能转动	1.6~3.3	2.0	4~6
3	微风	0.6	1.0	渔船渐觉颠簸，每小时可随风移行5~6km	树叶及微枝摇动不息，旌旗展开	3.4~5.4	4.0	7~10
4	和风	1.0	1.5	渔船满帆时可使船身倾向一侧	能吹起地面灰尘和纸张，树的小枝摇动	5.5~7.9	7.0	11~16
5	清劲风	2.0	2.5	渔船缩帆	有叶的小树摇摆，内陆的水面有小波	8.0~10.7	9.0	17~21
6	强风	3.0	4.0	渔船加倍缩帆，捕鱼须注意风险	大树枝摇动，电线呼呼有声，举伞困难	10.8~13.8	12.0	22~27
7	疾风	4.0	5.5	渔船停泊港中，在海者下锚	全树摇动，迎风步行感觉不便	13.9~17.1	16.0	28~33
8	大风	5.5	7.5	进港的渔船皆停留不出	微枝折毁，人行向前感觉阻力甚大	17.2~20.7	19.0	34~40
9	烈风	7.0	10.0	汽船航行困难	建筑物有小损（烟囱顶部及平屋摇动）	20.8~24.4	23.0	41~47
10	狂风	9.0	12.5	汽船航行颇危险	陆上少见，见时可使树木拔起或使建筑物损坏严重	24.5~28.4	26.0	48~55
11	暴风	11.5	16.0	汽船遇之极危险	陆上很少见，有则必有广泛损坏	28.5~32.6	31.0	56~63
12	飓风	14.0	—	海浪滔天	陆上绝少见，摧毁力极大	32.7~36.9	35.0	64~71

在常规天气预报中，风是指距地面 10 m 高度处的风，风向为预报时段内主要风向，风速为平均最大风速，以及最大阵风。

目前天气分析中也常用来自数值模式以及再分析资料的风或风场，此类风往往是以风的 u、v 两维分量存储，即采用笛卡尔坐标系，使用时将 u、v 两分量合成为一个风矢量。而前述观测的风向、风速则遵循极坐标系，给出风矢量的位向角和大小。两种形式的风矢量分解在使用时有各自的优势。

1.2 海上大风

根据蒲氏风力等级，风力分为 12 级，当平均风速达到 6 级（10.8m/s）时称为强风，平均风速达到 8 级（17.2m/s）及以上时称为大风。此时在陆地上微枝折毁，人行向前感觉阻力甚大，在海上进港的渔船皆停留不出。

目前海洋气象预报业务中的海区大风一般指平均风速达到 6 级及以上风力等级的风。由于海上大风将造成海面大浪，严重影响海上航行与施工，进而造成灾害，因此，大风预报是风预报的重点，海上大风预报更是海洋气象服务的重点。

1.3 阵风应用

1.3.1 阵风的定义

阵风是指瞬间极大风速。世界气象组织（WMO）指出，阵风是在规定时间内，风速对其平均值持续时间不大于 2 min 的正或负的偏离。负的阵风又称为息风。

在风力较大时，气象台在风力的预报中，常常加上阵风，如风力 5~6 级、阵风 7 级，或风力 7~8 级、阵风 9 级。意思是一般（或平均）风力 5~6 级（或 7~8 级），最大风力可达 7 级（或 9 级）。

在航空飞行气象例行天气预报中，阵风指 2 min 或 10 min 内瞬间风速大于等于平均风速 5 m/s 时的最大值。

1.3.2 阵风的产生

阵风的产生是空气扰动的结果。流体在运动中，流过固体表面时会遇到来自固体表面的阻力，使流体的流速减慢。空气是流体的一种，当空气流经地面时，由于地面对空气发生了阻力，低层风速减小，而上层不变，这就使空气发生扰动。它不仅前进，且会下降。有时在空气流经的方向上，因为有丘陵、建筑物和森林等障碍物阻挡而产生回流，这就会造成许多不规则的涡旋，这种涡旋会使空气流动速度产生变化。当涡旋的流动方向与总的空气流动方向一致时，就会加大风速；相反，则会减小风速。所以风速时大时小。当涡旋与空气流动方向一致而加大风速时，会产生瞬时极大风速，这就是阵风。

1.3.3　阵风灾害

过强的阵风极易造成灾害。一般来说，阵风的风速要比平均风速大 50%，甚至更高。平均风速越大，地表面越粗糙，阵风风速超过平均风速的百分率就越大。一次阵风到达最大风速后，过 1~2 s 风速就会小于平均风速的一半，然后再出现另一次最大风速。这样，地面上所吹的风就是阵性的了。

阵风可形成的灾害系统：

（1）阵风锋。在雷暴前沿通常有一定强度的出流辐合，形成阵风锋。近年来研究阵风锋的雷达回波进行短时临近预报日益受到重视。

（2）飑线。突然的强阵风，持续时间短，出现时瞬时风速突然增大，风向突变，气象要素随之剧烈变化，往往是气压上升、温度陡降、湿度增大，并伴有雷雨出现。

1.3.4　阵风的计算与应用

1.3.4.1　概率计算

极大风速是设计大型户外建筑物时需考虑的破坏性气象因素之一。工程技术人员开展设计前必须调查当地不同高度层上极大风速的出现规律，计算出各再现间隔年的极大风速，如百年一遇的极大风速或千年一遇的极大风速，再确定建筑物的防风标准，而后才能开展其他工作。如铁路桥涵一般考虑承受当地 20 m 高 100 年一遇极大风的冲击，架空输电线要考虑承受当地 15 年一遇的极大风冲击，此工作实际上是先推算灾害性极大风出现的概率，而后采取预防性措施的过程。

要进行耿贝尔模型统计分析。分析某地不同高度层上极大风速的出现规律、计算各再现间隔年的极大风速。分析当地某高度层上长时间（30 a 以上）系列的年极大风速资料，得出耿贝尔分布规律，进而计算出各再现间隔年的极大风速，推导出当地其他高度层的各再现间隔年的极大风速。

（1）利用电接风自记资料分析 10 min 最大风速与 2 min 定时最大风速之间的关系，根据分析结果将历史上 2 min 定时最大风速转成 10 min 最大风速，得到一长时间系列的年最大风速。

（2）利用极值统计理论（耿贝尔分布函数）分析所选气象站的最大风速年序列资料，计算各再现间隔年的最大风速。

（3）利用附近自动站积累年极大风与最大风的资料，分析当地最大风与极大风的关系，根据分析结果和各再现间隔年的最大风速计算结果，推导 10 m 高度层各再现间隔年的极大风速。

（4）根据工程设计需要，将 10 m 高度层各再现间隔年的极大风速结果按幂次律公式推导出需要高度层的各再现间隔年的极大风速。

1.3.4.2　风电场极大风速估算

风电场 50 年一遇最大和极大风速是决定风电机组极限载荷的关键指标，也是风电项目开发中机组选型和经济评估的关键指标之一。

风电场 50 年一遇最大风速通常指 10 min 平均风速，50 年一遇极大风速通常指 3s 平均风速。极大风速是决定风机能否在风电场内安全生存的一项重要指标。根据相关标准要求，风力发电机组的设计寿命应大于 20 a，极大风速设计标准为 50 年一遇，即风力发电机组设计的 50 年一遇生存风速应大于风电场 50 年一遇极大风速。

有人研究出一套利用长期气象站与风电场的相关关系来计算风电场的 50 年一遇极大风速的方法，得到广泛的认同。计算主要分以下几个步骤。

（1）采用耿贝尔模型进行频率计算，利用气象站多年最大风速资料得出气象站 10 m 高 50 年一遇的最大风速。

（2）利用气象站与风电场风速的相关关系计算出风电场 10 m 高 50 年一遇设计最大风速。

（3）利用测风塔 70 m 和 10 m 高度大风切变关系推算轮毂高度处 50 年一遇设计最大风速。

（4）根据阵风系数（一般取 1.4）得出风机轮毂高度处 50 年一遇设计极大风速并折算到标准空气密度条件。

1.4 季风

1.4.1 季风概况

季风是大范围地区风向随季节有规律转变的盛行风。季风的形成及分布主要与海陆分布、行星风带的季节性位移、大地形的影响有关。

1.4.1.1 海陆季风

海陆季风是由海陆热力差异引起的。夏季由于海洋的热容量大、加热缓慢，海面较冷，造成气柱收缩，形成高气压；而大陆由于热容量小、加热快，气柱拉伸，形成暖低压。水平气压梯度力由海洋指向陆地，形成从海洋吹向陆地的夏季风。冬季大陆温度较低，而海上温度较高，形成由陆地吹向海洋的冬季风（图 1.2）。

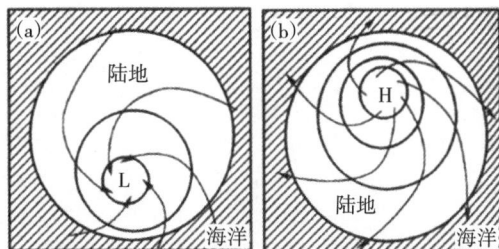

图 1.2 海陆夏季风（a）与冬季风（b）

气流受到气压梯度力和地转偏向力的影响。地转偏向力是一种旋转运动开始后才产生的力，在北半球向右偏，因此形成的气流是弧形的，如图 1.2 所示。在气压梯度力和地转偏向力共同作用下，冬季冷空气南下，其冷锋空间形态与图 1.2 (b) 气流走向近似。夏季台风自低纬度向高纬度移动的轨迹，与图 1.2 (a) 气流走向近似。

夏季在高低压之间的气压梯度由洋面指向内陆，使得夏季风由冷洋面吹向暖大陆；冬季时则正好相反，冬季风由冷大陆吹向暖洋面。这种由于下垫面热力作用不同而形成的海陆季风也是最经典的季风概念，见图 1.3。

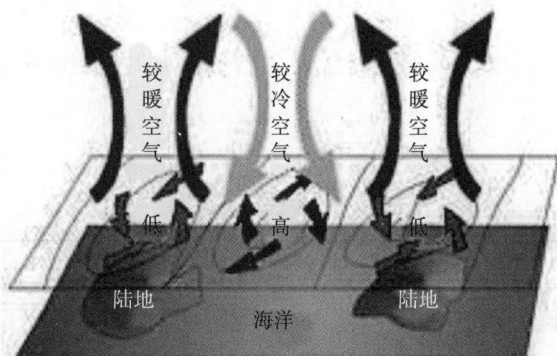

图 1.3　夏季的季风环流

全球季风最强的区域是在热带与副热带之间。因为赤道附近海陆温差终年很小，因此海陆季风弱；在中高纬度副热带北部，气旋活动频繁，风向变化复杂，季风现象不显著。

1.4.1.2　行星季风

行星季风是因行星风带随季节南北移动而形成的季风。地球上的行星风带在北半球夏季向北移动，在南半球夏季向南移动，风带边缘地区的风向随冬夏的改变会发生近 180°的转向，从而形成季风。例如夏季南半球东南信风越过赤道，在北半球 10°～15°N 以南地区转成西南季风。就纬度而言，行星季风在赤道和热带地区最明显，常称为赤道季风或热带季风。行星季风区基本呈带状分布，可以发生在沿海、内陆和大洋中部。如南北半球副热带高压之间的信风汇合带（ITCZ），又称热带辐合带的季节摆动（图 1.4）。

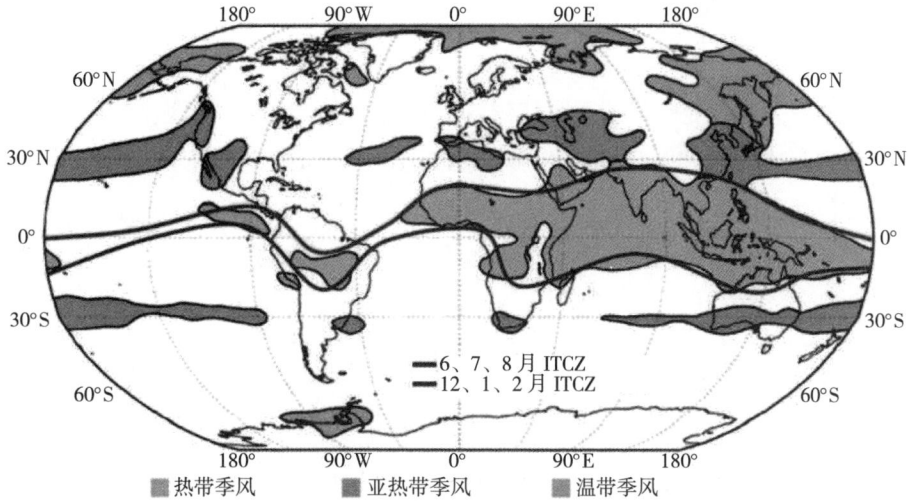

图 1.4　热带辐合带 ITCZ 的季节摆动

图 1.4 显示热带辐合带南北位置差异的最大地区是印度洋，这里是行星季风显著区。

1.4.1.3　大地形作用季风

大地形对季风形成和季风强度的影响包括动力因素和热力因素。如青藏高原的平均高度约 4 km，东西宽约 3000 km，南北长约 1600 km，这样一个面积庞大的高原凸出在大气层中，它的存在对维持和加强南亚夏季风起了重要作用。冬季由于它的阻挡作用，冷空气进入南亚后强度明显减弱，因此南亚冬季风强度较弱。实际上某一地区的季风往往是由特定的海陆分布、行星风带的季节性位移和地形起伏等多种因素共同作用的结果。

季风区在世界各地分布很广，亚洲的东部和南部、东非的索马里沿岸、澳大利亚北部、北美东南沿岸、南美巴西东部沿岸，都是比较著名的季风区，其中以亚洲的季风最为显著、强盛（图 1.4、图 1.5）。

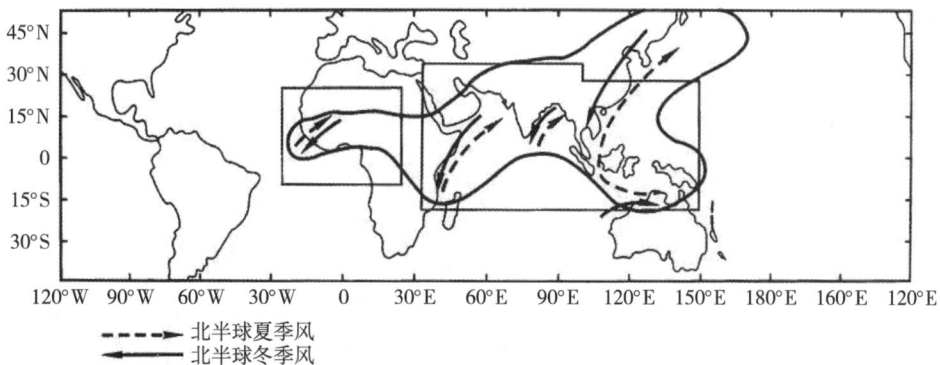

图 1.5　世界主要季风区分布

1.4.2 东亚季风与南亚季风

1.4.2.1 基本状态

亚洲的东亚季风与南亚季风成因与气候特征有很大区别。东亚季风影响的范围包括我国东部、朝鲜、日本等地和附近海域。南亚季风是世界上最强盛、影响范围最广的季风，季风区域主要包括北印度洋及周围的东非、西南亚、南亚、中印半岛和东南亚一带，并与东亚季风区相连。东亚季风和南亚季风的基本形态如图1.6和图1.7所示。

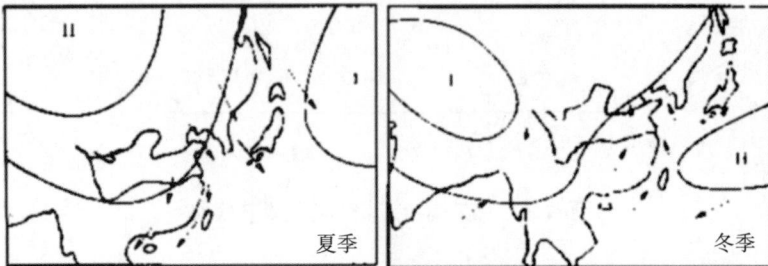

图1.6　东亚季风示意图

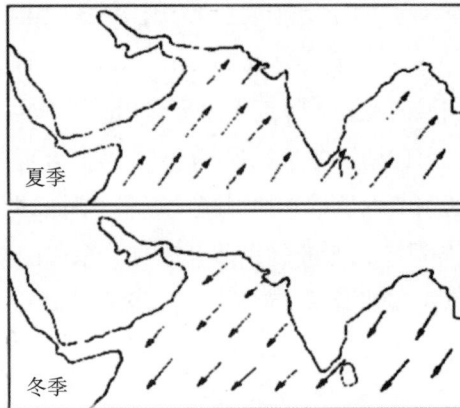

图1.7　南亚季风示意图

1.4.2.2 主要成因

东亚季风主要是因为海陆热力差异形成的，是世界上最强盛的海陆季风，在亚欧大陆东南部和太平洋之间，气温梯度和气压梯度的季节变化比其他地方更显著。冬季西伯利亚冷高压盘踞欧亚大陆，寒潮和冷空气不断暴发南下，大陆高压前缘的偏北风成为冬季风，势力强盛。夏季欧亚大陆为热低压控制，同时西太平洋副热带高压北上西伸，大陆低压和太平洋副高之间的偏南风成为伸向亚洲东部的夏季风。南亚季风形成受行星风带的季节性位移影响，夏季行星风带北移，南半球东南信风越过赤道进入北半球，受地转偏向力影响，逐渐转为西南风。此时南亚大陆增温强烈，形成高温低压区，中心位于印度半岛北部。而南半球冬季时，澳大利亚高压发展，与南印度洋副热带高压合并加强，位置偏北，使该地区由南向北的气压梯度加大，南来的气流跨越赤道后，受地转偏向力作用，形成西南风。此外，印度半岛的岬角效应和青藏高原大地形存在，都对维持和加强西南风起到重要作用。冬季行星风带南退，赤道低压带移到南半球，亚洲大陆高压强大，其南部的东北风成为亚洲南部的冬季风。因为亚洲南部远离大陆高压中心，并有青藏高原阻挡，加之印度半岛相对面积较小，纬度较低，海陆间的气压梯度较弱，所以冬季风不强。

1.4.2.3 季风强度

东亚冬季风在渤海、黄海、东海北部和日本海附近海面多为 NW 风，东海南部和南海多为 NE 风，风力为 5～6 级，寒潮南下时，最大风力可达 12 级。夏季风盛行偏南风，在中国东部和日本海面为 SE 风，在华南沿海、南海和菲律宾附近多为 SW 风。夏季风弱于冬季风，海上为 3～4 级。南亚夏季风特别强大，北印度洋夏季是世界海洋最著名的狂风恶浪区之一。5 月起，小型船只就停止在该海区航行，7 月初至 8 月末，风力常达 9 级以上，并伴有暴雨，给船舶安全航行造成困难。冬季风不强，风力为 3～4 级，成为航行的黄金季节。

1.4.2.4 季风基本特点

东亚季风与南亚季风一样是冬季干燥，夏季潮湿。两者的主要区别可归纳为：

（1）影响范围不同。东亚季风影响我国东部、朝鲜、日本等地和附近海域；南亚季风影响北印度洋及其周围的东非、西南亚、南亚、中印半岛和东南亚一带，并与东亚季风区相连。

（2）主导风向有差异。东亚季风主导风向冬季为偏北风，夏季为偏南风；南亚季风主导风向冬季为东北风，夏季为西南风。

（3）强度季节变化不同。南亚季风是夏季风强于冬季风，东亚季风是冬季风强于夏季风。

（4）形成原因不同。南亚季风是行星风带的季节性位移造成的，东亚季风主要为海陆热力差异造成的。

（5）发展过程不同。南亚夏季风来得迅速，称为季风暴发；东亚夏季风推进较慢，4 月初到达广东，6 月底才到华北北部。而冬季风却来得快，不到 1 个月，就能从渤海扩展到南海。

1.4.2.5 南海季风暴发

南海季风暴发通常发生在 5 月。对 1961—2010 年 4—6 月各候的低层（700～1000 hPa）的可降水量进行多年平均，如图 1.8 所示。图 1.8 显示可降水量在 11 候（5 月最后一候）猛增，由大约 45 mm 上升为约 55 mm。4 月可降水量仅有约 40 mm，6 月则维持在 53 mm 以上。南海夏季风将充沛水汽输送到南海，因此南海季风暴发多数发生在 5 月。

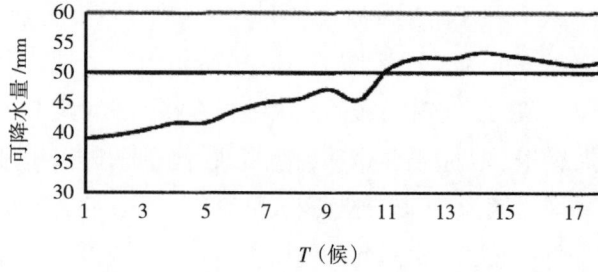

图 1.8　1961—2010（49 a）4—6 月各候低层（700~1000 hPa）可降水量

图 1.9 为季风暴发前后水汽通量的对比。水汽通量为风场与水汽的乘积，可以描述水汽通道状态。

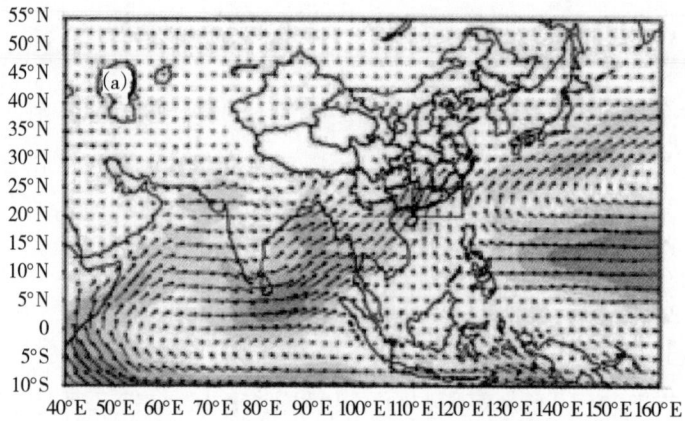

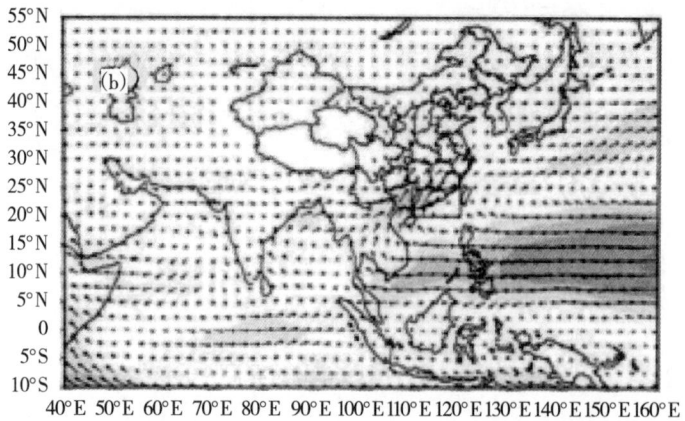

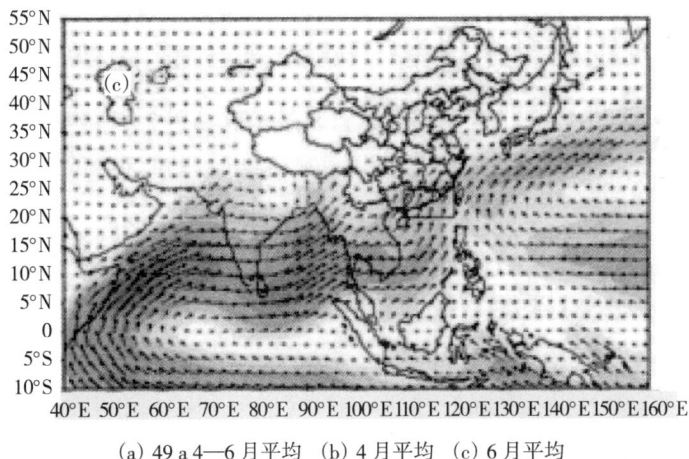

(a) 49 a 4—6月平均　(b) 4月平均　(c) 6月平均

图 1.9　1961—2010（49 a）4 月与 6 月低层（700~1000 hPa）水汽通量

由于季风暴发后西南风速迅速增强，因此季风暴发后，南海水汽通道显著增强，向华南及沿海输送丰富水汽。华南前汛期南海季风暴发后，华南和南海的西南风显著增强。

1.5　海陆风

1.5.1　海陆风

1.5.1.1　海陆风现象

海陆风是因海洋和陆地受热不均匀而在海岸附近形成的一种有日变化的风系。在基本气流微弱时，白天近地面层风从海上吹向陆地，夜晚从陆地吹向海洋。前者称为海风，后者称为陆风，合称为海陆风（图 1.10）。海陆风是以日为周期，以风向交替变化为重要特征的中尺度天气现象。当地面气压场的气压梯度较弱、太阳辐射强度大、天空少云甚至是无云的条件下更有利于海陆风的发生发展。

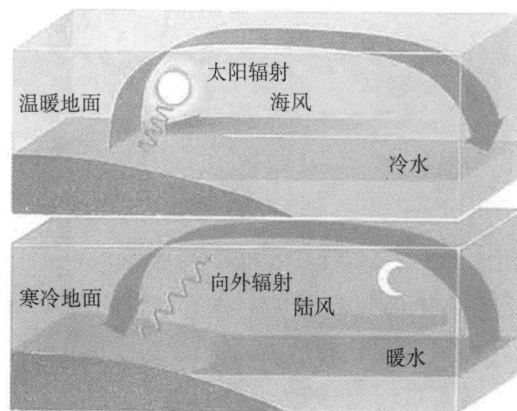

图 1.10　海陆风示意图

　　海陆风的水平范围可达几十千米，垂直高度达 1～2km，周期为一昼夜。在陆地上的气温显著比附近海洋上的气温高，陆地上空气柱因受热膨胀，形成海风，每天上午开始直到傍晚，风力以下午为最强。日落以后，陆地降温比海洋快，到了夜间，海上气温高于陆地，就出现与白天相反的热力环流而形成低层陆风和铅直剖面上的陆风环流。海陆的温差，白天大于夜晚，所以海风较陆风强。如果海风被迫沿山坡上升，常产生云层。在较大湖泊的湖陆交界地，也可产生和海陆风环流相似的湖陆风。海风和湖风对沿岸居民都有消暑热的作用。在较大的海岛上，白天的海风由四周向海岛辐合，夜间的陆风则由海岛向四周辐散。因此，海岛上白天多雨，夜间多晴朗。例如我国海南岛，降水强度在一天之内的最大值就出现在下午海风辐合最强的时刻。

1.5.1.2　海陆风环流

　　根据热力环流原理，在低层形成由海洋指向陆地的水平气压梯度分量，于是出现海风，而在某一高度以上风又从陆地吹向海洋，形成一个闭合环流，如图 1.11（a）所示。夜间陆面冷却比海面快，在低层形成由陆地指向海洋的水平气压梯度分量，于是出现陆风，在一定高度上，风又从海洋吹向陆地，构成与白天相反的环流，如图 1.11（b）所示。海陆温差越大，海陆风发展越强。因此，在地面温度日较差大的地区和季节，海陆风现象明显。在低纬度地区，气温日较差大，海陆风一年四季均可出现；在中纬度地区，海陆风主要出现在夏季，冬季很弱；在高纬度地区，只有夏季晴朗的日子里才能见到微弱的海陆风。在我国沿海，青岛、台湾都能观测到明显的海陆风。

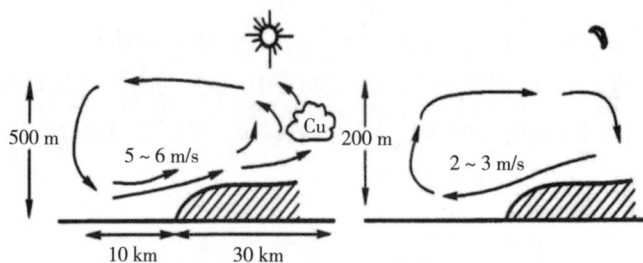

（a）白天的海风　（b）夜间的陆风

图 1.11　海陆风环流示意图

　　一般情况下，海风比陆风强，海风可达 5～6 m/s，陆风只有 2～3 m/s。海风的水平范围和垂直厚度也比陆风大。以水平范围来说，海风深入大陆在温带为 15～50 km，热带最远不超过 100 km，陆风侵入海上最远 20～30 km，近的只有几千米。以垂直厚度来说，海风在温带为几百米，热带也只有 1～2 km；只是上层的反向风常常要更高一些。至于陆风则要比海风浅得多了，最强的陆风，厚度只有 200～300 m，上部反向风仅达 800 m。在我国台湾，海风厚度较大，为 560～700 m，陆风为 250～340 m。

　　海风和陆风的转换时间随地区和天气条件而异。通常，海风始于 9—11 时，13—15

时最强，日落后明显减弱，17—20时转为陆风。如果是阴天，海风出现的时间要向后延迟，有时到12时左右才出现，强度也明显减弱。在海风和陆风交替期间可暂时出现静风，在低纬地区，特别是傍晚无风时，会使人有异常闷热之感。

海风从海上带来大量水汽，使陆地上空气湿度增大，有时会形成雾和低云，甚至产生降水。海风还可以使沿岸陆地气温降低，所以沿海地区夏季不十分炎热。

海陆风与海陆季风都是由海陆热力差异造成的，但是，海陆风影响范围比季风小得多，强度也相对较弱，其风向变化周期为一昼夜，季风则是以1 a为周期。

1.5.1.3 海陆风分析

（1）海陆风的确定

海陆风的预测预报是建立在海陆风的分析基础上的。下面以江苏沿岸为例，对海陆风进行分析（图1.12）。

首先对江苏省各个区域海岸带的方向作了规定，以正北方（0°）为基准，40°～140°为海风风向范围、220°～320°为陆风风向范围。

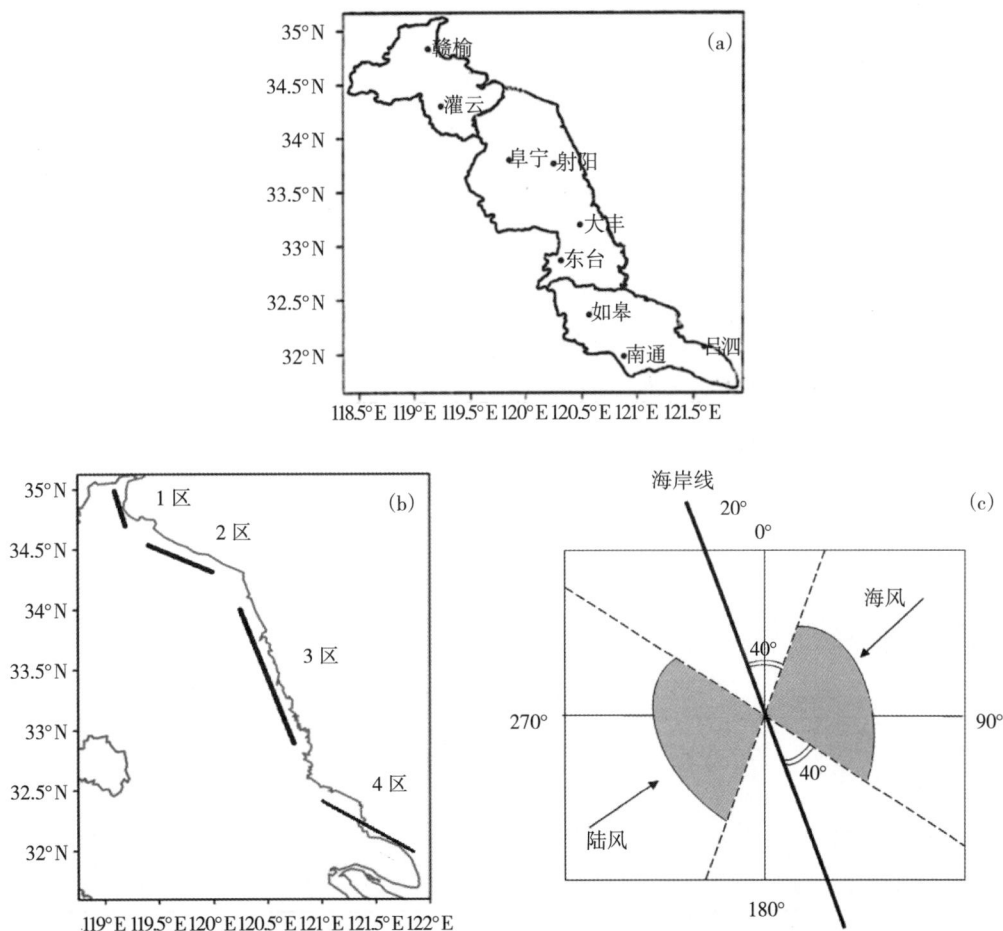

图1.12 江苏沿海地区测站位置（a）、海岸线方位（b）及海陆风方位（c）

调查江苏省 2010—2014 年共 5 a 沿海的 9 个测站每 3 h 1 次的观测资料。海岸线依据其走向，也大致分为 4 段。

江苏沿海地区各测站正北方位与所对应海岸线夹角如表 1.2 所示。

表 1.2　江苏沿海地区各个测站正北方位与所对应海岸线夹角

测站	站号	测站正北方位与所对应海岸线夹角 / (°)
赣榆	58040	20
灌云	58047	60
阜宁	58143	25
射阳	58150	25
大丰	58158	25
东台	58251	20
如皋	58255	68
南通	58259	73
吕泗	58265	67

为了识别海陆风，需要对背景气压场进行限定，在较弱的环流背景下，海陆风才会更容易发生发展与显现。在江苏沿海的 9 个测站范围内，选取海平面气压场上只有 ≤ 1 条等压线通过的时段（等压线间隔 2.5 hPa）。

根据海陆风环境热力特征，选取 14 时和翌日 02 时进行海陆风识别与统计。如果白天有海风，夜间有陆风，则定义为 1 个海陆风日。

（2）江苏沿海海陆风统计特征

对江苏省沿海 3 个城市共 9 个测站 2010—2014 年共 5 a 的夏季和秋季海陆风进行统计分析。

①海陆风出现占比特征

5 a 中夏秋季江苏省沿海出现海陆风的总年平均日数为 41.1 d，占总观测日的 33.41%。各城市具体情况见表 1.3。

表 1.3　江苏省沿海城市海陆风日年平均日数及占总观测日百分比

城市	年平均日数 /d	占比 / (%)
连云港	32.9	26.75
盐城	41.3	33.58
南通	49.0	39.84

依据表 1.4 的统计，可以注意到海陆风的出现与测站距海岸带的距离呈反比关系，如赣榆和吕泗，均非常接近海岸线，它们的海陆风年平均日数均在 20 d 以上。

表 1.4　各测站海陆风年平均日数和占总观测日百分比

测站	站号	年平均日数 /d	占比 / (%)
赣榆	58040	22.8	18.54
灌云	58047	10.1	8.21
阜宁	58143	10.4	8.46
射阳	58150	13.2	10.73
大丰	58158	14.8	12.03
东台	58251	12.6	10.24
如皋	58255	13.6	11.06
南通	58259	11.2	9.11
吕泗	58265	24.2	19.67

②海陆风季节分布特征

江苏沿海海陆风天气出现的占比见表 1.5 和图 1.13。

表 1.5　江苏省沿海城市海陆风季节平均日数和占总观测日百分比

城市	夏季		秋季	
	天数 /d	占比 / (%)	天数 /d	占比 / (%)
连云港	17.8	15.04	14.4	11.71
盐城	21.7	18.37	19.6	16.83
南通	25.4	21.63	23.6	19.02

从图 1.13 可见，夏季海陆风日数更多一些。

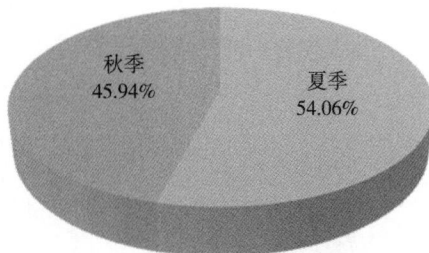

图 1.13　江苏省沿海海陆风季节性占比

15

③海陆风强度分布特征

海陆风的强度是指发生海陆风日的那一天，海风和陆风发展得最强盛的时期即所达到的最大风速为当日的海陆风强度。图 1.14 为沿海各测站统计结果。

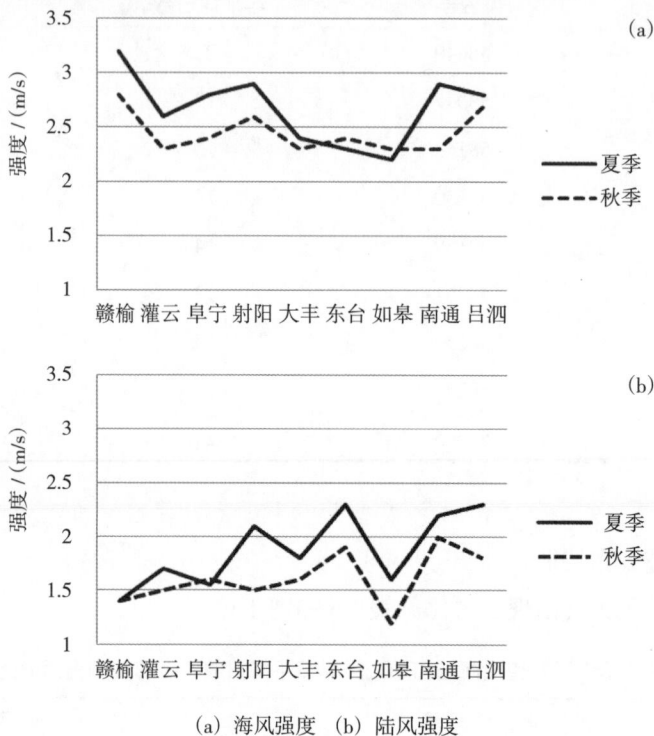

(a) 海风强度　(b) 陆风强度

图 1.14　江苏省沿海各测站夏秋季海陆风强度

图 1.14 显示，秋季的海陆风强度比夏季的海陆风强度略弱一些。而整体上，海风强度要大于陆风强度。如皋站因距海岸线最远，所以海陆风强度最弱。

④海岸纬度带海陆风特征对比

将江苏海岸带分为苏南、苏中、苏北 3 个纬度带，则海陆风的纬度带特征对比如图 1.15 所示。

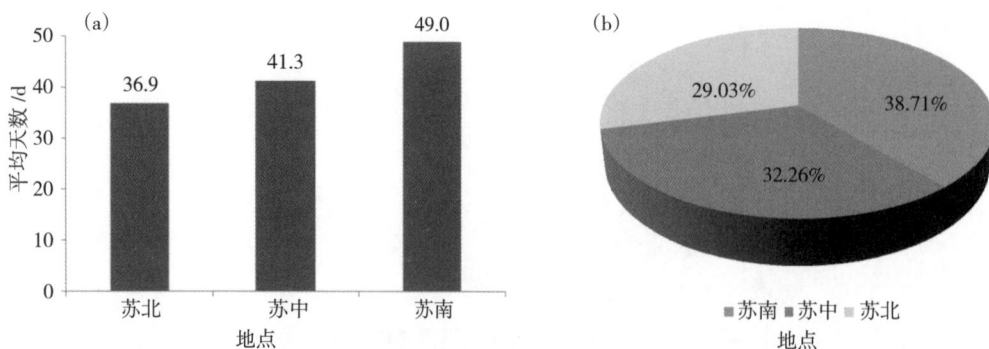

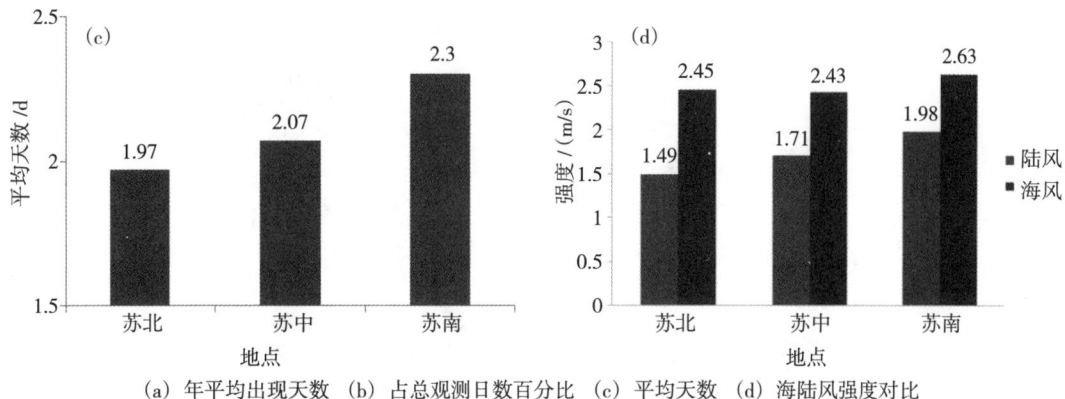

(a) 年平均出现天数 (b) 占总观测日数百分比 (c) 平均天数 (d) 海陆风强度对比

图 1.15 江苏海岸 3 个纬度带海陆风强度及出现占比

图 1.15 显示，海陆风年平均出现天数和平均强度均随纬度带的增高而减少、减小；出现日数占总观测日数百分比也是随纬度带增高而减少。在各纬度带陆风均明显小于海风。

（3）江苏海陆风动力结构特征

①海陆风环流形势

选择苏南、苏中和苏北均有海陆风出现的日数，进行多日环流平均分析，获得海陆风环流合成的结构图（图 1.16）。

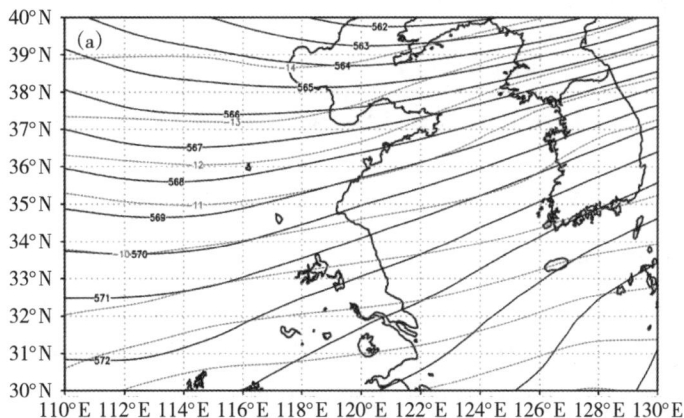

（a）500 hPa 气压场与温度场

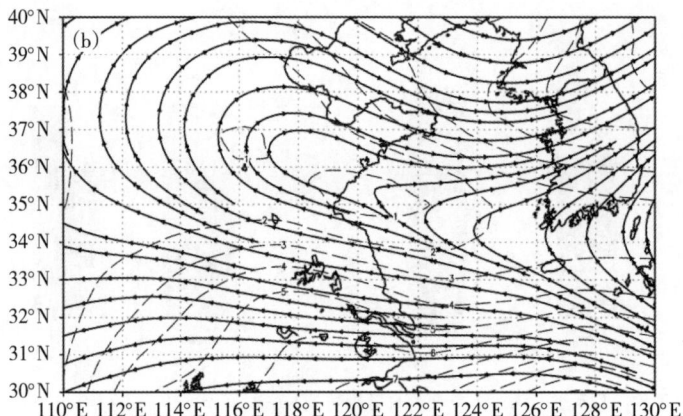

(b) 850 hPa 风流线与等风速线（虚线：单位 m/s）

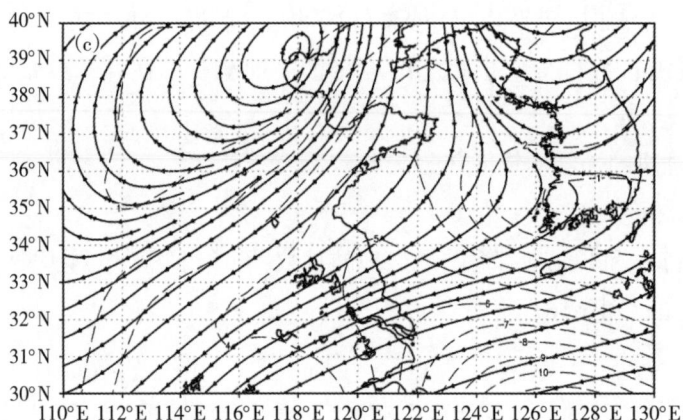

(c) 1000 hPa 风流线与等风速线（虚线，单位 m/s）。

图1.16 海陆风合成环流及温度场结构

图1.16 显示海陆风日的环流在高层为较平直的气压场，没有显著的高低压系统。等温线也比较稀疏平直，形成江苏沿海弱的偏西风暖平流。在中下层，江苏沿海是方向相反的气流，即 850 hPa 上江苏沿海为偏东南风，而近地面 1000 hPa 低层为偏东北气流。在 850 hPa 上为从海上伸向山东半岛的高压前缘，而地面 1000 hPa 上为华北即将入海的内陆小高压。整体上背景环流是相对稳定的形势。

②海陆风垂直环流形势

海风在温带的垂直尺度为几百米，即使在热带也只有 1~2 km，有时位于海陆风上层的反向风要更高一些。陆风垂直厚度比海风浅薄，最强的陆风厚度只有 300 m，上部反向风只有 800 m。针对江苏省沿海城市选择其海陆风日，绘制出在海风最强时和陆风最强时的垂直环流剖面图（图1.17）。

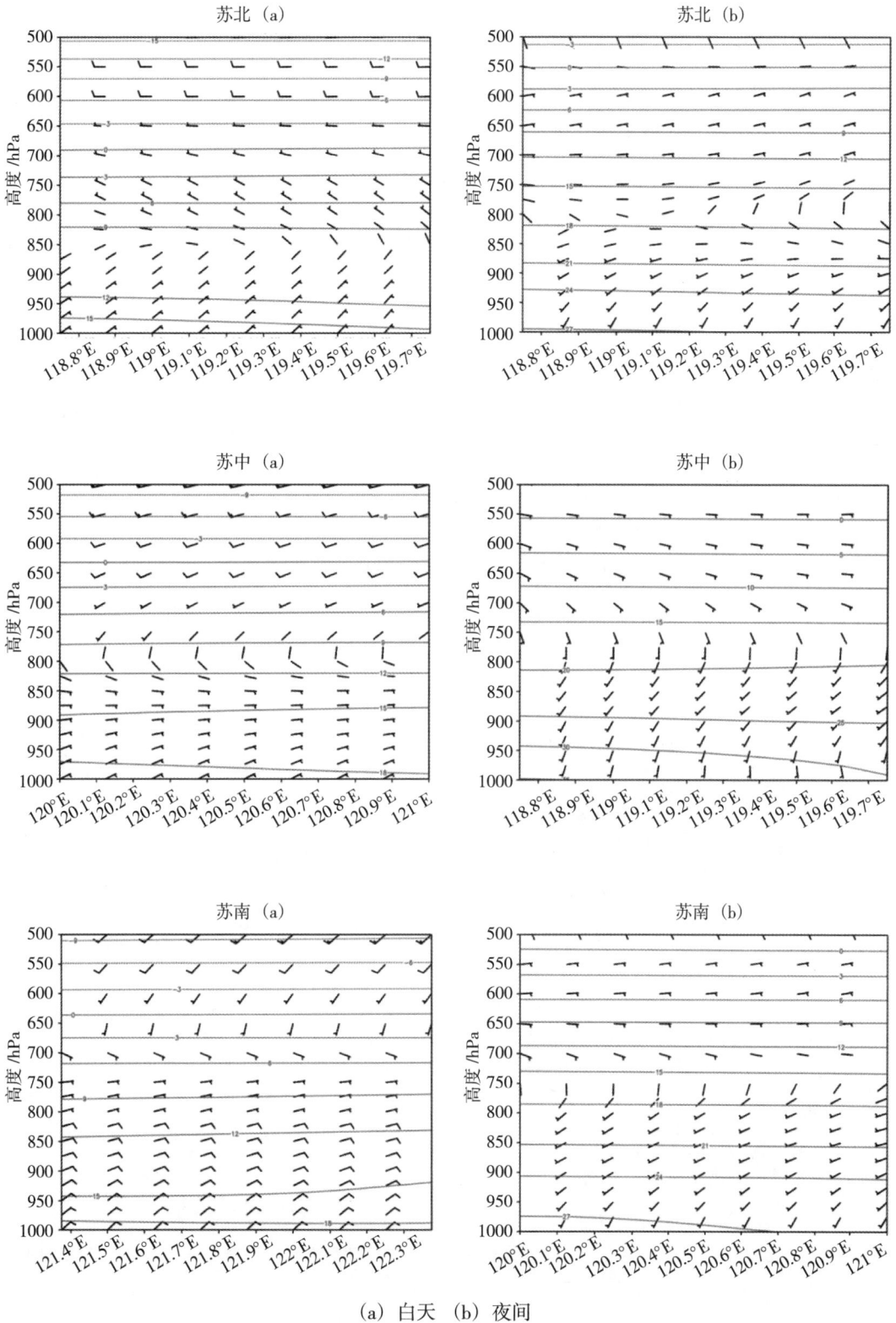

（a）白天 （b）夜间

图1.17 江苏省（苏北、苏中、苏南）沿海地区海陆风环流及垂直温度分布

在图 1.17 中，苏北、苏中、苏南低层白天为海风，自右向左（左侧一列图），夜间为陆风，自左向右（右侧一列）。高层则风向相反，形成海陆风的二级环流。随着纬度的增加，垂直环流的上层高度降低。在苏北，上下层风向逆转的层次大约在 850 hPa 高度；在苏中，这个逆转层次大约在 800 hPa 高度；在苏南，这个逆转层大约在 700 hPa 高度。即海陆风二级环流的伸展高度与纬度成反比。图中等温线较平直，显示气团性质比较均匀。

③海陆风热力环境

采用欧洲中期预报中心 ECMWF 的 2m 高度温度场资料（单位：°K）对江苏沿海夏秋季海陆风热力环境进行分析，图 1.18 为江苏沿海地区夏秋季温度场分布。图 1.18（a）是夏季温度场，其中江苏海岸带附近的等值线密度较大，即温度梯度相对较大，更有利于海陆风的形成。等值线的走向分布与海岸带近于平行，在没有大尺度扰动系统影响的背景下，这样的环境更有利于江苏省沿海地区的海陆风形成与维持。图 1.18（b）是秋季温度场，该季节沿海温度场等值线分布与海岸线有一定夹角，海岸线西侧陆地地区为冷槽，海岸线东侧海上为暖脊，等值线密度较夏季稀疏，温度梯度不大，因此形成的海陆风强度弱于夏季。

图 1.18（a）显示夏季平均陆地气温高于海洋，相同纬度海陆温差可达 4 ℃。图 1.18（b）显示秋季由于温度梯度相对于夏季较小，相同纬度温差约 2 ℃，因此夏季海陆风多于秋季也强于秋季。

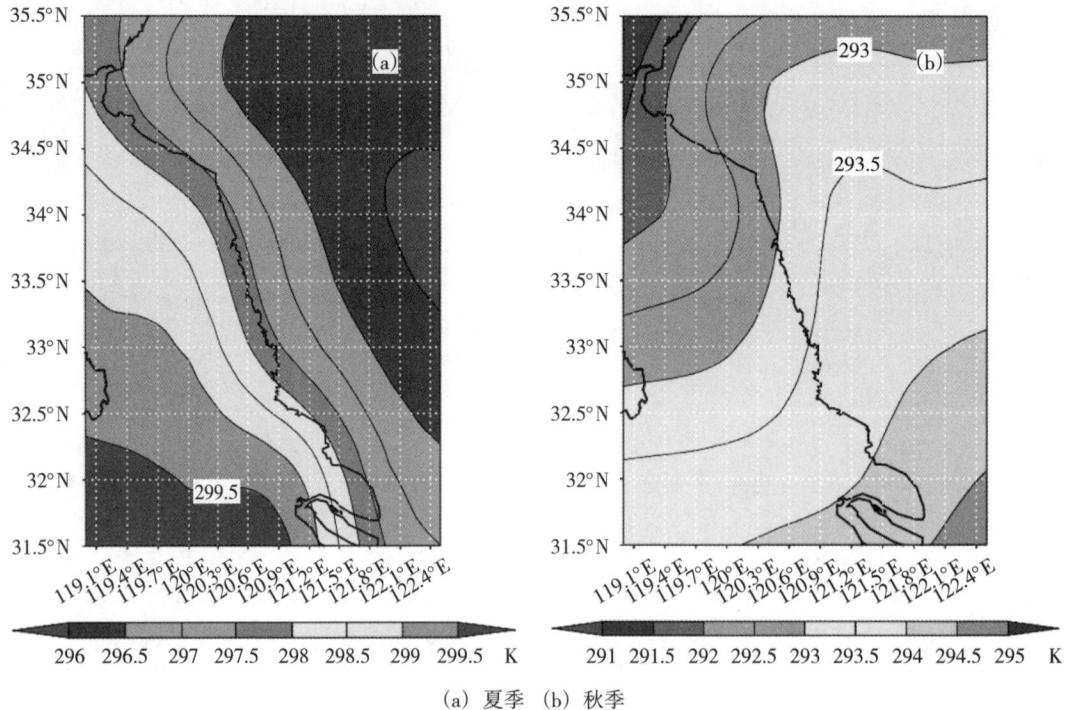

（a）夏季　（b）秋季

图 1.18　江苏省沿海地区夏季、秋季平均海陆 2 m 气温场

进一步分析地面热量输送，绘制出海风时间和陆风时间的近地面表层感热通量（图1.19）。图1.19（a）为2010年海风时段的江苏沿海地区的感热通量，在海岸带西侧的陆地为负感热通量，即地面向大气有热量输送；海面感热通量为正即海洋从大气吸收热量，气流从海上冷区向内陆暖区动态平衡，形成了海风环流。图1.19（b）为陆风时段的感热通量，与海风时段的现象相反，陆地偏冷，吸收大气输送热量；而海面偏暖，向大气输送热量，气流从陆地冷区向海上暖区动态平衡，形成陆风环流。

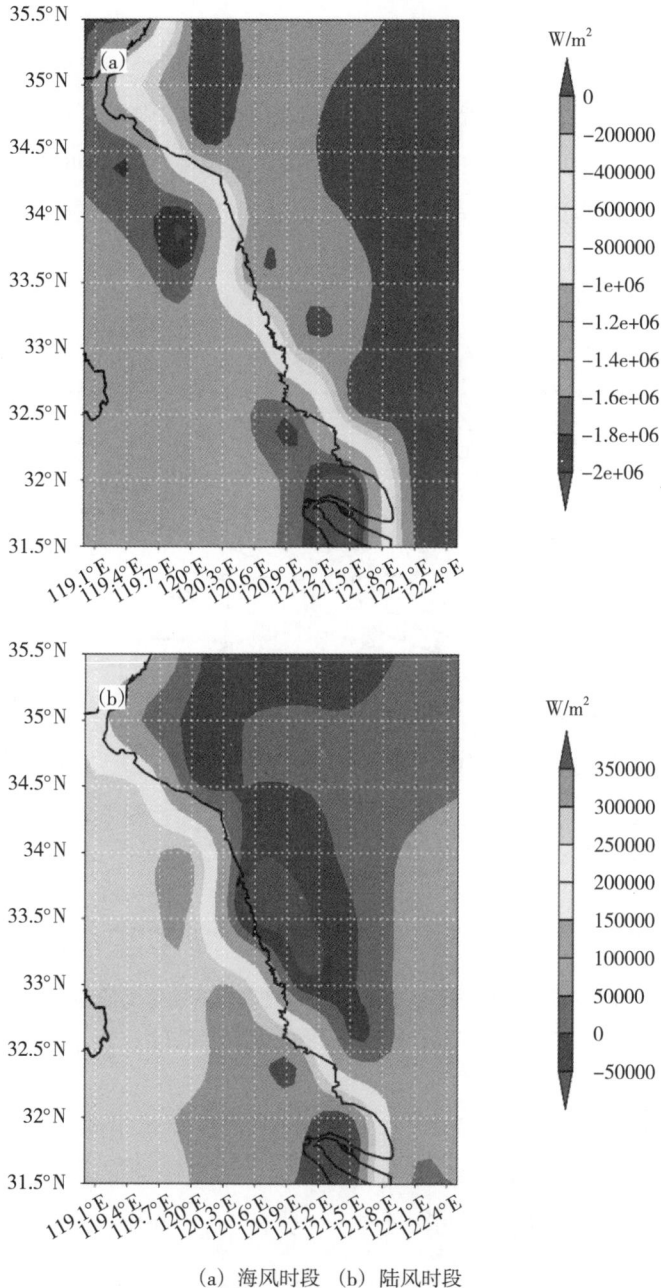

（a）海风时段 （b）陆风时段

图 1.19 江苏省沿海地区表层感热通量

1.5.2　海风锋

1.5.2.1　海风锋系统

海风锋是伴随向岸海风的海上偏冷气团从偏冷海面向陆地推进过程中与陆地上的较热空气团相遇，在气团交界面形成等温线密集带的锋面。

海风锋与海陆风的最主要区别：海陆风是一个比较温和的风系，在稳定晴好的天气背景下出现。而海风锋虽然也在相对稳定的环流下出现，但是当其与其他中尺度扰动系统相遇，可能激发强对流，造成严重天气。

一年四季海陆温差经常存在，这种温差出现以后，在不具有非地转中尺度辐合流场的情况下，海陆间的温度急剧变化带往往稳定或静止在海岸线附近，对此种锋面称为海岸锋或岸滨锋。一旦出现非地转中尺度辐合流场，则辐合流场与海陆间温度不连续带一起移动，此时向陆地一侧移动的就称为海风锋。当海风锋的锋面附近垂直运动增强、范围扩展，相遇其他不稳定系统可激发强对流。图1.20显示了一个典型的海风锋。图中粗实线处有等温线密集区，气流自海上向内陆推进。

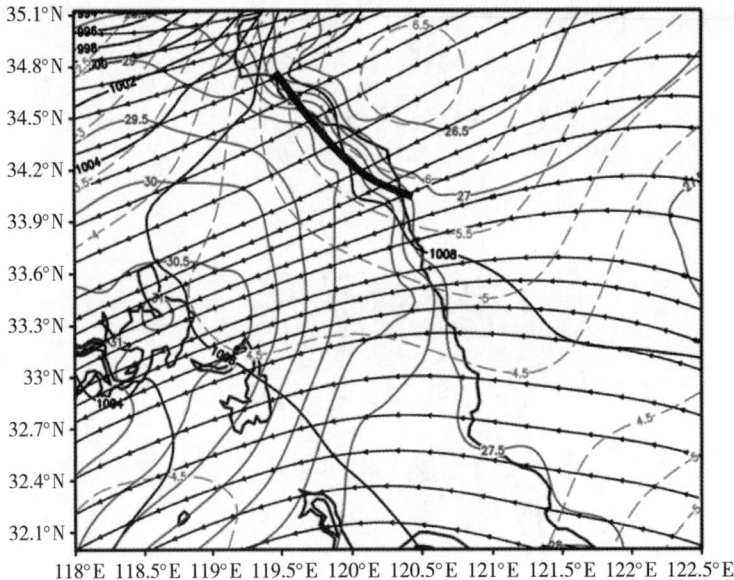

图1.20　2010年8月31日14时1000 hPa江苏沿海地区海风锋（黑色粗实线）及环境特征（温度场配置及流场特征）

海风锋造成的垂直运动分布如图1.21所示。图1.21显示了海风锋处垂直上升运动中心，中心强度达到 –0.045 hPa/s。垂直剖面图显示，海风锋处低层950 hPa有垂直上升运动中心 –0.15 hPa/s，对应高层650 hPa还有一个强度 –0.12 hPa/s的上升运动中心，显示海风锋处是一个扰动激发源。

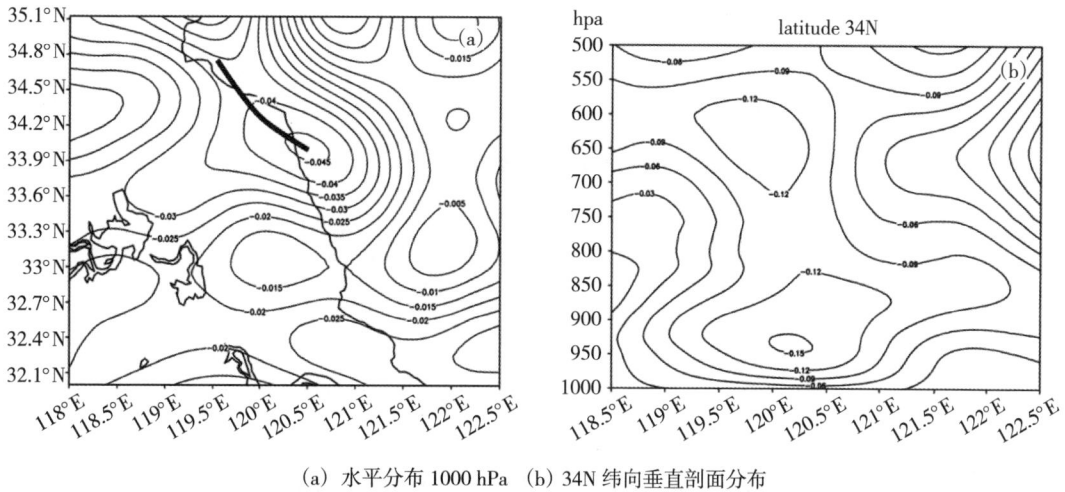

(a) 水平分布 1000 hPa (b) 34N 纬向垂直剖面分布

图 1.21 2010 年 8 月 31 日 14 时江苏沿海地区海风锋（黑色粗实线）环境垂直运动场特征

由于海陆风与海风锋均为强度偏弱系统，因此它们的显现需要稳定的天气形势背景以及明显的海陆热力差异。强烈的大尺度天气过程如寒潮冷锋或热带台风等具有强势系统性风场的过程，它们经过时将掩盖沿海海陆风和海风锋系统，因此有利的天气背景是沿海由相对稳定的（尺度和强度中等的）高压或高压边缘控制。

1.5.2.2 海风锋分类

海风锋的识别首先要判断海陆风，即发现沿海有来自海上的风。这需要满足两个条件，较稳定的高压控制形势，以及明显的海陆热力差异中有偏冷的海风。显然只有在温暖季节这两个条件才能同时满足。对 2009 年江苏沿海 14 个海风锋日进行分析，依据海风锋过程的高空控制系统差异，以及是否有强对流天气伴随，将它们分为两类。其中 I 类为海上西伸副热带高压控制下的海风锋，II 类为大陆高压入海环流情形下的海风锋。I 类海风锋多无强对流配合，而 II 类海风锋则常有强对流天气伴随。此外，II 类海风锋发生日期多数早于 I 类海风锋。

图 1.22 给出 I 类海风锋的典型高空环流形势。以 20090716 过程的 500 hPa 高空场为例，在 I 类海风锋中，大尺度环流的天气形势较为稳定，不易发生剧烈的天气过程。日出后，在太阳辐射强烈、陆地向大气感热输送较强的情况下，低层因内陆气团暖于海洋气团的热力差异会随着时间的推移逐渐明显，温度差异导致气压差异增大，从而引发低层由高气压的洋面吹向低气压沿岸的海风，并形成海风锋。图 1.22 还显示，在典型环流中，江苏沿海在副热带高压北缘控制下，等温线稀疏，处于温度暖脊形势，因此抑制了强对流的出现与活跃。

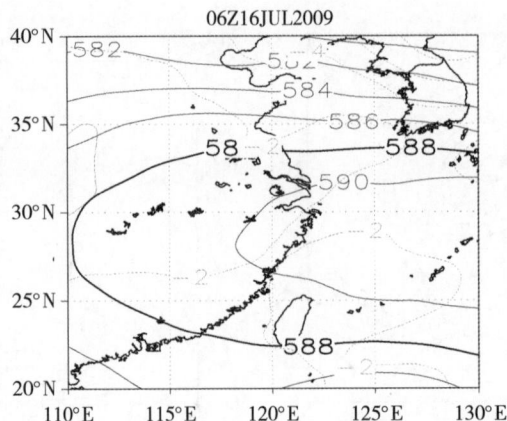

500 hPa 高度场（粗线，单位：dagpm）和温度场（细线，单位：℃）

图 1.22　第 I 类海风锋典型个例 20090716 过程

第 II 类海风锋个例的基本环流背景为大陆高压入海，江苏海岸带为大陆高压或槽后天气，形势短时间较为稳定，有利于海陆风的显现，见图 1.23。

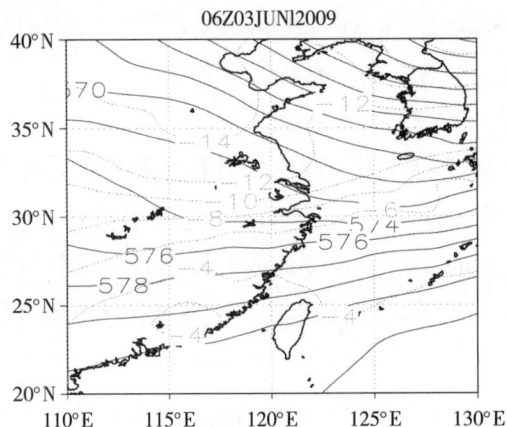

500 hPa 高度场（粗线，单位：dagpm）和温度场（细线，单位：℃）

图 1.23　第 II 类海风锋典型个例 20090603 过程

图 1.23 显示大陆高压正在入海，苏南和长江口有温度锋区；此阶段与副热带系统相比较，西风带系统势力仍较强，这与 I 类海风锋环流背景中副热带高压强盛显著不同。另一方面西风带系统移动较快，因此 II 类海风锋是处于短时稳定形势下，这也与 I 类海风锋不同。斜压锋区的存在，营造了局地对流系统的活动空间，为海风锋相遇强对流系统，并发生相互作用，激发强对流天气过程提供了机遇。

此类海风锋发生季节往往偏早于 I 类海风锋，此时江苏省所处纬度带的西风带槽脊系统仍较活跃，因此冷暖势力造成的斜压性波动会形成不稳定对流系统东移南下，如与沿海海风锋相遇，则有更多可能形成强对流激发过程。

1.5.2.3 海风锋垂直二级环流

对Ⅰ类海风锋，依据江苏海岸带的苏北、苏中、苏南3段岸线以及3段岸线中点位置，作海风锋纬向垂直环流图（u–ω 流场），如图1.24所示。其中（a）（b）（c）为典型个例20090716场，（d）（e）（f）为7次个例合成场。

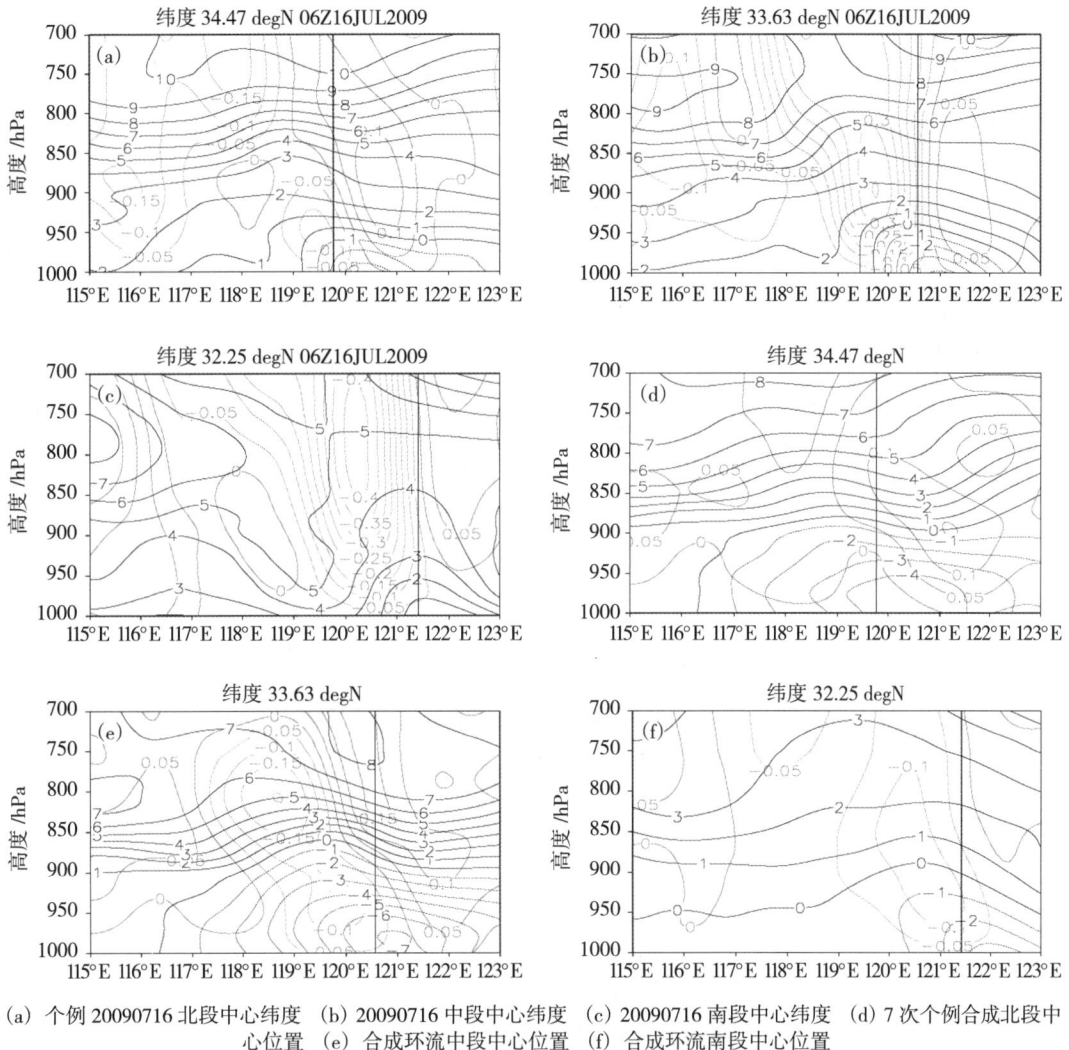

(a) 个例20090716北段中心纬度　(b) 20090716中段中心纬度　(c) 20090716南段中心纬度　(d) 7次个例合成北段中心位置　(e) 合成环流中段中心位置　(f) 合成环流南段中心位置

图1.24　纬向垂直环流

Ⅰ类海风锋在3个纬度位置的垂直环流显示，无论典型个例还是合成场，向岸的 u 风量在过海岸线后形成海风锋偏冷气团凸起前缘，而 ω 分量的上升运动区主要在海岸线陆地一侧，发生在 u 分量凸起前缘处，即在海风锋锋面处有显著锋面抬升。20090716个例显示苏南段纬度垂直上升速度最强，苏中段次之，苏北段较弱。这与此次海风锋过程中沿岸的显著辐合线环流强度一致。其中苏南海风锋上升运动达 −0.4 Pa/s 以上，并可延伸至 700 hPa 以上。而 7 个个例合成环流中，苏中段纬度垂直速度最强，苏南段次之，苏北段纬度垂直速度最弱，均与 u 分量强度正相关。显示海风锋中海风偏冷气团的水平速度 u 对锋面垂直抬升的重要影响，此处往往有云系配合。此外锋后的下沉运动与锋前上升运动结合，在海风锋垂直剖面上形成二级环流，造成海风锋系统环境的不稳定特征。因此，海风锋是大环流稳定背景下的局地扰动源，海风锋的锋面附近二级环流也形成一个完整的海风环流。

利用国家卫星中心的 FY–2D 卫星 TBB 产品，观察上述海风锋天气过程中的对流云活动。在 7 个个例过程中的 TBB 图分析显示没有低值的 TBB 对应，且对应时次的降水量图也显示，仅有 3 个个例中的苏南内陆地区有 > 5 mm 的 6 h 累积降水。说明 I 型海风锋系统为相对弱扰动系统，通常没有强对流系统伴随。

为清晰地显示江苏 II 类海风锋垂直环流特征，选取典型个例 090604 的 u–ω 垂直剖面图（图 1.25）。

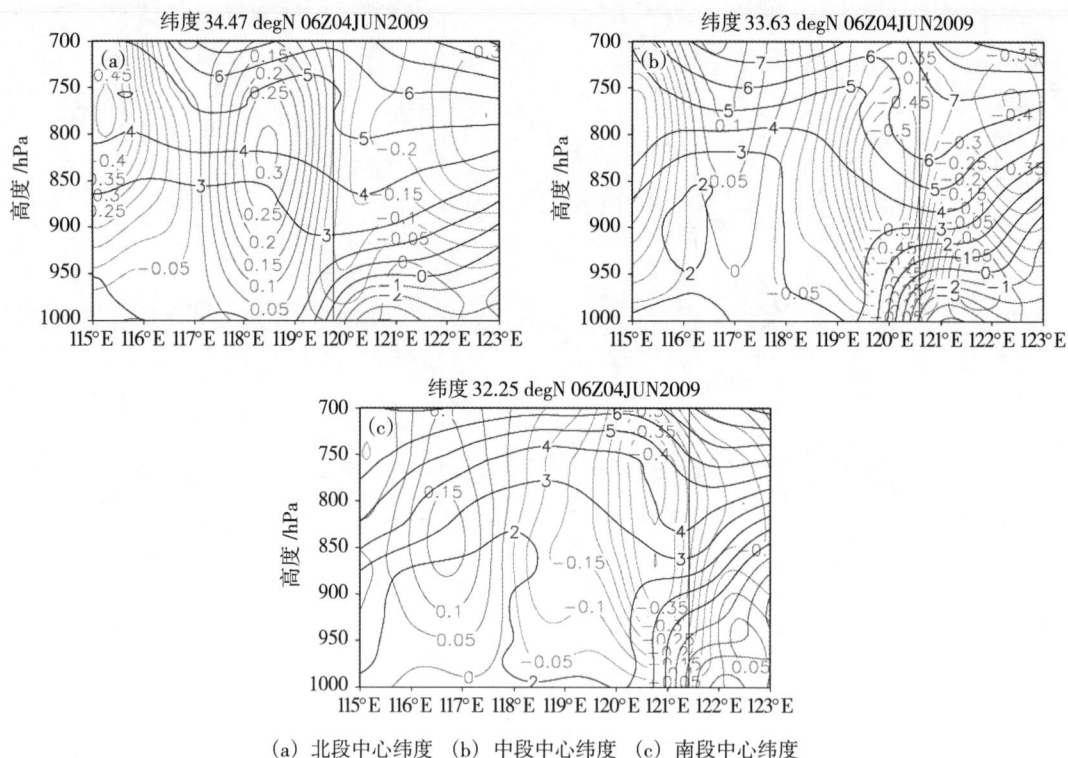

（a）北段中心纬度　（b）中段中心纬度　（c）南段中心纬度

图 1.25　纬向垂直环流

图 1.25 显示，自海上来的东风前缘与垂直上升运动配合，垂直运动较强，中心强度在苏北段中心纬度垂直速度达到 −0.3Pa/s，在苏中段中心纬度垂直速度达到 −0.5Pa/s，在

苏南段中心纬度垂直速度达到 –0.4 Pa/s 以上。伸展高度可达 720 hPa 附近，显示了海风锋锋面抬升的动力较强。此外，锋面垂直运动范围较宽，特别是在苏南，覆盖了锋面前缘 2 个纬度（118°~120°E）。这与 Ⅰ 类海风锋的垂直运动主要与锋面海风气团前缘配置不同，显示了海风锋前方有内陆系统的垂直运动合并。分析对应时次的 6 h 降水图，在苏南，有一对流性降水区域，降水率达 15 mm/6h。同时 FY–2D 卫星 TBB 产品也显示苏南有 TBB 低值区。因此，Ⅱ 类海风锋的垂直抬升力从强度、范围、伸展高度等方面均大于 Ⅰ 类海风锋的锋面环流，并且在这个季节更容易与其他内陆对流系统相遇，有对流性天气伴随。

1.6　地方性风

气流在运行过程中，遇到岛屿、海岸、海峡，以及一些特殊地形时，风向、风速都会发生较大的变化，形成具有地方性特色的风和局部环流。

1.6.1　地形的动力作用

1.6.1.1　地形扰流

当气流遇到孤立的山峰或岛屿时，会绕过山峰或岛屿，从两侧通过，并且，在迎风坡风速增强，在背风坡风速减弱，同时产生气旋式或反气旋式涡流，如图 1.26 所示。绕流和山脉的阻挡作用，使实际风向与根据气压场确定的风向可能发生显著偏差，其差值可达 90°~180°。在西风气流的情况下，山脉地形的下游两个小涡旋气流旋转方向与主体西风气流不同。相对于大气环流中的实例，地形为青藏高原，则这样的小涡旋，在地形后方北侧是反气旋的兰州小高压，在地形后方南侧是气旋式西南低涡。两类小涡旋造成伴随的天气有显著差异，兰州小高压维持兰州天气晴好，西南低涡则造成多阴雨天气。

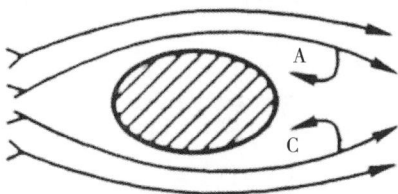

图 1.26　地形扰流

1.6.1.2　山脉高度温差效应——山谷风

在山区，白天风自谷底沿山坡向山顶吹，夜间，风自山顶沿山坡向谷底吹，风向随昼夜交替有规律变化，称为山谷风（图 1.27）。

其形成原因为，白天山顶增热比山谷快，山顶空气受热上升，山谷的空气较冷而下沉，于是谷底的空气沿山坡爬升，形成谷风。夜晚山顶散热比山谷快，山顶空气温度比山谷地区低，山顶上的空气冷却沿山坡下滑，形成了山风。

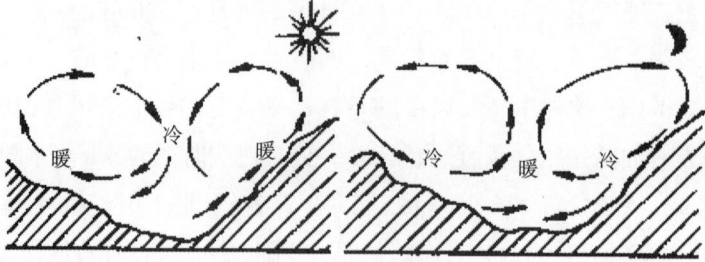

图 1.27　山谷风的形成

谷风一般在 9—10 时，午后最强。日落后山风开始逐渐增强，到日出前最强。通常山风比谷风强些，在冬春季更强，夏季弱一些。

在我国沿海，不少港口都能观测到明显的海陆风，有些港口受地形影响，海陆风与山谷风同时出现，两者叠加作用，白天的向岸风（海风＋谷风）和夜间的离岸风（陆风＋山风）都相当显著。例如，秦皇岛和连云港都是如此。

依据四川省宁南县和云南省巧家县交界处的金沙江峡谷地带的自动站观测，可以了解山谷风的特征。金沙江峡谷地带地势东西高中间低，南北狭长，此处建有白鹤滩水电站，见图 1.28。对 2012—2015 年近 4a 的白鹤滩水电站大风统计显示，出现 7 级及以上大风过程的时段主要集中在 17 时至翌日 04 时，且 21 时到翌日 02 时最多，这属于典型的山谷风现象。白天山顶接收的太阳辐射多于山谷，有自山谷指向山顶的气压梯度，产生谷风；夜晚山顶散热快于山谷，气压梯度自山顶指向山谷，产生山风。由于下山风受山坡梯度引导，具有位能向动能的转换，因此明显强于上山风，造成强风的发生多出现在夜间。当伴有雨水天气，即有云遮蔽时，白天山顶并无显著升温，由于降水反而造成山顶较山谷更冷，因此在白天也维持山风，山风配合寒潮入侵造成了河谷风力的持续增强。

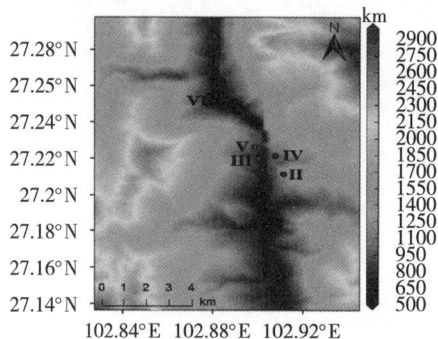

图 1.28　白鹤滩水电站山脉地形，图中编号为山坡上测站位置

冬春季节，白鹤滩水电站附近的新田测站多年平均日极大风速 7 级以上的天数月平均为 25～29d，特别是 3 月，几乎天天出现 7 级以上大风。夏秋季 7 级以上天数则明显减少，特别是7—8月只有5~7 d，因此白鹤滩水电站大风日数分布存在明显的季节特征。

1.6.1.3　狭管效应

当气流从开阔地区进入喇叭口式的峡谷地形时，在峡谷中风速加大，风向被迫改变为沿峡谷走向，这种效应叫作狭管效应或峡管效应。由狭管效应增强的风称为峡谷风，如图1.29所示。我国台湾海峡经常出现大风，且夏季多西南大风，冬季多东北大风，就是这个缘故，当气流经过台湾海峡时，风向风速发生显著变化，风速增大。

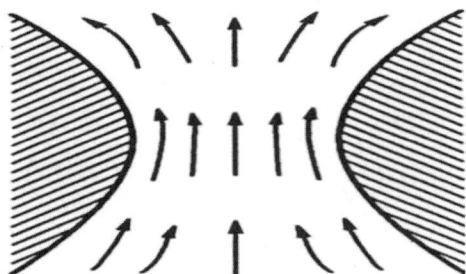

图1.29　狭管效应示意

再以前述白鹤滩水电站为例，河谷地带狭管效应也非常明显，尤其是冬春季节，受偏北风寒潮过程频繁影响。据2012—2015年气象资料统计，白鹤滩水电站日极大风速出现7级以上年平均237 d，占全年总日数的65%，其中干季（1—4月，10—12月）大风日172 d，占干季日数的84%。雨季（5—9月）大风日65 d，占雨季日数的35%。白鹤滩水电站大风日数分布的季节性，是气候特征与金沙江河谷地区的狭管效应共同作用的结果。

1.6.1.4　岬角效应

因陆地向海中凸出，例如突出的半岛或山脉尽头，造成气流辐合、流线密集，使风力大大加强，这种现象称为岬角效应，如图1.30所示。南非的好望角、南美的合恩角等处的大风浪，均为岬角效应的影响。印度洋中印度次大陆南端海域，南亚季风暴发后，西风增强，受印度岬角地形影响，风浪迅速强烈，因此该海域禁止小吨位的船只航行。我国山东半岛的成山头附近也具有岬角效应，使得吹偏北风时风力常比周围海区大1~2级。

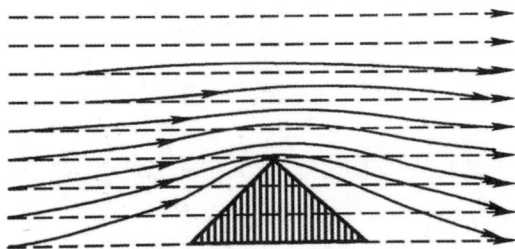

图1.30　岬角效应示意图

1.6.1.5 海岸效应

海岸效应是指气流在海岸附近因海岸摩擦作用的影响，风速增强或减弱的现象。在北半球，当气流接近于沿着海岸线方向吹时，若陆地在气流方向的右侧，流线会变密，即风速增大，如图 1.31 所示，则沿岸风速因汇合形成急流，风速加大，形成沿岸大风；若陆地位于气流方向的左侧，则流线会疏散开来，即风速减小。南非的好望角、南美的合恩角以及我国的成山头等处风浪大，受海岸阻挡产生汇集效应是主要影响因素之一。

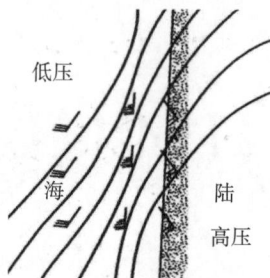

图 1.31　海岸的摩擦效应

1.6.2　典型的地方性风

除了上述地形动力与热力效应造成的海陆风、山谷风、峡谷风、海岸风以外，还有一些典型的地方性风，如焚风、布拉风等。这类风是气流翻越山脉过程形成的特殊局地风。在山麓地区，有时受到从山上吹下的强风的袭击，这种大风使山麓的建筑物、农作物、渔船等受到很大的危害。这种自山上吹下的强风，叫作下山风。根据其与温度有关的特征，下山风可分为焚风和布拉风。在背风面山麓，具有高温低湿的强风叫作焚风，具有低温低湿的强风叫作布拉风（图 1.32）。

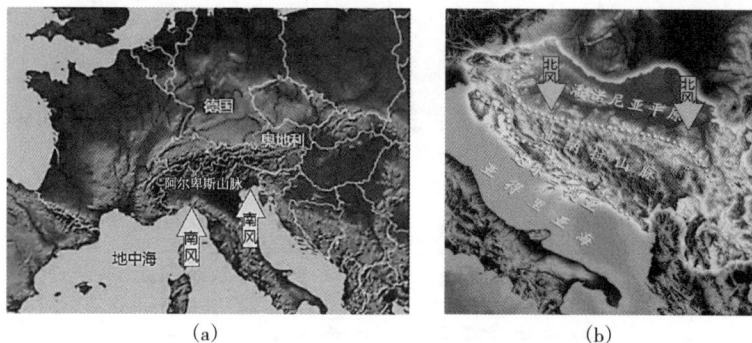

(a)　　　　　　　　　　　　　　(b)

图 1.32　焚风位置（a）和布拉风位置（b）

焚风本来是对欧洲阿尔卑斯山脉谷地内由南方吹来的强风所取的名称，布拉风是对克罗地亚的达尔马提亚山脉北面吹来的东北方向的强风的称呼。但是，现在无论焚风或布拉风都已成为与之同类的现象的通用名称，美国落基山脉东麓吹的钦诺克风就是焚风。

1.6.2.1 焚风

关于焚风为什么带来高温低湿的空气，有著名的汉思理论。南来的湿热气流（来自地中海）在山的迎风面形成云，山脉抬升，造成云中水汽凝结，并以降水形式落下，此时，空气发生湿绝热上升。也就是说，上升的空气块的温度以 0.5 ℃/100 m 的直减率下降，例如 15 ℃的空气上升 1000 m 后成为 10 ℃。空气自山顶沿背风面山麓下降时，由于不含水滴，不进行蒸发，因此呈干绝热即按 1 ℃/100 m 的直减率增温，到达山麓时成为 20 ℃，比迎风面的空气增温 5 ℃。同时，空气所含的水分已成为雨下落在山坡迎风面，因此气流相对湿度降低。

所以，气流在背风坡一侧的温度比迎风坡一侧同高度的温度高得多，水汽几乎没有，空气又干又热，这种风称为焚风，如图 1.33 所示。我国的天山南坡、太行山东坡和大兴安岭东坡等地，焚风现象显著，亚洲的阿尔泰山、欧洲的阿尔卑斯山、北美的落基山东坡等也是著名的焚风出现地。强大的焚风可造成干热风害和森林大火，冬季可引起山区雪崩。

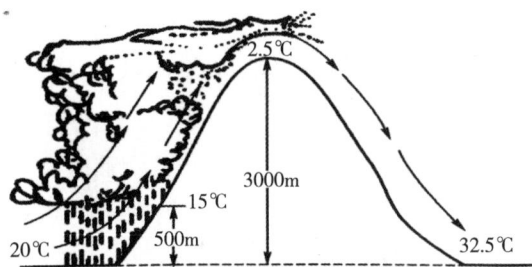

图 1.33　焚风过程示意图

1.6.2.2 布拉风

从山地或高原经过低矮隘道向下吹刮的寒冷而又干燥的风，称为布拉风。由于产生布拉风的气流（寒潮）所越过的山脉一般不算太高，下沉增温不明显，当气流沿山坡迅速下滑时位能转化成动能，增强了风速，产生寒冷凛冽的大风，与焚风的炎热特点正好相反。在高加索山脉为冷高压、黑海上为暖低压形势时，越过瓦拉特山脉海拔 400～650 m 的气流极易成为布拉风，黑海的诺城是世界上布拉风最典型和最频繁的地区，特别是在冬季，最大平均风速可达 60 m/s，气温能迅速降低到 -27 ℃，会造成严重的"船体积冰"，破坏力很大。类似的现象在土耳其沿海和亚得里亚海均可出现。

1.7　测站风的统计方法

测站风的统计分为大风的气候统计与风资源统计两类。

1.7.1 大风的气候统计

1.7.1.1 大风定义

根据《地面气象观测规范》的规定,当瞬间风速达到或超过 10.8 m/s(或目测估计风力达到或超过 6 级)的风记为 6 级风。并根据《地面气象观测规范》和中国气象局第 16 号令及其附件,将除台风外的大风预警分为 4 个等级,分别为蓝、黄、橙、红。本文定义达到最低级别的蓝色预警时就记为一个大风日,其标准为瞬时风速大于等于 17.0 m/s(阵风 7 级)或者 10 min 平均风速达到或超过 10.8 m/s(平均风速 6 级)。

《天气预报业务手册》规定,日最大 10 min 平均风速大于 10.7 m/s 为大风。

1.7.1.2 大风气候统计

(1)年大风日数:大风日数空间分布,大风日数时间变化,年变化,季节变化(月)。

(2)大风风向:风向频率玫瑰图,大风风向空间变化,大风风向时间变化(各月各风向占比)。

(3)大风风速:大风风速空间变化,大风风速时间变化,年变化,季节变化,月变化,日变化。

(4)大风变化趋势:趋势线,滑动平均曲线。

1.7.2 风资源统计

风能资源评价主要是以现有测风塔和气象台站的测风数据为基础,通过整理分析,对目标区域风况分布和风能资源大小进行评价。

风的测量包括风向和风速两项,风的数据统计也基于这两项。各种风向出现的频率通常用风玫瑰图来表示。风玫瑰图是在极坐标图上,点出某年、某月或各种风向出现的频率(数字沿半径线标注),称为风向玫瑰图。同理,统计各个风向上的平均风速和风能的图,分别称为风速玫瑰图和风能玫瑰图。

1.7.2.1 风向统计

风向频率资料对确定风力发电机组在风场内的布置有着重要的意义。各种风向出现的频率通常用风玫瑰图来表示。风向频率玫瑰图是在极坐标图上,点出某年、某月或各种风向出现的频率(数字沿半径线标注),称为风向玫瑰图。同理,统计各个风向上的平均风速和风能的图,分别称为风速玫瑰图和风能玫瑰图。

1.7.2.2 风速统计

风速是单位时间内空气在水平方向上移动的距离。在风场前期规划当中,应当在多个高度测量,确定场址中风的特性,以便进行风力机在几个轮毂高度的性能模拟,同时多个高度的测量数据可以互为备用。一般在 10 m、30 m、70 m 处的高度进行风速测量。

1.7.2.3 测风数据验证

在验证测风数据时,必须先进行审定,主要从数据的代表性和准确性着手,因为它直接关系到现场风能资源的大小。对提取的测风数据进行检查,判断其完整性、连贯性和合理性。挑出有差错的数据，对其进行适当的修补和处理，从而整理出可行性较高的数据进一步分析处理。完整性及连贯性检查包括：检查测风数据的数量是否等于测风时间内预期的数据数量；时间顺序是否符合预期的开始、结束时间，时间是否连续。合理性检查包括 3 个方面：测风数据范围检验，即各测量参数是否超出实际极限；测风数据相关性检验，即统一测量参数在不同高度的差值是否合理；测风数据的趋势检验及各测量参数的变化趋势是否合理等。

（1）数据计算处理

将验证后的数据与附近气象站获取的长期计算数据进行比较，对其进行修正，从而得出能反映风场长期风况的代表性数据。将修正后的数据通过分析计算，如应用 WASP 程序，变成评估风力发电场风能资源所需要的标准参数指标（月平均风速、年平均风速、风速和风能频率分布、风功率密度、风向频率等），计算出风功率密度和有效风小时数。然后绘制出风速频率曲线，风向玫瑰图，风能玫瑰图，年、月、日风速变化曲线。

（2）参数指标的评估

计算处理后需要对各参数指标及其他因素进行评估。其中包括重要参数指标的分析与判断。如风功率密度等级的确定、风向频率及风能的方向分布、风速的变化和年变化、湍流强度分析、天气等。将各种参数以图表形式绘制出来，以便能直观地判断风速、风向变化情况，从而估计和确定风力发电机组机型和风力发电机组排列方式（表 1.6 ~ 表 1.8）。

表 1.6　测量参数的合理范围

测量参数	合理范围	测量参数	合理范围
风速 / (m/s)	$0 < V < 60$	风向	$0° < D < 360°$
湍流强度	$0 < I < 1$	气压 /hPa	$940 < P < 1060$

表 1.7　测量参数的相关性

测量参数	相关性
50 m/30 m 高度风速差值	< 2.0 m/s
50 m/10 m 高度风速差值	< 4.0 m/s
50 m/30 m 高度风向差值	$< 22.5°$

表 1.8　测量参数的合理变化趋势

测量参数	合理变化趋势
平均风速 1 h 变化	< 6.0 m/s
平均温度 1 h 变化	< 5 ℃
平均气压 1 h 变化	< 10 hPa

（3）风况

年平均风速：风速日变化和风速随高度变化等。

风速的统计特性：由于风的随机性很大，因此在判断一个地方的风况时，必须依靠各地区风年度统计特性。在风能利用中，反映风的统计特点的一个最重要形式是风的分布曲线，据长期观察的结果表明，年风速分布曲线最有代表性。为了正确得到年风速分布，应该具有风速的连续记录，并且资料的长度至少有 3 年以上的观测记录，5 ~ 10 年为最好。

通常用于拟合风速的线型分布很多，Weibull 分布是一种单峰的、两参数的分布函数簇，其概率密度函数可表示为：

$$P(x) = \frac{k}{c} \left(\frac{x}{c} \right)^{k-1} \exp \left[-\left(\frac{x}{c} \right) \right]^k \tag{1.1}$$

式中：k 为形状参数；c 为尺度参数，当 $c=1$ 时，称标准威布尔分布。k 的改变对分布曲线形式有很大的影响。当 $0 < k < 1$，分布的众数为 0。

威布尔分布密度为 χ 的减函数，当 $\kappa=1$ 时，威布尔分布呈指数形；$\kappa=2$ 时，便成为瑞利分布；$k=3.5$ 时，威布尔分布实际已经很接近于正态分布了。

估计风速的威布尔分布参数有多种方法，通常采用的方法有 3 种：累积分布函数拟合 Weibull 分布曲线方法（最小二乘法）、平均风速和标准估计 Weibull 参数方法、平均风速和最大风速估计 Weibull 分布参数等方法。根据大量的演算结果表明，上述方法中最小二乘法误差最大。在具体使用当中，前两种方法需要有完整的风速观测资料和进行大量的统计工作，而后一种方法中的平均风速和最大风速可以方便地从常规气象资料中得到，因此第三种方法较前两种方法有着很大的优越性。

1.8 风的测量

1.8.1 风的常规测量

测量风的仪器主要有 EL 型电接风向风速计、EN 型系列测风数据处理仪、海岛自动测风站、轻便风速风向表、单翼风向传感器和风杯风速传感器。

测风塔是一种用于测量风能参数的高耸塔架结构，即一种用于对近地面气流运动情况进行观测、记录的塔形构筑物。测风塔的组成部分包括塔底座、塔柱、横杆、斜杆、风速仪支架、避针、拉线。在塔体不同高度处安装有风速计、风向标以及温度、气压等仪器，可全天候不间断地对场址风力情况进行观测。测量数据被记录并存储于安装在塔体上的数据记录仪。

对江苏沿海风塔测风数据分析可以得到 I 类海风锋风场时变特点。

每小时有 6 个样本值，24h 有 144 个样本值。苏北海岸风塔有 3 层数据，分别为 10 m、50 m、70 m；苏中和苏南的风塔均有 4 层数据，分别为 10 m、50 m、70 m、100 m。在此海风锋个例中，苏北风塔的风向在 8 时 30 分（样本 50）各层转为偏东风，12—13

时（样本 70～80）风速加大，最大值 6 m/s 以上。偏东风持续至 20 时。13 时 30 分（样本 80）风向开始转变，由偏西风转为偏东风，风速也开始逐步增大，到 20 时，风速增大到 8 m/s。苏南风塔风向由偏西转为偏东的转变时间在 15 时，风速也随之增大，至晚上高层增大达到 8 m/s。对比 3 个风塔数据，海风锋登陆时间自北向南逐渐滞后，其中苏中海风锋强度最强，高层强风持续时段长于低层。

根据沿海 3 个风塔的时间序列资料，可以更清晰地得出Ⅱ类海风锋的风场时变特点。

Ⅱ类海风锋 2009 年 6 月 4 日个例的风塔记录资料与Ⅰ类风塔资料的显著不同在于风向风速突变。Ⅱ类海风锋在所记录日期，风向和风速均有显著的两次突变。苏北风塔发生在 05 时和 14 时 30 分。苏中的风塔在 03 时和 14 时 30 分，特别是凌晨风速短时增大到 10 m/s 以上。下午风速增强也达到 8 m/s 以上。苏南风塔早晨短时增大到 13 m/s，下午也增大到 13 m/s，并且是各层整体增速，大风持续时间为 5～6 h。以上说明并非海风锋单个中尺度系统的影响，有海风锋与内陆强对流系统的激发与汇合，使能量迅速增强，造成较深厚的风速风向突变。

1.8.2 光雷达测风

目前边界层观测使用的一种为多普勒风廓线雷达系统（RASS），其观测要素有风向、风速和温度，观测高度可达 8 km，在近地层分辨率较低，有一种为适应于近地层观测的雷达系统。目前用于欧洲和中国海上风能资源测量的主要是法国 Windcube 激光雷达和英国峰能公司的 Galion 激光雷达系统。Windcube 系统是由法国 Leosphere 公司与 Aerospace Research Agency（ONERA）共同研制推出的测风雷达系统，先后在苏格兰的 RES 和丹麦的 DongEnergy 等近 10 个海上风电项目中使用，于 2011 年 4 月在山东东营外海上风电项目进行测风。英国峰能公司研发的 Galion 激光雷达也在十几个风电项目中使用，其中英国 Cardington 的风电项目进行了 2 年多的观测，于 2011 年 11 月在香港南丫岛外的一个海上风电项目正式观测。

经与测风塔数据的对比检验，Windcube 测量数据有效率在 140 m 以下达到 97% 以上，满足风能资源评估的要求。Windcube 与测风塔测得的风速、风向相关系数均达到 0.99 以上，100 m 高度 10 min 平均风速偏差为 -0.197 m/s，相对偏差为 -2.3%；最大风速平均偏差为 -0.0733 m/s，相对偏差为 -6.7%。平均风向偏差为 -6.2°。平均湍流强度偏差为 0.0093，与其他文献的对比分析结果一致。Windcube 的测量结果基本不受降水影响。

激光雷达的工作原理与雷达非常相近，以激光作为信号源，由激光器发射出的脉冲激光打到地面的树木、道路、桥梁和建筑物上，引起散射，一部分光波会反射到激光雷达的接收器上，根据激光测距原理计算，就得到从激光雷达到目标点的距离；脉冲激光不断地扫描目标物，就可以得到目标物上全部目标点的数据，用此数据进行成像处理后，就可得到精确的三维立体图像。

1.8.3 风廓线仪

风廓线雷达能够提供以风场为主的多种数据产品，其基本数据产品包括径向速度、谱宽、信噪比、水平风向、水平风速、垂直速度和反映大气湍流的折射率结构常数等的廓线。

大气中折射率的不均匀能够引起对电磁波的散射，其中大气中的湍流活动导致折射率涨落而引起的散射层的运动和湍流块的运动都可造成返回电磁波信号的多普勒频移。采用多普勒技术可以获得其相对于雷达的径向速度，通过进行多射向的速度测量，在一定的假定条件下可估测出回波信号所在高度上的风向、风速和垂直运动，从而获取大气风廓线资料。用于这一探测目的的脉冲多普勒雷达称为风廓线雷达。图 1.34 给出了风廓线仪的工作原理。

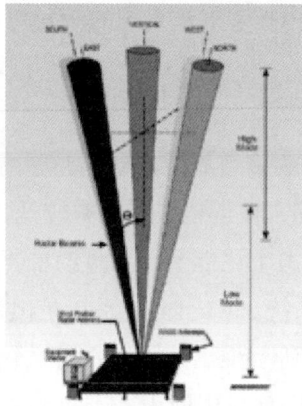

图 1.34　风廓线仪工作原理

1.8.4 卫星风要素反演

美国国家航空航天局（NASA）在 1978 年 6 月发射的海洋卫星（Seasat）上装有 1 台海洋卫星散射器系统微波散射计（SASS），可惜该卫星只在轨运行了 100 多天，而世界各国海洋遥感学者对（SASS）数据却进行了 10 年的研究，证明了星载微波散射计是测量海面风的十分有效的途径。星载微波散射计属于主动微波遥感器，它利用不同风速条件下海面粗糙度对雷达后向散射系数的不同响应，以及多角度观测数据来反演海表风速和风向。海洋微波遥感是利用电磁波在海面的反射和散射特性（主动式）以及海面自然发射的微波频段特性（被动式）对海面动力和热力信息进行获取的。

无论是主动或被动方式来获取海面信息，微波遥感都具有全天候的观测能力，几乎不受日照和天气系统的影响。大气中的云层对于红外和可见光电磁辐射是完全不透明的，相对而言，云层对于微波辐射是几乎透明的，这是海洋微波遥感与红外和可见光遥感相比的一个最主要的优势。

卫星搭载的高度计也可以监测海面风，卫星高度计只能测量出近海面风速标量，但是在星下点测量的风速分辨率高于散射计。

高度计与散射计的差别为，后向散射减少，高度计接收到的回波减少，则浪高风大；而散射计探测后向散射，回波增加，则浪高风大。散射计可以反演出风向。图 1.35 和图 1.36 显示了 FY-2A 微波散射计的近海面风场反演监测。

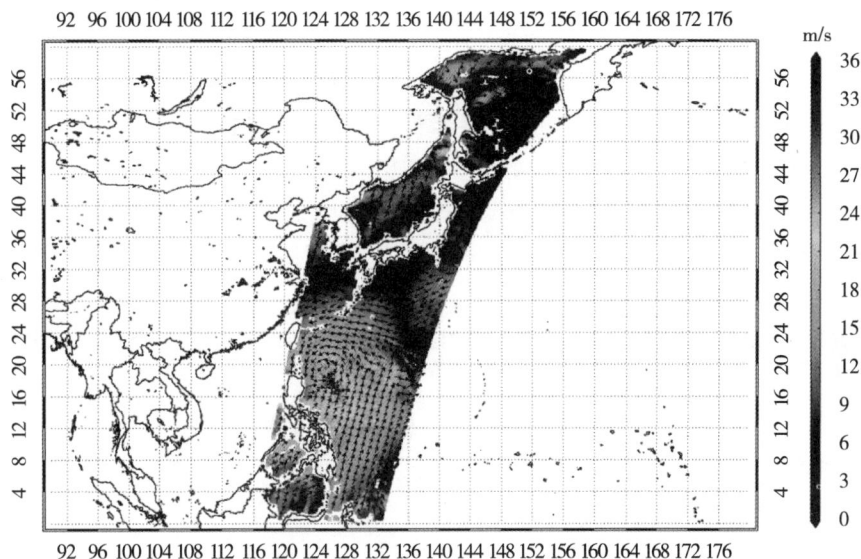

图 1.35　FY-2A 微波散射计对台风苏拉的监测

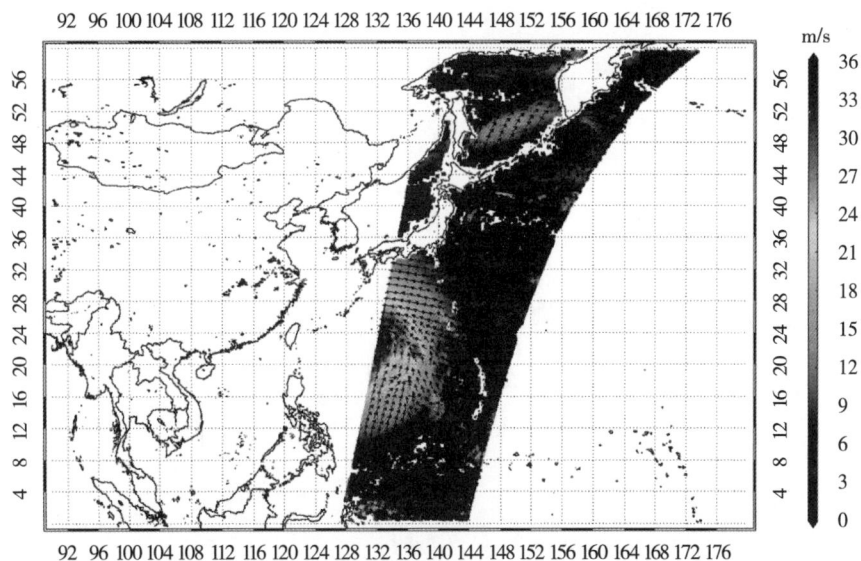

图 1.36　FY-2A 微波散射计对台风布拉万的监测

参考文献

[1] 陈锦冠，林少冰．10 分钟平均最大风速与极大风速评估方程的建立 [J]. 气象，2001（1）：23–27.

[2] 呼津华，王相明．风电场不同高度的 50 年一遇最大和极大风速估算 [J]. 应用气象学报，2009（2）：138–141.

[3] 邢雯慧．华南前汛期南海季风暴发前后水汽通道特征研究 [D]. 南京：南京信息工程大学，2014.

[4] 苗春生，张远汀，王坚红，等．江苏近海岸夏季两类海风锋特征及其对强对流的激发 [J]. 大气科学学报，2018，41（6）：838–849.

[5] 张远汀．江苏近岸海陆风特征及其海风锋强对流激发过程研究 [D]. 南京：南京信息工程大学，2016.

[6] 张煜婷，王霄，雷建，等．白鹤滩水电站冬春季两次极端强风天气的对比分析 [J]. 沙漠与绿洲气象，2017，11（4）：39–47.

[7] 李新宇．风能资源评估方法讨论与风电场选址评价 [D]. 兰州：兰州理工大学，2013.

[8] 杨玉静，杨志华，农国傲，等．桂平市 20 年大风天气气候统计分析 [J]. 气象研究与应用，2017：38（1）：47–49.

[9] 王乔乔，张秀芝，王尚昆．Windcube 激光雷达与测风塔测风结果对比 [J]. 气象科技，2013，41（1）：20–26.

[10] 蒋兴伟，林明森，张有广．中国海洋卫星及应用进展 [J]. 遥感学报，2016，20（5）：1185‐1198.

[11] 蒋兴伟，林明森，宋清涛．海洋二号卫星主被动微波遥感探测技术研究 [J]. 中国工程科学，2013，15（7）：25–31.

2 大风成因基本原理

大风形成的基本条件是两地之间存在气压梯度，气压梯度会将两地间的空气从气压高的一边推向气压低的一边，于是空气产生流动，形成了风，气压差越大，风速越大（图2.1）。

空气的流动

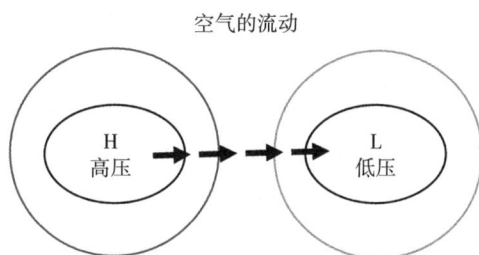

图2.1 空气流动示意图

而气压差的形成，有各种原理，本章将介绍这些影响气压空间分布的成因。

2.1 海面热力及地形因子分析

2.1.1 太阳辐射

对于发生在地球陆地、海洋和大气中的绝大多数灾害过程来说，太阳辐射是主要的能源，而来自宇宙中其他星体的辐射能仅是太阳辐射能的1亿分之一，对于来自从地球内部传递到地面上的热量也仅是1万分之一。

大气与海洋都存在着南北温差，冷热对比造成空气和海水的循环流动，产生风和海流，将热带低纬度地区多余的热量输送到两极，使地球表面温度对比不至太大。我们可以把地球上的热平衡过程看作一部低效率热机，低纬度和高纬度地区分别是冷热源，海洋好比大锅炉，太阳辐射是燃料，大气中的水汽以及海水是媒介，热机的运作现象就是风和海流。大气中最重要的南北热交换过程是通过季风、热带气旋来完成的，海洋中则是依靠大规模海洋环流系统。在暖洋面上，海面的感热输送作用可以使冷高压入海变性。

2.1.2 海气能量交换

海面每时每刻都在蒸发过程中消耗热量，当水汽进入大气后，在一定条件下又会发生凝结，把热量释放出来，形成海气之间的潜热交换。潜热交换的数量主要取决于水面和空气的水汽压差以及风速的大小，而水汽压差又受气温和海气温差的制约。潜热交换数量一般冬季最大，春秋次之，夏季最小。我国渤海、黄海水温较低，蒸发量也小，潜热交换数量也小。感热交换是指由于海面水温和气温的差异而引起的海气之间的热量交换，海洋对大气的感热输送主要发生在秋冬季。大气和海洋间总的热量交换是辐射平衡、潜热交换、感热交换的代数和。

与陆地相比较，海洋冬暖夏凉，气团由陆地入海时就会变性，或增强或减弱。当冬季极地大陆气团暴发后，干冷空气移入暖湿的洋面时，海洋对大气供给大量感热和水汽。观测表明，海面通过潜热和感热向冷气团输送的热量要比暖气团活动时多3倍，造成气团变性特别明显，与冷空气在海上变性不同，气旋在海上的变性主要表现为加深和风速加大。

2.1.3 下垫面条件

表层海水与大气间的相互作用造成了地球上的气候状况。热带地区由于强烈的日照促成增暖以及蒸发，因此表层海水温度、盐度均较高。中纬度地区表层海水特性虽然会随季节变化很大，但仍比深层海水暖和轻。高纬度极区海水本来就很冷，每当冬季来临时表层水温更低，海水密度增大，并与深层海水相混合，这也就是深层海水的来源。海洋对气候变化扮演了稳定作用的角色，主要是因为海洋有很大的"热惯性"，这是由于水的比热容大、混合快、有相变、潜热大，而且光线可穿入很深水体。极区海冰对全球气候影响较小，这是因为地球是球面分布，极区面积远远小于温带与热带，极区海面覆盖有冰层和冰块，隔绝了海气交互作用，另外当水温低时，海气间热交换过程亦较慢，效率不高。

热带气旋发生在暖洋面上，一旦离开暖洋面就会逐渐衰亡。海洋表面的高温和丰沛的水汽是维持热带气旋内部对流和加热所必需的。海表温度对热带气旋的影响主要有两个方面：一是影响热带气旋的形成和强度，二是影响热带气旋的移动路径。

海陆分布地形及海陆热力差异是形成中尺度海面风场的主要因素。长江入海口的长三角洲地区，由于陆面水面交错，下垫面地形及热力性质有很大差异，夜间会出现陆风，白天会出现海风及相应的垂直环流，在群岛海域，热力、动力因子的联合强迫作用十分明显。

2.2 空气的水平运动

2.2.1 风压

风作用于物体时，在垂直于风的方向上物体单位面积所受到的压力称为风压，它与风速之间的近似关系可表示为：

$$P=0.613V^2 \tag{2.1}$$

式中：P 为风压，N/m^2。例如，当风速为 30 m/s（11 级）时，面积为 20 m^2 的船舷上要受

11 kN 多的压力。

风的年变化与地理条件和气候条件有关。在季风区风向有明显时区,风向年变化不明显。

2.2.2 风的阵性

风向摇摆不定、风速忽大忽小的现象,称为风的阵性,亦称风速脉动。造成风的阵性的主要原因是空气的湍流运动。在近地面层,空气中充满大小不同、方向各异,又不停变化的湍流涡旋,实际观测的瞬时风,是大范围平均气流与湍流涡旋运动叠加的结果,处在涡旋的不同部位或者涡旋本身发生变化时,观测者就感觉到风的阵性。

风的阵性在摩擦层中最显著,随着高度的增加,阵性逐渐减弱,到 2 km 以上就不明显了。风的阵性在一天当中,午后最强;在一年当中,夏季最强;陆地上比海洋上明显,山区最甚。

风的阵性在气象报告中用阵风来体现,意指某段时间内的最大瞬时风,例如,气象报告中"风力 × 级,阵风 ×× 级",其意思是,平均风力 × 级,最大瞬时风力可达 ×× 级。实际观测中,常常观测一段时间内的平均风速风向,来消除风的阵性影响。

2.2.3 自由大气中的风

在自由大气中,空气运动时不计摩擦力的影响。由空气微团的受力分析可知,当作用在空气微团上的水平气压梯度力、水平地转偏向力和惯性离心力的合力为零时,空气微团在水平方向上作平衡运动。自由大气中最简单又最典型的平衡运动是地转风和梯度风。

2.2.3.1 地转风

(1)地转风的定义及其形成过程

在自由大气中,等压线平直的气压场内,当水平气压梯度力与水平地转偏向力达到平衡时,空气作等速、直线水平运动,这种风称为地转风,用 $\vec{v}_g$ 表示。

空气微团受力分析表达式为:

$$\vec{G}_n+\vec{A}_n=0 \tag{2.2}$$

力的大小关系为:

$$G_n=A_n \tag{2.3}$$

在北半球,地转风的形成过程如图 2.2 所示。在等压线平直且疏密均匀的气压场内,原来静止的空气微团在水平气压梯度力 $\vec{G}_n$ 的作用下,由高压流向低压。运动一开始,便有水平地转偏向力 $\vec{A}_n$ 产生,它始终垂直于空气微团的运动方向,迫使空气微团向右偏转,此时因空气运动的初速度小,所以 $\vec{A}_n$ 也小。随着 $\vec{G}_n$ 作用时间的增加,空气运动的速率越来越大,$\vec{A}_n$ 随之增大,它迫使空气向右偏转的程度也越来越大,直到 $\vec{A}_n$ 增至与 $\vec{G}_n$ 大小相等、方向相反,即两力达到平衡状态时,空气沿着等压线方向做等速、直线运动,就形成了地转风。在南半球，地转风的形成原理与北半球一致，但要注意，$\vec{A}_n$ 迫使空气微团向左偏转，在相同的气压场中，地转风方向与北半球的相反。

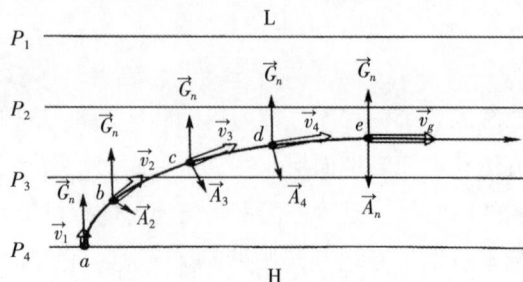

图 2.2　北半球地转风形成示意图

（2）地转风的大小和方向

从图 2.2 中可以看出，地转风风向与等压线平行，即地转风沿等压线吹，观测者背风而立，在北半球，高压在右，低压在左；在南半球，高压在左，低压在右。这就是风压定律，又称白贝罗定律，它很好地反映了气压场与风场的关系。显然，根据风压定律，可由气压场分布确定地转风风向，或反之由风向判断出高低压的大致方位。

根据式（2.3）和水平气压梯度力及水平地转偏向力的表达式，可得出地转风速的公式为：

$$v_g = \frac{1}{2\rho\omega\sin\varphi}\left(-\frac{\Delta p}{\Delta n}\right) \tag{2.4}$$

由式（2.4）可以看出，地转风速有下列特点：

①与水平气压梯度成正比，即纬度和空气密度一定时，天气图上等压线密集的地方，地转风大；等压线稀疏的地方，地转风小。

②与空气密度成反比。在同一地点，当水平气压梯度相同时，越向高空，地转风速越大。

③与纬度的正弦成反比。当水平气压梯度和空气密度相同时，随纬度升高，地转风速减小。但在赤道及其附近地区，由于 $\sin\varphi \approx 0$，水平地转偏向力无法与水平气压梯度力达到平衡，所以地转风不存在。

（3）地转风速的计算

① 利用地转风公式

将地球自转角速度 ω、标准情况下的空气密度 $\rho=1.293\mathrm{kg/m^3}$ 及 $\Delta n=1$ 赤道度（60 nmile）代入地转风公式（2.3）中，则有：

$$v_g = \frac{4.78}{\sin\varphi}\left(-\frac{\Delta p}{\Delta n'}\right)\ (\mathrm{m/s}) \tag{2.5}$$

式中 $-\dfrac{\Delta p}{\Delta n'}$ 为所求点附近垂直于等压线方向上单位距离内的气压差，$\Delta n'$ 为经过所求点的两相邻等压线之间的垂直距离，以赤道度（或纬距）为单位，所以，这里的水平气压梯度的单位为 hPa/赤道度。

这样，在天气图上，只要知道了某点的地理纬度，量出了该处的 $-\dfrac{\Delta p}{\Delta n}$ 值，便可利用式（2.4）求出地转风速。例如，当纬度 $\varphi=30°$，$-\Delta p=4\,\text{hPa}$，$\Delta n'=2$ 纬距时，地转风速值为：

$$v_g=\frac{4.78}{\sin30°}\times 4/2=19.2\ \text{m/s}$$

②利用地转风标尺

欧美及南半球有些国家发布的地面传真图上一般都附有地转风标尺，可利用地转风尺直接量取地转风速。例如，在地面天气图上 40°N 的某处，量得 2 根等压线之间的垂直距离 $\Delta n=ab$，在图 2.3 所示的地转风尺中，以纵坐标轴为起点，在地转风尺的 40°N 线上量取 ab 线段，b 点落在 30 kN 线和 20 kN 线间约中点附近，则该处的地转风速值为 25 kN。图 2.3 中，纵坐标代表纬度，曲线是地转风速线（单位：kN）。它是两相邻等压线相差 4 hPa 的天气图上所附的地转风标尺，适用于北半球。

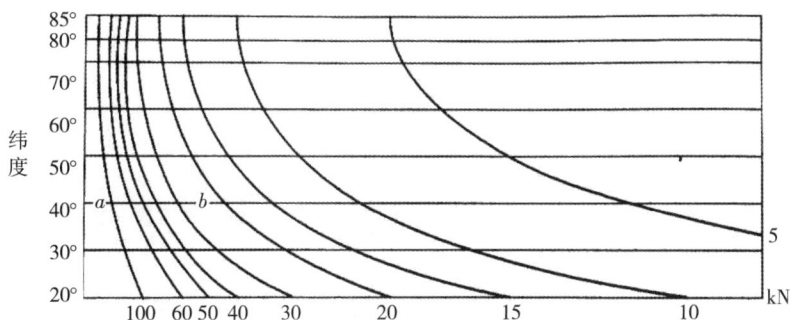

图 2.3　可用于不同纬度的地转风标尺

（4）地转偏差

实际风与地转风之差称为地转偏差，或偏差风。如图 2.4 所示，$\vec{V}_g$ 为地转风，$\vec{V}$ 为实际风，$\vec{D}$ 为地转偏差。

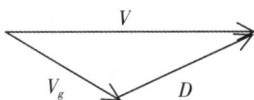

图 2.4　地转偏差示意图

地转偏差使实际风穿越等压线，造成有的地区质量堆积，有的地区质量减少，从而引起气压场的改变。同时，当风穿越等压线时气压梯度力对空气做功，从而使空气动能改变，促使风速变化。

地转偏差也是造成垂直运动的重要原因，而垂直运动是产生天气的重要因素。

（5）地表摩擦对地转风速的影响

由于摩擦层接近下垫面，湍流交换强，故能产生较大的摩擦力。在摩擦层中，地转偏向力和气压梯度力不能达到平衡，风的方向偏向地转风的左侧。

实际风速的大小与地转风速的关系：中纬度陆地上实际风速占地转风速 V_g 的 35% ~ 45%；洋面上实际风速占地转风速（V_g）的 60% ~ 70%。实际风向与地转风风向的夹角：陆地上实际风向与地转风的夹角为 35° ~ 45°，洋面上实际风向与地转风的夹角为 15° ~ 20°。

在同样气压梯度下，海面上风力可比陆地上大 2 ~ 4 级，江面和湖面上一般也比陆地大 1 ~ 2 级。

2.2.3.2 梯度风

当在水平运动方程中除考虑水平气压梯度力和地转偏向力外，并考虑向心加速度（或惯性离心力）时就得到梯度风的概念。

（1）梯度风的定义

当空气微团做曲线运动时，受到的水平气压梯度力、水平地转偏向力和惯性离心力达到平衡时的风称为梯度风。力的平衡关系表达式为：

$$\vec{G}_n + \vec{A}_n + \vec{C} = 0 \tag{2.6}$$

（2）梯度风理论

当我们在固定于地球上的坐标系中观察气块的运动时，如果空气相对地球做曲线运动，可以观察到气块具有向心加速度，其值为 V^2/R_T，方向指向曲率中心。这里 V 是气块运动的速率，R_T 是气块做曲线运动时的曲率半径，称为轨迹的曲率半径。如果我们站在随气块一起运动的坐标系中来观察，会发现气块是静止的，但受到一个惯性离心力的作用，其值亦为 V^2/R_T，方向指向与曲率中心相反的方向。在中高纬度自由大气中大尺度空气运动是具有弧形弯曲的，因此考虑自然坐标系，如图 2.5，自然坐标系中为切向，沿着流线，方向与流动方向一致，$\vec{n}$ 为法向，在 $\vec{s}$ 的右侧，与 $\vec{s}$ 垂直。

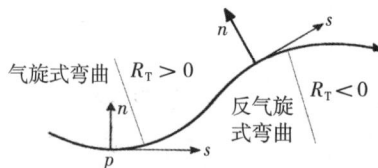

图 2.5　流场中的自然坐标系

在切向和法向上，运动方程为：

$$切向：\quad \frac{\mathrm{d}V}{\mathrm{d}t}=-\frac{1}{\rho}\frac{\partial p}{\partial s} \tag{2.7}$$

$$法向：\quad \frac{V^2}{R_T}=-\frac{1}{\rho}\frac{\partial p}{\partial n}-fV \tag{2.8}$$

可见，无摩擦的水平运动，在流线的切线方向只有气压梯度力的作用，这是因为地转偏向力是与风速垂直的；而在法线方向有两个力作用，即气压梯度力和地转偏向力。如果我们站在随气块一起运动的坐标中观察，则向心加速度消失，但出现了惯性离心力，于是法向方程可以写为：

$$0=-\frac{V^2}{R_T}-\frac{1}{\rho}\frac{\partial p}{\partial n}-fV \tag{2.9}$$

这表示气压梯度力、地转偏向力和惯性离心力三力平衡（合力等于0）。惯性离心力 $c=-\dfrac{V^2}{R_T}$，气压梯度力 $G=-\dfrac{1}{\rho}\dfrac{\partial p}{\partial n}$，地转偏向力 $A=-fV$。

因此依据方程（2.9），有定义为：在水平气压梯度力 G，水平地转偏向力 A 和惯性离心力 C 三力平衡下的空气曲线运动（具有曲率项），称为梯度风。

（3）梯度风的力平衡

在有梯度风时，等压线与流线重合，即 $\partial p/\partial s=0$。故切向方程成为：

$$\frac{\mathrm{d}V}{\mathrm{d}t}=0 \tag{2.10}$$

这就是说这时无切向加速度，但具有法向加速度。其梯度风速用 V_f 表示。于是法向方程可以写为：

$$0=-\frac{V^2}{R_T}-\frac{1}{\rho}\frac{\partial p}{\partial n}-fV_f \tag{2.11}$$

即：

$$0=惯性离心力（C）+气压梯度力（G）+地转偏向力（A） \tag{2.12}$$

假定气块运动的轨迹就是流线，在梯度风情况下，也就是等压线，R_T 也可当作流线或等压线的曲率半径。现通过动力分析理解和说明气旋及反气旋中三力是如何平衡，可分两种情况来讨论。

①气旋性环流

图 2.6（a）显示，气块作气旋式环流运动，惯性离心力 c 指向环流外，地转偏向力 A 指向流动方向的右侧。即指 $-\vec{n}$ 的方向，气压梯度力 G 指向方向，三力才平衡，公式 2.12 成立。即 $-\dfrac{1}{\rho}\dfrac{\partial p}{\partial n}>0$，即，沿着 $\vec{n}$ 方向，p 减小。所以，气旋中心即为低压中心。

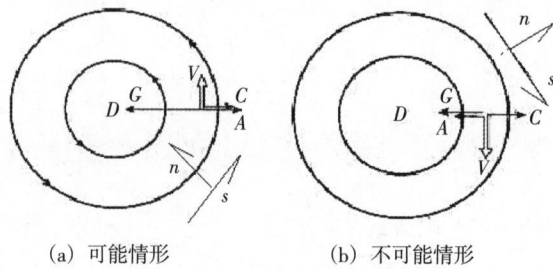

(a) 可能情形   (b) 不可能情形

图 2.6   大尺度低压中的梯度风平衡

对于图 2.6 (b)，如果风速做顺时针旋转，则惯性离心力需要与气压梯度力和地转偏向力的合力平衡。而在大尺度环流运动情景下，等压线的曲率较小，R_T 较大，造成惯性离心力较小，地转偏向力则相对较大。所以惯性离心力大于地转偏向力的这种情况在大尺度运动中是不可能出现的。因此图 2.6(b) 是不可能情形，即反气旋中心不会是低压中心。

②反气旋性环流

当气块做反气旋式环流运动时惯性离心力指向方向，地转偏向力指向 $-\vec{n}$ 方向（运动方向的右侧）。在反气旋环流中，气压梯度力 G 指向 $\vec{n}$ 的方向 $\partial p/\partial n < 0$，即沿着 $\vec{n}$ 方向，气压减小，因此反气旋中心为高压中心，见图 2.7 (a)。在这种情况下，地转偏向力与惯性离心力及气压梯度力的合力平衡，因此地转偏向力大于惯性离心力，这在大尺度环流运动中是常见的。

根据上述力的平衡分析，在大尺度运动系统中，低压与气旋性环流相结合，低压中心就是气旋性环流中心。反之，高压与反气旋性环流相结合，高压中心就是反气旋性环流中心。因此在天气图中分析高低压中心的位置时，必须考虑环流形势。因为测站正好位于系统中心的可能性是很少的，而根据气压值标注系统中心比较困难，因此一般都应根据风场的环流来确定系统中心。关于惯性离心力与气压梯度力的大小比较将在分析梯度风速度特点中介绍。

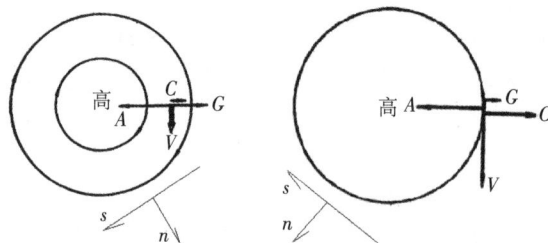

(a) 可能情形（A > G > C）   (b) 不可能情形（C > G）

图 2.7   反气旋中的三力分布分析

（4）梯度风的速度

由式（2-11）可得梯度风的风速：

$$V_f = \frac{-R_T f}{2} \pm \frac{R_T}{2}\sqrt{f^2 - \frac{4}{R_T \rho}\frac{\partial p}{\partial n}} \tag{2.13}$$

这个梯度风的风速表达式是数学推导，但是开根号前的正负号如何选择，需要通过物理意义和动力分析决定。

在北半球，气旋性环流中，$R_T > 0$；反气旋性环流中，$R_T < 0$。又由以上讨论可知，对于大尺度天气系统无论气旋或是反气旋中都应有 $\partial p/\partial n < 0$。式（2.13）表示当根号前取不同符号时（+、-），V_f 有不同的解。究竟哪一个解具有实际物理意义，也分两种情形来讨论。

①气旋性环流

根据自然坐标的定义，V_f 必然为正值，即 > 0。取负值没有意义。在气旋式环流中，$R_T > 0$，$-\frac{R_T f}{2} < 0$，当根号前取负值时，$-\frac{R_T f}{2}\sqrt{f^2 - \frac{4}{R_T \rho}\frac{\partial p}{\partial n}} < 0$，于是 $V_f < 0$，没有实际意义。当根号前取正值时，$\frac{R_T}{2}\sqrt{f^2 - \frac{4}{R_T \rho}\frac{\partial p}{\partial n}} > 0$，因为气旋中气压梯度 $\frac{\partial p}{\partial n} < 0$，所以根号中计算值为 $f^2 + \frac{4}{R_T \rho}\frac{\partial p}{\partial n} > f^2$，这样 V_f 的第 1 项 $-\frac{R_T f}{2} <$ 第 2 项 $\frac{R_T}{2}\sqrt{f^2 - \frac{4}{R_T \rho}\frac{\partial p}{\partial n}}$，所以可得，是合理的。因此根号前需要取正号。这里也显示，如果 $\partial p/\partial n > 0$，无论根号前取 + 号还是 - 号，都会出现 $V_f < 0$ 的情况，也是不合理的。这也说明气压梯度在气旋和反气旋中都是 $\partial p/\partial n < 0$。

②反气旋性环流

在反气旋性环流中，$R_T < 0$，$-\frac{R_T f}{2} > 0$，并且 $\partial p/\partial n < 0$，如果根号前取负号，$-\frac{R_T}{2}\sqrt{f^2 - \frac{4}{R_T \rho}\frac{\partial p}{\partial n}} > 0$，所以 $V_f > 0$。但是当 $\partial p/\partial n$ 值很小时，即 $\partial p/\partial n \to 0$，根号中只有 f^2，则 $V_f \to R_T f$，出现气压梯度越小，反气旋中梯度风越大，当没有气压梯度时，梯度风达到最大。这种情景如图 2.7（b）所示，气压梯度力 G 很小，地转偏向力 A 由惯性离心力 C 来平衡，而实际大尺度流动曲率半径大，曲率小，惯性离心力是很小的，不可能去平衡地转偏向力，这样的平衡实际中不会出现。同时当 $R_T \to \infty$ 时，流线轨迹成为直线，$V_f \to \infty$，也是不合理的。当根号前取正号时，$\frac{R_T}{2}\sqrt{f^2 - \frac{4}{R_T \rho}\frac{\partial p}{\partial n}} < 0$，同时 $\left|\frac{R_T}{2}\sqrt{f^2 - \frac{4}{R_T \rho}\frac{\partial p}{\partial n}}\right| < \left|\frac{R_T f}{2}\right|$，仍然有 $V_f > 0$。这种情形是图 2.7（a），此时当 $\partial p/\partial n \to 0$ 时，$V_f \to 0$；当 $R_T \to \infty$，仍然有 $V_f \to 0$，这是合理的。

综合上述分析，无论气旋还是反气旋，根号前要取正值，所以梯度风的表达式应该是：

$$V_f = \frac{-R_{\mathrm{T}}f}{2} + \frac{R_{\mathrm{T}}}{2}\sqrt{f^2 - \frac{4}{R_{\mathrm{T}}\rho}\frac{\partial p}{\partial n}} \tag{2.14}$$

因为 V_f 应该是实数，所以根号中的值需要大于 0，取正值。即要求 $f^2 - \frac{4}{R_{\mathrm{T}}\rho}\frac{\partial p}{\partial n} > 0$。在气旋中，因为 $R_{\mathrm{T}} > 0$，$\partial p/\partial n < 0$，根号内值 > 0 总是满足，因而在气旋中 $|\partial p/\partial n|$ 和 V_f 可以任意大。在反气旋中，$R_{\mathrm{T}} < 0$，$\partial p/\partial n < 0$，所以，要满足根号内值 > 0，需要 $\left|\frac{\partial p}{\partial n}\right| \leqslant \frac{f^2|R_{\mathrm{T}}|\rho}{4}$，当取等号时，即得到反气旋中最大梯度风风速（绝对值）。

$$V_f|_{\max} = \frac{-R_{\mathrm{T}}f}{2} \tag{2.15}$$

所以，在反气旋中，在一定的纬度上，气压梯度和梯度风的大小受反气旋的曲率所限制。曲率越大（R_{T} 越小），则气压梯度越小，梯度风风速也越小。所以越接近反气旋中心（R_{T} 最小），气压梯度和梯度风风速越小。

实际上大风的分布也确实如此，大风区经常是在低压中心附近和高压的边缘区域，在高压中心附近风速通常很小。在地面图上，如果冷高压中心位于高原地区（如蒙古西部），由于高度高、温度低，气压订正的结果常使得这里的海平面气压比周围高很多，于是在高压中心附近出现很大的气压梯度、等压线密集，但实际上的风很小。所以，这种高压的中心强度是虚假的，在分析和预报中应加以注意。

在气旋中气压梯度和风速可无极限，而在反气旋中则有极限，这可从图 2.6 及图 2.7 中直观而定性地得知。在气旋中［图 2.6（a）］，气压梯度力由地转偏向力和惯性离心力所平衡，只要气压梯度和梯度风按一定比例增大，三力的平衡总可建立。因此，在气旋中气压梯度和风速可以任意地大。但在反气旋中［图 2.7（a）］，地转偏向力为气压梯度力与惯性离心力之和所平衡，当气压梯度和梯度风按一定比例增大时，原惯性离心力与风速的平方成正比，而地转偏向力仅与风速本身成正比，因而至某一程度后，惯性离心力与气压梯度力之和比地转偏向力增大得更快，三力就不能保持平衡。所以在反气旋中，在一定的曲率下，梯度风有一极大值。如果梯度风达极大时，使曲率半径（R_{T}）减小（曲率增大），惯性离心力增大，三力也不能保持平衡，这时只有使气压梯力和梯度风减小，三力才能重新平衡。所以，随着曲率的增大（曲率半径减小），梯度风的极大值也将减小。因此，在反气旋中心附近，气压梯度和风速都是很小的。

在做风预报时，应重点参考地面气压梯度力，即在等压线越密集的地方风速越大等压线稀疏风速小。在做风预报时，可以通过计算相邻的高低压中心差值、某两个指标站的气压差值、本省通过的等压线条数（2.5 hPa）等方法来确定气压梯度力的大小。

2.2.3.3 风力与变压场关系

变压风沿着变压梯度方向吹，由高变压区吹向低变压区，变压梯度越大，变压风越大。负变压中心区，变压风辐合会引起上升运动；正变压中心区，变压风辐散会引起下沉运动。据估计，变压风可大到 5 m/s。因此，冷锋后部的最大风速常出现在正变压中心附近变压梯度最大的地方。

冷空气东移南下时，往往引起地面增压，3 h 变压在 3 hPa 以上的区域，容易出现偏北大风。

2.3　热成风

实际大气经常处于斜压状态，斜压大气是地转风随高度改变的充分与必要条件。不同层等压面之间温度水平分布不均匀，使地转风随高度产生的变化，称为热成风。简言之就是铅直方向上两等压面上地转风矢量差，即热成风：$V_T = V_1 - V_2$，其中 V_1 是高层的地转风，V_2 是低层的地转风（图 2.8）。

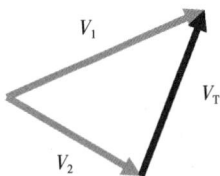

图 2.8　热成风示意图

热成风表达式：

$$-\frac{\partial Vg}{\partial p} = \frac{R}{f} k \times \nabla_p T \qquad (2.16)$$

式（2.16）给出热成风的大小与方向。还可根据热成风大小判断冷暖平流的强弱，以及根据上下层热成风分布确定相对不稳定方位。

2.3.1　热成风的成因

首先，要清楚热成风并不是风，它只是两个不同高度风速的矢量差。它的形成与气压场和热力场密切相关。在暖气柱中，气压随高度增加降低得慢，而冷气柱却降低得快，即单位气压高度差小。假若等压面在低层是水平的，气压梯度为 0，由于气柱中平均温度在水平方向上有差异，到高层后，等压面倾斜，暖区一侧等压面抬起，冷区一侧降低，则高层水平面上气压值不等，出现由暖区指向冷区的气压梯度力，产生平行于等温线的风。热成风就是两个不同高度地转风风速的矢量差。如果温度在等压面上没有水平变化，那么也就没有地转风的垂直变化。

2.3.2　热成风的应用

热成风关系在实际中有着广泛的应用。首先，它是天气图分析的主要理论基础，由于它把不同层次的地转风于平均温度的水平分布联系起来，因此，根据气压和温度的三维结构，可以了解不同层次的地转风。例如，若已知某一高度的地转风和两个高度间的平均温度场，则可求另一高度上的地转风。相反，若将不同层次的实测风近似当作地转风，则可根据风场推出气压和温度场结构。另一方面，利用热成风关系还可以定性地解释一些天气现象，例如北半球对流圈内西风向上叠加，形成对流层顶附近西风急流的原因。

在实际工作中进行天气分析时，根据某站风随高度变化的情况可做温度平流的分析，当风随高度做逆时针方向旋转时，可判断这个气层间有冷平流；当风随高度做顺时针旋转时，则有暖平流，见图 2.9。图 2.9 中，V_{g0} 是低层地转风，V_{g1} 为高层地转风，地转风随高度逆时针旋转，显示地转风从冷向暖，为冷平流；地转风随高度顺时针旋转，显示地转风从暖向冷，为暖平流。

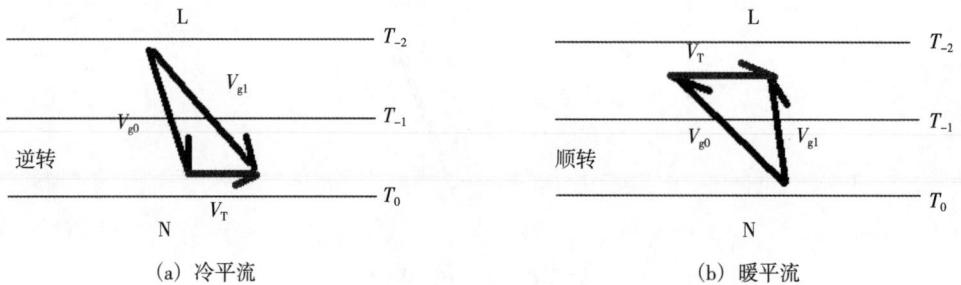

图 2.9　热成风的指示性

由热成风的定义和性质可知，北半球中纬度地区的高空风为西风的原因正是热成风的存在。因为高空风遵循"准地转平衡"，即水平科氏力和水平气压梯度力平衡，所以高空风几乎就是地转风。然而，因为自西向东的热成风的存在，使得地转风从底层到高层渐渐地也自西向东吹，这样北半球中纬度地区高空风吹的就是西风。这就是"北半球中纬度地区高空风是西风"的说法的由来。

2.3.3　热成风的特点

在平衡条件下：

（1）低层风向与热成风风向一致，风速随高度逐渐增大，风向不变。

（2）低层风向与热成风方向相反，风速随高度逐渐减小，到某一高度风速减小到 0；再向高空，风速随高度增大，风向发生 180° 转变，同热成风风向一致。

（3）低层风从冷区吹向暖区，北半球风向随高度逐渐向左转，而且越到高层，风向与热成风风向越接近。

（4）流向冷区，北半球风向随高度逐渐向右转，愈到高层风向与热成风愈接近。

2.4 空气的垂直运动

空气的垂直运动又称为对流运动，指空气在垂直方向上有规则的上升和下沉运动。虽然与空气大规模的水平运动相比，大范围垂直运动的平均速率是比较弱的，但是，在垂直上升运动中有气温绝热冷却、水汽凝结过程发生，导致云雨等天气现象的出现，特别是雷雨、大风、冰雹、龙卷等对人类影响很大的剧烈天气现象，都是空气垂直运动强烈发展的产物。因此，空气的垂直运动是大气运动的一个重要组成部分，并与水平运动相互影响。

由空气微团的受力分析可知，在垂直方向上，空气微团受到的重力和垂直气压梯度力平衡时，空气微团处于静力平衡状态，即没有垂直运动发生或垂直运动被抑制；当两者的平衡遭到破坏时，就会产生垂直运动或运动被加强。由于导致垂直方向上力的不平衡的原因不同，垂直运动的速度、范围及伴随天气有很大差异，据此，将大气中的垂直运动分为以下 4 种主要类型。

2.4.1 热力对流

由于下垫面受热不均匀而产生的垂直运动，称为热力对流。当空气块的温度高于周围空气温度时，它具有向上的加速度而产生了上升运动；反之，空气块变冷，低于周围温度时，则产生下沉运动。这类热力对流多为局地性对流，水平范围小，只有几千米到几十千米；持续时间短，只有几十分钟到几小时。但是，其垂直上升速度很大，有时可达 30m/s。像雷暴云、阵性降水、雷雨大风、冰雹等不稳定性天气都是由于热力对流的强烈发展而造成的。

2.4.2 水平辐合、辐散引起的垂直运动

根据大气连续运动的原理，在地面低气压及低压槽区，由于地面的摩擦作用，出现了水平气流向低压中心及槽线附近的辐合现象，引起上升运动；在地面高气压及高压脊线附近有气流向外辐散，垂直方向上盛行下沉气流。同理，如果上层空气有水平气流辐合、下层有水平气流辐散的区域，必然会有空气从上层向下层补偿，从而出现空气的下沉运动；反之，如果上层有水平气流辐散、下层有水平气流辐合的区域，则会出现空气的上升运动，如图 2.10 所示。

当某地上空垂直方向上，空气辐散总量大于辐合总量时，则空气柱总质量减少，造成该地气压降低，有利于低压的形成或者发展加深；反之，若空气辐合总量大于辐散总量时，则使地面气压升高，有利于高压的加强。由此可见，大气的垂直运动与水平运动是相互联系、相互制约的，它们又与高气压、低气压天气系统的发生、发展之间存在着内在联系。

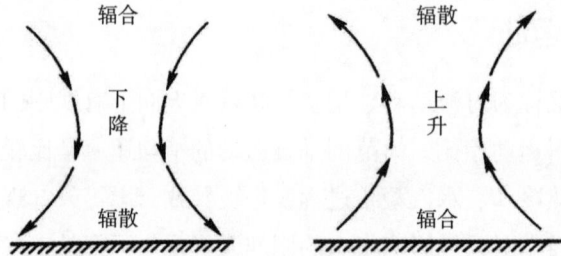

图 2.10　水平气流的辐散、辐合和垂直运动的相互关系

2.4.3　锋面上的垂直运动

锋面是冷暖性质不同的气团相遇时的交界面。锋面是在空间向冷气团一侧倾斜的物质面，冷暖气团各居一侧。在冷暖气团的移行过程中，由于暖空气密度小，受锋面抬升作用，沿锋面向上爬行。

2.4.4　地形抬升引起的垂直运动

当气流遇到横向长条山脉时，大部分气流将越山而过，在山脉的迎风坡上，由于地形机械抬升作用而产生上升运动，在背风坡则出现下沉运动。山脉坡度越陡，上升运动越强；气流方向与山脉走向的交角越接近 90°，上升运动越强。若宽广深厚的气流绕山面行，则在迎风坡山的两侧气流辐合，产生上升运动，地面因水平气流辐合加压常形成地形脊；在背风坡山的两侧气流辐散，产生下沉运动，并且绕过山脉，在背风坡常会形成一低压（图 2.11），或地形槽，例如台湾海峡、日本海、东北平原和华北平原等地常有地形槽出现。如果空气潮湿、条件适当时，在山的迎风坡和两侧上升气流中常形成地形云和降水。

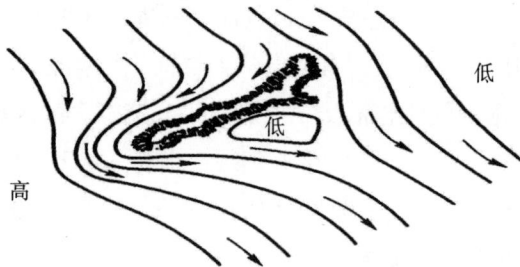

图 2.11　气流绕过山脉的情形

在海岸线附近，由于海面到陆面摩擦力的变化，也会引起空气的垂直运动。当吹向岸风时，摩擦力增大，风速减小，风向偏转，海岸线附近气流辐合，可产生系统性上升运动；当吹离岸风时，因摩擦力减小，风速增大，风向偏转，在海岸线附近造成气流辐散，产生下沉运动。

此外，大气低层有湍流发生时，也伴有垂直运动，因其所达垂直高度不大，一般仅形成层云、雾和毛毛雨。

以上由气流辐散、辐合引起的垂直运动及由锋面、地形抬升引起的垂直运动，称为动力性或系统性垂直运动。这种系统性的上升运动，通常水平范围可达几百千米以上，上升速度较缓慢，为 $1 \sim 10$ cm/s，但持续时间长，可使整层空气的抬升高度达到几千米。若暖空气中水汽充足，则抬升过程的绝热冷却，会造成大范围的层状云和连续性降水。

参考文献

[1] 朱乾根 . 天气学原理和方法 [M]. 北京：气象出版社，2005.

[2] 许小峰，顾建峰，李永平 . 海洋气象灾害 [M]. 北京：气象出版社，2009.

[3] 陈登俊 . 航海气象学与海洋学 [M]. 北京：人民交通出版社，2009.

[4] 吕美仲，彭永清 . 动力气象学教程 [M]. 北京：气象出版社，1989.

[5] 刘红年 . 大气科学概论 [M]. 南京：南京大学出版社，2000.

3　海上大风影响系统

3.1　温带气旋

气旋是占有三度空间的、在同一高度上中心气压低于四周的大尺度气流涡旋。在北半球，气旋范围内的空气作逆时针旋转，在南半球其旋转方向则相反。在气压场上，气旋又称低气压（简称低压）。温带气旋从字面上显示是活跃在温带的气旋，但是它们与热带气旋的区别不仅仅是地理位置，还有更重要的热动力结构的区别，是否有锋面系统配合的区别。气旋的分类有多种方法，根据气旋形成和活动的主要地理区域，可分为温带气旋和热带气旋两大类，而根据气旋形成的热力结构，则可分为无锋面气旋和锋面气旋两大类。

气旋大风与气旋的动力旋转和热动力斜压性相关。

3.1.1　温带气旋基本特征

在我国中纬度地区的温带气旋可分为蒙古气旋、黄河气旋、江淮气旋等几类，主要依据生成时位于我国的地区。图 3.1 显示了各类西风带气旋的路径和活动范围。这些温带气

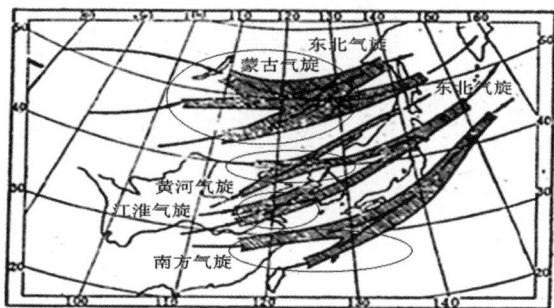

图 3.1　东亚气旋主要路径

旋在西风带引导气流的引导下，自西向东及东北方移动。这与沿海的东亚大槽槽前强盛的西南气流走向有关。

图 3.2 是地面天气图中的锋面气旋个例，气旋中心位于蒙古境内，为蒙古气旋。气旋西部和冷锋后为等压线密集区，也是大风区，见图中黑色圆环框出的地区。大风主要出现在等压线密集区。

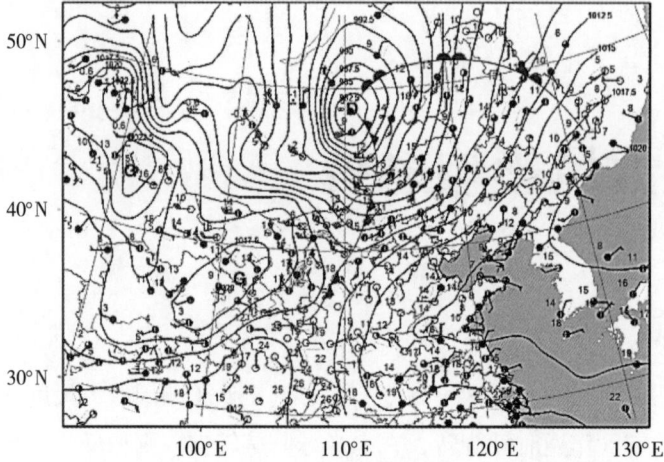

图 3.2　2001 年 4 月 6 日 17 时地面天气图中的蒙古气旋及大风区

　　图 3.3 为 6 个黄河气旋个例，图中海平面气压场（等值线）显示气旋都大致位于黄河口以及渤海一带。10 m 高度的风场强度（阴影）显示气旋附近有强风。

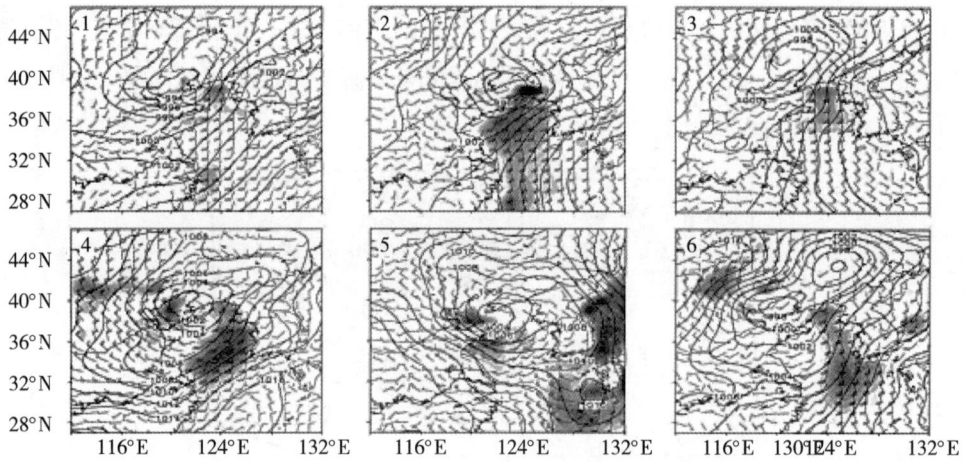

1，2，3 为夏季气旋，4，5，6 为春季气旋

图 3.3　地面 10 m 风场、风速（阴影，单位：m/s）和海平面气压场（等值线，单位：hPa）

　　夏季强风区主要在气旋东南侧，春季气旋大风区明显大于多于夏季气旋，不仅在气旋东南部分有大风区，在气旋西部和西北部位也有大风区。大风的强度都在 13 m/s 以上。这显示春季气旋具有锋面系统，斜压性强，冷锋锋面主要在气旋西部或西南部，造成这些部位的更多大风区。而夏季气旋相对斜压性较弱，锋区不强。为说明此种特点，对比夏季 3 个气旋合成与春季 3 个气旋合成的气旋中心温度垂直剖面（图 3.4），夏季气旋结构以暖

性气团为主，具有偏暖中心，因此斜压性较弱；而春季气旋中心是冷暖气团交汇的温度梯度区，并且冷暖梯度强度较大，因此斜压性强，易形成更多强风区。

图3.4显示夏季气旋中心有暖中心［图3.4（a），高度650 hPa和300 hPa］，而春季则是前暖后冷，两个气团交汇在气旋中部［图3.4（b）］。

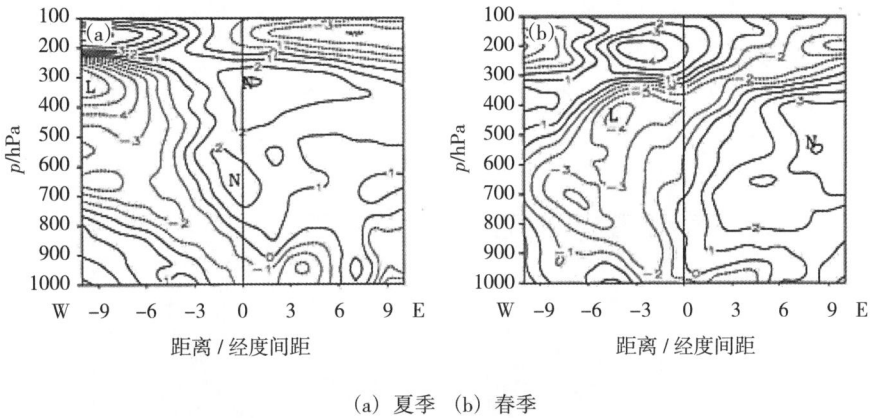

（a）夏季 （b）春季

图3.4 沿合成气旋中心温度纬向垂直剖面（等值线，单位：°C）

图3.5是几类江淮气旋合成个例入海前后的地面气压场和风矢量场对比。阴影为大风区。大风区均在气旋东南方，入海前（左侧列），入海后（右侧列），大风区的强度均增强，范围扩大。图3.5还显示，气旋入海后，气旋的强度增加，即中心气压值减小。显然海上下垫面平坦对气旋的增强以及气旋大风的增强有直接作用。

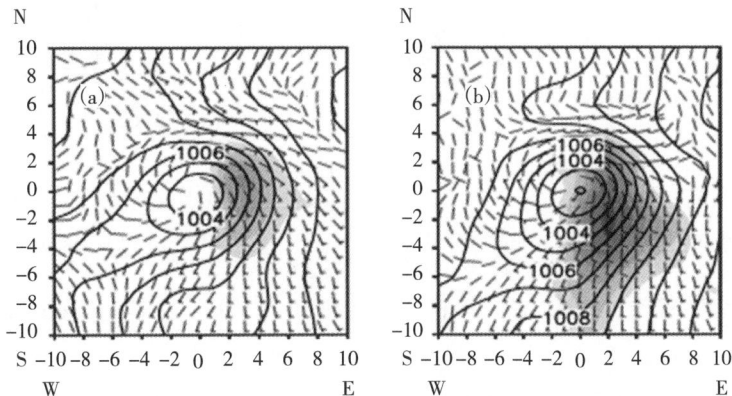

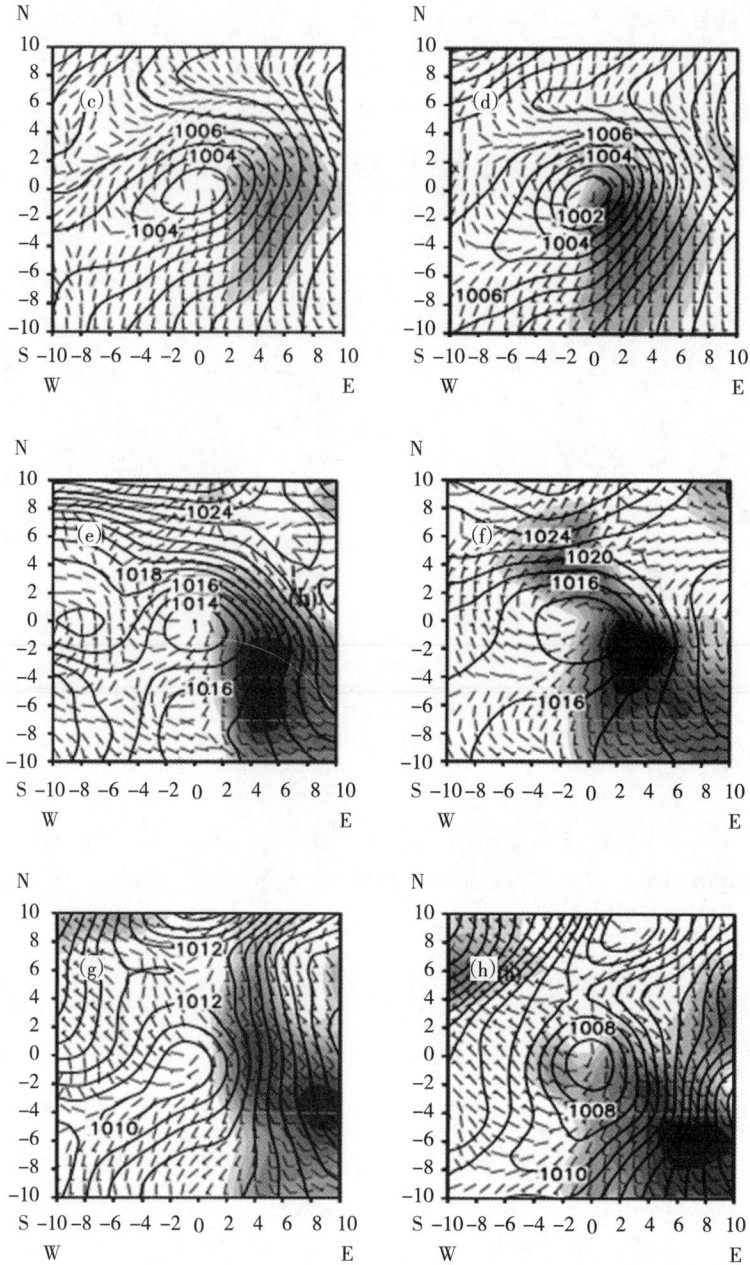

入海前（左侧列）：暖季深厚型（a）、暖季浅薄型（c）、冬季浅薄型（e）、春初底层型（g）
入海后（右侧列）：暖季深厚型（b）、暖季浅薄型（d）、冬季浅薄型（f）、春初底层型（h）

图 3.5　海平面气压场（实线，单位：hPa）和地面 10 m 风场以及风速（阴影，单位：m/s）

图 3.6 是南半球的温带气旋环流场。由于南半球海洋面积更大，因此中纬度温带气旋相当活跃，强度也大。图中显示，锋面气旋在西风带中的分布，气旋的等压线相当密集，说明风力强盛。

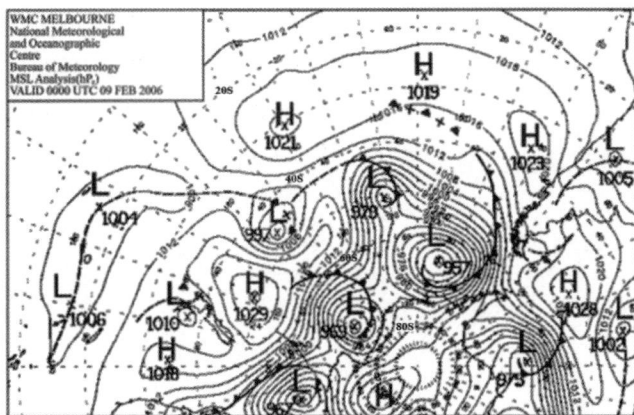

图 3.6　2006 年 2 月 9 日 0 时（国际标准时）南太平洋表面天气图

根据南极长城站大风天气的分析及预报经验，气旋是造成长城站大风天气的主要天气系统，长城站所有大风天气都是由气旋直接或间接引起的。冬季气旋势力要明显强于夏季，故而风力要高于夏季，持续时间也更为长久。

关于无锋气旋：①热带气旋是发生在热带洋面上强烈的气旋性涡旋。当其中心风力达到一定程度时，称为台风或飓风。②地方性气旋是由于地形作用或下垫面的加热作用而产生的地形低压或热低压。这种低压气旋基本上不移动。另外，在锋前也常出现一种锋前热低压。

3.1.2　温带气旋大风原理

对于平行的基本平直的等压线环流场，往往使用地转风理论分析相应的风力特征，风场是气压梯度力和地转偏向力两力平衡下的运动。而对于环形曲率等压线形势场，如气旋和反气旋场，可以应用梯度风理论对环流场进行分析。

3.1.2.1　梯度风的风向

以圆形等压线的情况为例，分别讨论气旋和反气旋中的梯度风情况。

（1）低气压

水平气压梯度力总是沿圆形等压线的半径由外指向低压中心，惯性离心力始终由中心沿半径指向外，两个力的方向相反。一般情况下，惯性离心力较小，要使 3 个力达到平衡，则水平地转偏向力的方向必须从低压中心指向外。故 3 个力的平衡关系为：

$$\vec{G}_n = -(\vec{A}_n + \vec{C}) \tag{3.1}$$

它们的大小满足：

$$G_n = A_n + C \ \text{或} \ A_n = G_n - C \tag{3.2}$$

由此，根据地转偏向力的方向与空气流动方向之间的关系，可判断气旋中梯度风的风向：在北半球，按逆时针方向沿等压线吹；在南半球，按顺时针方向沿等压线吹。

（2）高气压

水平气压梯度力总是由高压中心沿半径指向外，惯性离心力始终由中心沿半径指向外，两个力在同一个方向上。因此，要使 3 个力达到平衡，则地转偏向力必定指向以上二力的反方向，即由外指向高压中心。那么，3 个力的平衡关系为：

$$\vec{A}_n = -(\vec{G}_n + \vec{C}) \tag{3.3}$$

它们的大小满足：

$$A_n = G_n + C \tag{3.4}$$

可见，高气压区中的梯度风风向：在北半球，按顺时针方向沿等压线吹；在南半球，按逆时针方向沿等压线吹。

由以上分析可知，梯度风风向仍符合风压定律。即：风沿等压线吹，测者背风而立，北半球，高压在右，低压在左；南半球，高压在左，低压在右。从风场角度定义，将北半球顺时针旋转、南半球逆时针旋转的风场称为反气旋，北半球逆时针旋转、南半球顺时针旋转的风场称气旋。因此，在中高纬度地区，高气压又称为反气旋，低气压称为气旋。

3.1.2.2　梯度风的大小

在分析天气图时，低压中心附近的等压线密集，高压中心附近等压线稀疏。实际上风的分布也是如此。大风区经常是在低压中心附近和高压的边缘区域。在高压中心附近风速很小，在气旋中心气压梯度和风速可无极限（图 3.7）。

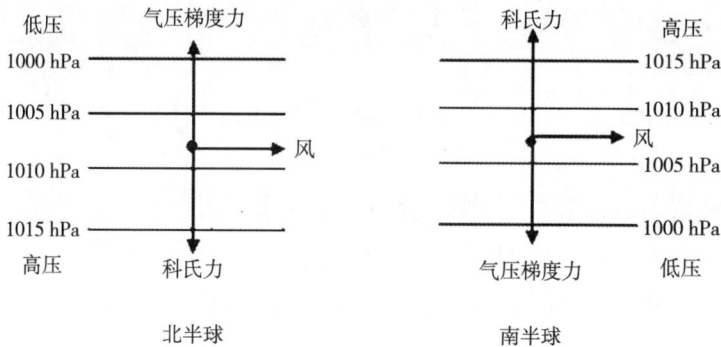

图 3.7　风与气压场的关系

应用梯度风分析可得：①大尺度系统，气旋性环流与低压相结合，低压中心就是气旋性环流中心；反气旋性环流与高压相结合，高压中心就是反气旋性环流中心。②气旋中心气压梯度和风速可无极限，而在反气旋中则有极限，梯度风有一极大值。大风区经常是在低压中心附近和高压的边缘区域。在高压中心附近风速通常很小。

此外气旋的斜压性，即与气旋配合的冷暖温度锋区，也造成大风区，为热动力大风区。

3.1.3 带气旋的海上加强

对于我国温带气旋，东北气旋、蒙古气旋因为活动纬度偏高，东移过程中并不入海。主要是中纬度江淮气旋和黄河气旋东移入海。

3.1.3.1 江淮气旋入海加强

（1）海面的动力作用

不同季节，海面的动力作用相同，均为下垫面摩擦力减小，造成气旋前部大风区风速增强，但是气旋入海强度增幅不同，大风区的增强与扩大有较明显的季节差异。冬季气温低，气旋入海引导其后部冷空气南下，伴随气压梯度增大，使得气旋后部北风增强，出现偏北大风区。而春初气旋入海后，气旋后部对应海温冷舌，与冷空气配合整层斜压性增强，是该类型气旋后部出现偏北大风的重要原因。其前部大风区在入海后向东南偏移，可能与气旋移动路径全部为东北向有关，此处气旋移动速度与气旋东南部偏南风旋转速度同向叠加，形成大风区。

（2）海上气旋正涡度层伸展

进一步分析入海发展气旋正涡度层的伸展，发现标志性正涡度等值线 $6 \times 10^{-5}/s$ 在各类气旋（以不同季节的气旋伸展高度分类）入海后，其垂直高度均有抬升，指示气旋强度的增强不仅表现在水平方向，垂直方向上也很明显。暖季深厚型气旋的标志性正涡度等值线从 700 hPa 入海后抬升到约 300 hPa 高度，这应与高层低值系统如西风槽等的配合有关；暖季浅薄型气旋该正涡度等值线的伸展高度从 750 hPa 增长到 50 hPa；在冬季，该等值线入海增长不显著，但也从 750 hPa 伸展到大约 700 hPa；春初时节，底层型气旋该正涡度等值线在气旋入海后显著伸展，从 900 hPa 提高到 600 hPa。这表明底层型气旋对海洋下垫面热力动力影响的响应更明显。

（3）近海表层温度作用

对我国东部的近地面和近海面下垫面温度进行分析，气旋入海后的下垫面温度分布显示，暖季海上与陆地上的下垫面温度比较接近或稍偏冷，海上非绝热加热的作用并不显著，深厚和浅薄气旋入海后，主要是海上丰富水汽向气旋输入，有利于入海后气旋凝结潜热的增加以及降水增强。冬季海上下垫面温度显著高于内陆下垫面温度，气旋入海后，海面的热力作用即非绝热加热对气旋增强以及气团增温作用明显。初春季节下垫面温度分布形式为沿海有冷舌，海上为暖脊，因此入海气旋前部受到下垫面非绝热加热，后部受到非绝热冷却。这种初春的温度分布和非绝热加热形式显示了环境强斜压性特征，有利于促使入海气旋的发展加强。

（4）高空急流动量下传

高空急流对气旋的发展有重要影响。在暖季，南方暖空气势力北上，西风急流位置偏北，位于气旋的北部；在冬季和初春，北方冷空气势力强，西风急流的位置偏南，位于气旋南部，且暖季西风急流强度弱于冬季和初春季节。暖季气旋位于高空急流入口区的右侧，此处为强的反气旋式风切变，有利于高层辐散加强，进而利于气旋中垂直上升运动层增厚与维持，由此水汽持续向上输送，将维持更多凝结潜热释放，促使暖季气旋强烈发展。冬季和初春气旋位于高空急流左侧的气旋式风切变区，整层偏差风辐合，虽然无高层辐散的抽吸，不利于垂直上升运动层增厚抬高，但是整层深厚的气旋式环流背景，有利于低层气旋的正涡度维持。同时冬季和初春气团冷干，凝结潜热释放少，气旋厚度也浅，因此垂直上升运动的抑制和凝结潜热效应的减弱，对冬季和初春气旋增强无显著影响。

从入海前后时间间隔 6 h 的高空急流风速经向垂直剖面图可以看出，各类江淮气旋入海后高空急流强风速范围均有不同程度的向下扩展。以 15 m/s 等风速线下传速度代表高空急流向下扩展速度，对于暖季深厚型气旋，急流下传速度最快，为 30 hPa/h；春初底层型最慢，仅为 13 hPa/h；两类浅薄型气旋伸展高度均为 850 hPa，下传速度相近，暖季 23 hPa/h，冬季 20 hPa/h。这说明气旋入海发展过程中存在急流动量下传，下传的速率与气旋的深厚程度成正比。4 类气旋入海后加强，是入海气旋下垫面摩擦力减小和高空急流动量下传的共同作用，尤其暖季风速较冬季和初春小，其强风的等风速线下降更快，更有利于气旋的增强。

3.1.3.2 黄河气旋入海加强

黄河气旋的入海主要为气旋东移经过黄渤海。

（1）黄渤海水汽条件

春夏季节，黄渤海海域的海表温度的季节特征是在 4—5 月地表回暖较快，气温明显高于海面温度。对比春季海温，夏季海温显著高于春季，因此夏季海面的水汽蒸发明显大于春季，造成夏季海面水汽充沛。春季海面水汽条件较差，个例对比分析显示，水汽通量不到夏季的 1/2，水汽通量辐合只有夏季的 1/3，因此春季气旋的海面水汽供应不足。

（2）渤海海面动力作用

海面动力作用无季节性显著变化，海面摩擦力小，有利于气旋近海面旋转风速加强、风力增大。但是黄河气旋为天气尺度的系统，比渤海海域范围更大，当发展的黄河气旋经过渤海时，根据地面气旋覆盖范围，夏季气旋多为主体位于陆地，部分位于渤海；而春季气旋多为中心在海上。因此渤海海面动力作用对春夏季气旋近海面风速的影响效果不同，统计结果如表 3.1。

表 3.1　气旋经过渤海前后的地面平均风速统计

序号	夏季型平均风速 / (m/s)				春季型平均风速 / (m/s)			
	1	2	3	平均	4	5	6	平均
入海前	5.48	4.77	4.85	5.03	5.99	5.68	5.79	5.82
入海时	4.01	5.07	4.83	4.54	7.31	5.23	7.36	6.97

表 3.1 显示，入海前，春季气旋的风速较夏季气旋的风速稍大，入海后，春季气旋近海面风速进一步增强，对春季气旋在海上增强有利。但是夏季气旋往往只有南部在渤海海域，此部分相对于夏季气旋仅是一小部分，这部分气流流向是自渤海海面向北登陆，因此尽管风速在海上会增强，但气流向岸抬升，进入摩擦力大的陆面后，风速迅速减小，气旋整体平均风速反而减弱。因此海面动力作用对夏季黄河气旋增强没有明显效果，可以不考虑。

（3）渤海海域非绝热加热

黄河气旋发展阶段，黄渤海海面及上空非绝热加热作用中，夏季以潜热加热为主；春季感热加热更明显。夏季潜热最大值在 600 hPa，达到 180×10 Jkg/s，显示潜热加热层深厚；春季潜热最大值在 700 hPa，仅有 40×10 Jkg/s，春季海上潜热加热较弱。春季感热最大值在 600 hPa，达到 110×10 Jkg/s，对比夏季感热全是负值，显示夏季感热加热显著。

3.2 暴发性气旋

观测发现，一些中纬度温带气旋能够在短时间内快速发展，即在十几小时到数十小时内其中心气压迅速降低，强度急剧增强。这类气旋称为暴发性气旋，它的明确的定义为：气旋中心气压值（考虑地转调整到 60°N）在 24h 内下降 24 hPa 以上，即气旋中心气压加深率大于 1 hPa/h 的快速发展的气旋。暴发性气旋又称"气象炸弹"，多发于洋面上。

3.2.1 暴发性气旋基本特征

由于暴发性气旋快速发展，往往会导致天气剧变，引发狂风和强降水。一般在东亚地区，只有 2% 的低压气旋能实现暴发式增长，也就是说出现的概率为 2%。

2014 年 12 月 16—17 日，在日本附近的一个低压，快速发展加深，24 h 气压下降了56 hPa（从 16 日 08 时 1007 hPa 降至 17 日 08 时 951 hPa）。其强度大于爆炸性气旋定义的低限 1 hPa/h，达到 2.33 hPa/h。该气旋的发展过程见韩国气象局天气图（图 3.8）。

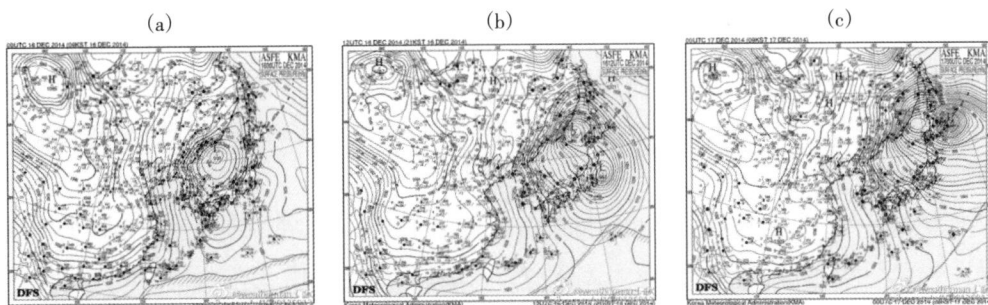

图 3.8 北太平洋暴发性气旋个例演变地面天气图

2014 年 12 月 16 日 08 时，在日本九州岛东南部有低压，气压为 1007 hPa［图 3.8（a）］。12 月 16 日 20 时，相比 12 h 前，气旋向东北移动，中心在日本本州岛东部，气压为

982 hPa［图 3.8（b）］。12 月 17 日 08 时，气旋继续向东北移动，中心移到日本北海道东部，气压为 951 hPa［图 3.8（c）］。

从卫星云图上也能看到这个低压从一个初始的气旋波，发展为一个强的温带气旋（图 3.9）。

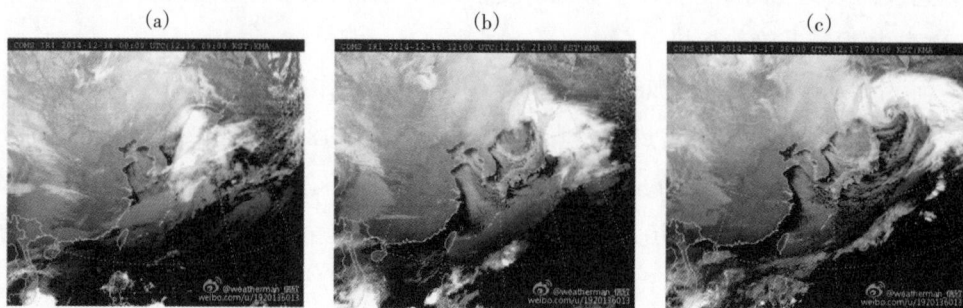

图 3.9 北太平洋暴发性气旋个例演变卫星云

2014 年 12 月 16 日 08 时，日本九州岛东南部的云团，几乎看不出任何气旋的模样［图 3.9（a）］。16 日 20 时，从日本本州岛东京一带向太平洋一侧有冷舌卷入白亮的云团，气旋正在快速发展［图 3.9（b）］。17 日 08 时，北海道东部的气旋非常壮观，涡旋云系特征明显［图 3.9（c）］。

一般气压系统在加强时，系统移速减慢，而暴发性气旋在迅猛加强时，移速仍然很快。对统计的 110 个西北太平洋暴发性气旋显示暴发过程中，平均移速达到 20 节，个别达到 25 节以上，即大约 45 km/h。这样，暴发性气旋的强气压梯度力大风叠加上气旋移速大风，所造成的海上大风强度将非常严重。

3.2.2 暴发性气旋大风原理

根据前面所述，暴发性气旋大风与气旋的强度（气压梯度力）和气旋的移速直接相关。因此以下先分析暴发性气旋的成因与机制。

3.2.2.1 暴发性气旋的成因

根据天气学原理，东亚地区最容易形成暴发性气旋的区域就在日本附近，特别是靠近太平洋一侧，而且又以冬春季最多。因此 2014 年 12 月 16—17 日的这个气旋暴发存在着必然性。

通常冬季和春季，日本处于 200 hPa 高空急流的出口区，在高空急流出口区的左侧有正涡度平流，利于气旋的发展。从低空来看，气旋的西北侧如果有较强的冷空气入侵（也就是从东亚大陆到日本有较强的冷空气向东南移动），和日本附近暖洋面的暖空气相遇，有利于产生上升运动（而且高空正涡度平流也利于上升运动），积云潜热释放，也有利于气压下降，气旋进一步发展。或者说，因为青藏高原的大地形阻挡，高层西风气流分为南北两支，在高原东侧的汇合点恰好在东亚大陆沿岸或日本上空。南支气流低槽较浅，正涡度平流弱，因此东亚沿岸或日本附近的初始低压，强度较弱。而继续向东北移动，抵达北支槽下方时，北支槽往往发展较深，槽前的正涡度平流很强（正好往往也是高空急流出口区的左侧），因此容易强烈发展，达到暴发性气旋的标准。由于冬春季高空西风急流比较偏南，容易被高原阻挡分支，形成上述形势，所以爆发性气旋多发生于冬春季的日本附近。

3.2.2.2 爆发性气旋的发展机制

（1）动力不稳定或斜压不稳定机制

斜压不稳定在气旋的生成和爆发性加深过程中起重要作用。当温度平流、积云对流和湍流加热等反映大气斜压性的热力强迫共同作用使地转相对涡度急剧增长时，气旋便会出现中心气压急剧降低的现象。因此在暴发性气旋生成期间大气斜压性起了决定作用。

（2）潜热释放的作用

强烈的潜热释放可导致气旋式环流加速，从而引发气旋中心气压的急剧降低。气旋爆发阶段凝结潜热释放对低层气旋式环流的增强有重要影响。

（3）正涡度平流的作用

气旋的暴发性加深主要是由正涡度平流和非地转场激发，其中涡度平流对气旋发展贡献最大。北太平洋爆发性气旋多发生于高空急流出口区的左侧，此处正涡度平流场为暴发性气旋的急剧发展提供了高层动力强迫，中高层的强正涡度平流是促进爆发性气旋急剧发展的重要因素。

（4）位涡的作用

位涡是位势涡度的简称。在正压条件下，绝对涡度的垂直分量与气柱高度之比为一常数。

$$\varsigma_a/h=\text{constant} \tag{3.5}$$

式中：ς_a 为绝对涡度的垂直分量；h 为气柱厚度。

式（3.5）说明，位涡是一个与大气的涡度有关（旋转性），又与大气的位势（厚度或高度）有关的物理量。

平流层大值位涡（PV）空气的下伸是气旋暴发性加深的一个重要条件，初生气旋逐渐向强位涡区移近并形成上下大值位涡区相接的形势，使得气旋迅速发展。通过垂直平流使高低层大值位涡耦合在一起，从而使气旋迅速发展。高层大值位涡下传及高低层位涡耦合是气旋暴发性发展的有利条件。

（5）对流层顶折叠的作用

气旋上空动力对流层顶折叠和高空急流动量下传为主的上层强迫对气旋的暴发性发展起到重要作用。对流层顶折叠是指平流层空气被挤入对流层中层（有时可达 700～800 hPa）的过程。由于折叠区内的空气具有低湿度、高位涡和臭氧浓度高的特性，因此对流层顶折叠又常被称为"干侵入""位涡异常"或"平流层—对流层物质交换"。

对流层顶折叠（断裂）是中纬度对流层上层—平流层下层（UT/LS）区域内的一种特殊现象。对区域天气来说，对流层顶折叠之所以引起大家广泛关注的一个重要原因就是它反映了高空锋生。根据锋生动力学特点，锋生导致水平位温梯度加大，从而导致原来的地转平衡和热成风平衡关系被破坏。而为了维持热成风平衡，风的垂直切变必须相应增大。风的垂直切变加大可以影响对流云的传播和内部组织，并为对流系统的发展提供动能。从大气稳定度的角度来看，对流层顶折叠区内的空气湿球位温较低，当这种未饱和空气叠加在低层高湿球位温的空气上，就会导致大气层结不稳定。一旦这种层结不稳定能量通过大尺度抬升得以释放，在适宜的水汽和动力条件下，强对流就会随之暴发。从上述意义上说，对流层顶折叠对暴雨和强对流的产生、发展以及维持是一个重要的监测指标。

（6）动力强迫的作用

在高空急流出口区左侧非地转风产生的质量调整，使其下方减压，有利于该区域下方气旋的发展。高空急流动力强迫对气旋急剧发展具有重要促进作用。气旋的强烈发展与高空急流的相对位置变化及突然增强密切相关。大量统计分析也表明，暴发性气旋多发生在高空急流出口区的左侧，高空急流的动力强迫对暴发性气旋的发展贡献较大。

3.2.2.3 暴发性气旋的海上加强

暴发性气旋多发生于海上，且频发于大西洋和太平洋西北部的暖洋流区域，较暖的洋面向大气输送较大的感热和潜热，为暴发性气旋的急剧发展提供了有利的环境背景场。

大量研究表明，太平洋和大西洋的西北部海域是暴发性气旋的频繁发生地，西北太平洋暖洋流（黑潮）和西北大西洋暖洋流（墨西哥湾流）为暴发性气旋的发展提供了有利的海洋物理环境背景场。

暴发性气旋天气变化剧烈，海况恶劣，风浪分布也与一般气旋不同。最大浪区和最大风区对应发展，并随着大风区一起移动。在气旋中部附近风力较小，而涌浪很大，气旋南侧的风浪比北侧大得多。气旋中心气压骤降、风力猛增，大风范围扩大是暴发性气旋的主要天气特征。暴发性气旋的天气分布与一般温带风暴气旋一样，相对于中心是非对称的。前部暖锋天气后部冷锋天气，暖锋天气风力 6～8 级；冷锋天气风力 9～11 级。最大风速出现最多的是气旋西南部分。有些暴发性气旋的强度可达台风级别。

3.3 热带气旋

热带气旋生成与活跃在洋面上，在不同的大洋上，它们具有不同的称呼，通常发生和活跃在加勒比海域、北大西洋、北太平洋东部、南太平洋西部的热带气旋称为飓风；发生和活跃在阿拉伯海、孟加拉湾、印度洋南部的气旋称为旋风；发生和活跃在中国海、北太平洋西部的热带气旋称为台风。

3.3.1 热带气旋概况

3.3.1.1 定义

发生在热带洋面上的强烈的暖性气旋式涡旋，伴有狂风、暴雨、大浪。一方面造成狂风暴雨灾害；另一方面输送充沛水汽抵达夏季干旱地区，减缓旱灾程度。

3.3.1.2 热带气旋强度级别

根据热带气旋中心附近的最大风力（2 min 的平均风速或蒲福风力）区分热带气旋的等级为热带低压、台风、强台风等。

1989 年以前，中国使用的台风名称和等级标准与国际规定的标准不一致，主要差异是国际规定的热带风暴和强热带风暴我国统称为台风，国际规定的台风，我国称为强台风。

1989 年 1 月 1 日，我国发布台风报告包括情报、预报及警报，开始使用国际热带气旋名称和等级标准。但是在强台风的划分方面仍比较简单，即对底层中心附近最大风力在 12 级以上的热带气旋统称为台风。

2006 年 6 月 15 日开始实施新的标准，增加了强台风（14～15 级）和超强台风（16 级或以上）两个等级，更加准确地描述了影响我国的热带气旋的活动特点和规律。中国气象局中央气象台将台风进一步区分为台风、强台风和超强台风 3 个等级（表 3.2）。

表 3.2　热带气旋名称和等级标准

热带气旋等级	底层中心附近最大平均风速 / (m/s)	底层中心附近最大风力（级）
热带低压（TD）	10.8～17.1	6～7
热带风暴（TS）	17.2～24.4	8～9
强热带风暴（STS）	24.5～32.6	10～11
台风（TY）	32.7～41.4	12～13
强台风（STY）	41.5～50.9	14～15
超强台风（Super TY）	≥51.0	≥16

3.3.1.3 热带气旋名称编号

台风的编号规定：在东经 180°以西、赤道以北的西太平洋和南海海面上出现的中心附近最大风力达到 8 级或以上的热带气旋，由国家气象中心按其出现的先后次序进行编号，并负责确定其中心位置。编号用 4 个数码，前两位数码表示年份，后两个数码表示出现的先后次序。

西北太平洋和南海热带气旋命名系统，简称为台风命名法。台风指的是西北太平洋和南海的热带气旋的一个等级，常常被人们误以为是热带气旋的替称。其实当一个热带气旋达到热带风暴强度后便可称之为台风。台风国际上统一的热带气旋命名法是由热带气旋形成并影响周边国家和地区共同事先制定的一个命名表，然后按顺序年复一年地循环重复使用。在台风命名的国际规则出台之前，有关国家和地区对同一台风的命名各不相同。为避免名称混乱，1997 年 11 月在香港举行的世界气象组织台风委员会第 30 次会议决定，从 2000 年 1 月 1 日起，对西北太平洋和南海的热带气旋，采用具有亚洲风格的名字统一命名。

首先确立了一张新的命名表，这张新的命名表共有 140 个名字，分别由世界气象组织所属的亚太地区的 11 个成员国和 3 个地区提供，按顺序分别是柬埔寨、中国大陆、朝鲜、中国香港、日本、老挝、中国澳门、马来西亚、密克罗尼西亚、菲律宾、韩国、泰国、美国以及越南。这套由 14 个成员国提出的 140 个台风名称中，每个国家或地区提出 10 个名称。编号中前两位为年份，后两位为热带风暴在该年生成的顺序。例如，0704，即 2007 年第 4 号热带风暴。一般情况下，事先制定的命名表按顺序年复一年地循环重复使用。但是，国际上所使用的西太平洋台风的名称依然很少有灾难的含义，大多具有文雅、和平之意，如茉莉、玫瑰、珍珠、莲花、彩云等，似乎与台风灾害不大协调。这是希望如果台风到来，可有效缓解当地的旱情，带来充足的降水。一般情况下，台风名字还是极其动听的。

命名表首先给出英文名，各个成员国家可以根据发音或意义将命名译至当地语言。当一个热带气旋名称被使用，造成某个或多个成员国家的巨大损失，这个名称将会永久除名并停止使用。遭遇损失的成员国家可以向世界气象组织提出上诉，将名称除名。但台风被除名也有例外，有些台风被除名的原因是"纯技术性"的，纯粹以名称本身因素被退役的。

3.3.2 热带气旋大风结构

3.3.2.1 热带气旋基本结构

以台风强度的热带气旋为例，是具有暖心结构的低压系统，水平分布近乎圆形，半径为几百千米，垂直范围可以从地面伸展到对流层上部。地面中心气压低是台风的重要特征，一般当地面中心气压低到 990 hPa 时，开始形成台风，发展到很强时可降到 900 hPa 以下。

从台风外围到中心，存在着较大的气压梯度和很强的气旋性辐合流场；在距中心数十千米处，风力达到最大，并伴有暴雨和巨浪；但在近中心附近的小范围内，气压梯度很小，风息、雨止、浪消，出现强热带气旋特有的台风眼景象。

3.3.2.2 热带气旋强风带结构

热带气旋强风带结构的特征通常运用数值模式模拟产品以及卫星探测反演产品进行描述。根据陈德花、田伟、苗春生等进行的数值模拟与卫星反演分析，初步可以得到 3 种典型的台风大风分布形式。

（1）台风大风偏心结构

2016年第14号台风"莫兰蒂"于9月10日14时编号，15日03时05分在福建省厦门市翔安区沿海登陆。"莫兰蒂"的主要特点：①强度超强、发展迅速，近中心最大风力达到70 m/s，以超强台风的强度持续了近61 h。②移速快、路径稳定。③登陆陆地强度强，破坏力大。

利用多源观测资料，基于美国多源卫星资料反演的大风风场，可以得到"莫兰蒂"的大风偏心结构（图3.10）。

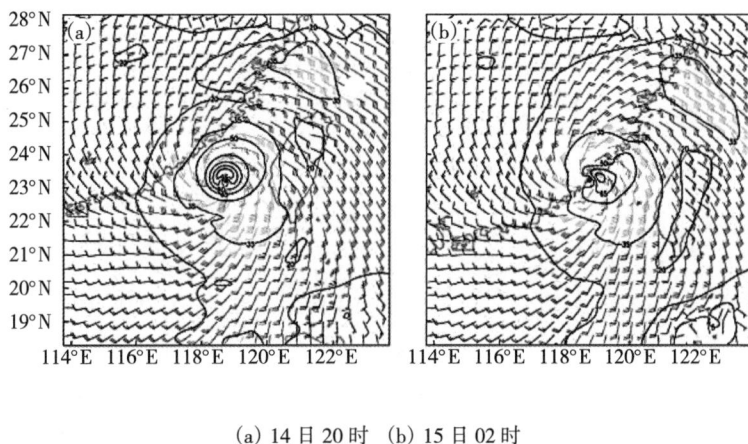

(a) 14日20时　(b) 15日02时

图3.10　基于美国多源卫星资料反演的台风"莫兰蒂"风场（单位：m/s）

"莫兰蒂"风场涡旋结构整体上是非对称的，其大风水平分布如图3.10所示，环绕台风中心，风速等值线是偏心的。北部风速梯度大于南部，但是台风中心保持位于强风速中心，随着时间演变，台风逐渐接近和登陆福建沿海，大风等值线从量值及梯度两方面都显示强度有所减弱。

利用多源观测资料，结合WRF数值模式，基于美国NCAR/NCEP提供的CFSR 0.5° × 0.5°资料，对"莫兰蒂"致灾大风的风场结构特征及成因进行的模拟分析显示，初始化后积分36 h，模拟2016年9月14日08时至15日20时"莫兰蒂"大风过程。通过观测和模拟的台风移动路径对比［图3.11 (a)］，可见模拟基本合理。再进行台风垂直剖面图展示，如图3.11 (b)，台风内核中大风强度大，并且50 m/s强风伸展厚度大，从底层至500 hPa。表现了台风的异常强盛。图3.11 (b) 中登陆台风强风区的柱状形态，也显示北部强风梯度大于南部。

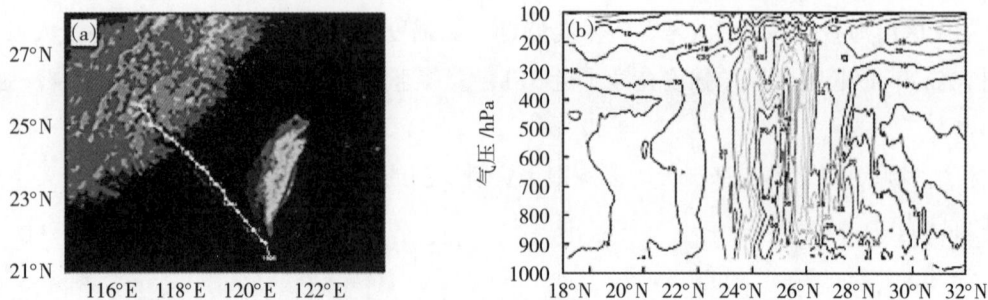

图 3.11　2016 年 9 月 14 日 08 时至 15 日 08 时台风路径（a）和 15 日 02 时风速沿 118.3°E 的垂直剖面（b）

（2）台风大风弱心结构

多平台热带气旋表面风场分析资料（WTCSWA）是 NOAA/NESDIS 的多平台风场资料的融合产品。资料覆盖了热带气旋周围直径为 15°的空间范围，水平分辨率 0.1°×0.1°，时间间隔 6 h，风速采用 1 min 平均。提供 10 m 高度和飞行高度（大约 700 hPa）的台风风场资料。这套准实时的高时空分辨率的台风风场资料可以为业务预报提供较详细的台风风场结构信息，可获取的资料从 2007 年 3 月开始。

图 3.12 为台风"梅花"个例的多平台资料对比分析。梅花为 2011 年第 9 号超强台风，风速达到 72 m/s。

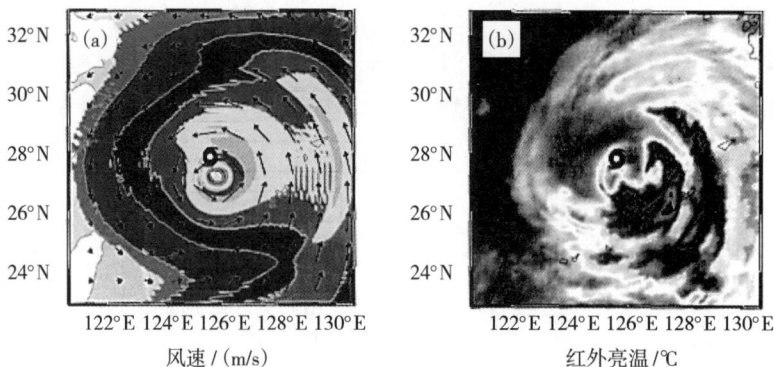

风速 /（m/s）　　　　　　　　红外亮温 /℃

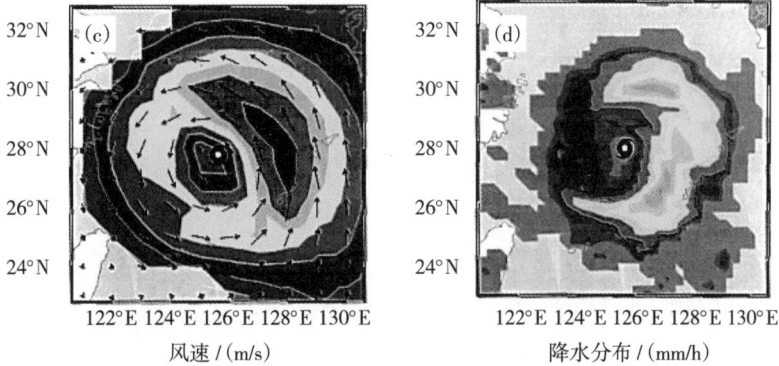

(a) MTCSWA 风场 (b) 红外亮温 (c) FNL 风场 (d) CMORPH 降水分布

图 3.12 2011 年 8 月 6 日 00 时（UTC）台风梅花多要素对比

图 3.12 中 4 个要素最为显著的一致性特点为台风梅花的非对称结构。依据标注，指示大值均偏在环流的偏东侧。依次分析各要素特征，图（a）中 MTCSWA 风场显示台风中心的风速低于环绕中心的半圆强风区，出现了一个弱心结构。图（b）中卫星红外亮温，更冷的更强的云体分布在中心外偏东、偏东南位置，中心亮温相对偏高，也是一个云体弱心结构。图（c）中的 FNL 风场是非常清楚的弱心结构，强风速带东部及东北部，强度大于 50 m/s。图（d）为 CMORPH 降水资料的空间分布，强降水带环绕台风中心，主要与深厚的云墙图（b）对应，也显示弱心结构。因此此类台风大风分布特征是近中心的非闭合环形强风带。

（3）台风大风不规则边缘结构

运用美国 LAPS 数据融合分析系统，将我国 HY-2 自主卫星海面风场（SSW）资料进行融合处理，提供规范化的区域再分析资料。首先经多步资料预处理，然后将数据输入 LAPS 系统，并分析验证融合效果，获得 HY-2 卫星融合数据。卫星 SSW 数据的区域 LAPS 融合产品，改善了卫星扫描区的空间覆盖率在时空上的多变性，提供了可进行物理量诊断计算的经纬度网格区域场，满足了专业分析和研究对资料的要求。融合后的卫星 SSW 数据场在用于对海上台风等系统的分析和诊断中，对各系统中的中尺度结构时空特征给出了更为具体和定量化的描述。

以 2013 年 7 号台风"苏力"为试验对象，对 HY-2 卫星 SSW 进行融合试验。2013 年 7 月 8 日 08 时"苏力"在中国台湾岛以东大约 2500 km 的西北太平洋上生成。8 日 14 时，"苏力"中心附近最大风力 9 级（23 m/s）。2013 年 7 月 9 日 02 时升级为强热带风暴，08 时升级为台风，17 时加强为强台风，7 月 10 日 02 时加强为超强台风。

图 3.13 给出了 LAPS 融合分析结果，分析时刻均为 2013 年 7 月 10 日 09 时（UTC）。图 3.13（a）为 LAPS 分析的背景场结果，背景场采用的是美国国家海洋大气管理局（NOAA）全球预测系统（GFS）的分辨率为 1°×1° 的网格资料。"苏力"中心位置位于

21.5°N、134.4°E，海面风速分布较规则且平滑，台风气旋式环流纬向性明显。大风区（风速大于 15 m/s 区域）边缘光滑。

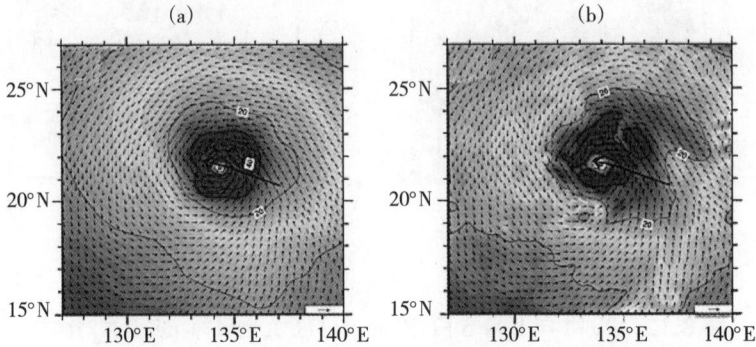

图 3.13 LAPS 分析台风"苏力"2013 年 7 月 10 日 09 时（UTC）海面风场

当通过 LAPS 系统将背景场和 HY−2 卫星反演的海面风场 SSW 场融合后，见图 3.13（b），台风气旋式环流形状表现出显著变化，经向性特征较为显著，尤其是台风前进方向的右侧部分的风场。此外，台风中心位置位于 21.6°N、133.9°E，较前者（背景场）的结果位置偏西北，即实际台风移动较快。台风气旋 20 m/s 大风区范围显著扩展，主要扩展区在台风前进方向的右侧。台风前进右侧的大风大浪危险区范围可达大约左侧的 2 倍，因此融合资料提供了更具参考价值（卫星监测反演）的预警范围。风速分布还显示，LAPS 仅背景场中台风中心等风速线较为平滑，与卫星反演资料 SSW 融合后，中心风速波动性增强，等风速线分布变化不规则，台风外围流场 20 m/s 等风速线的波动性也显著增强，呈现不规则边缘大风区状态。这对实际大风区预报预警具有重要参考价值。

3.3.3 热带气旋发生发展机制

有关热带气旋的发生发展机制，已有不少综述总结。

3.3.3.1 热带气旋生成触发机制的经典理论

热带气旋发展成台风的生成过程是一个由初始扰动转变成具有暖心结构低压系统过程，这个转变过程一般是个很短时间。海洋上资料时空分辨率低，因此转变过程的物理机制仍然是个难题。总的来讲，最经典的台风生成物理机制可以总结为以下几种。

（1）正压不稳定机制（动力）

由平均纬向气流的水平侧向切变产生的正压不稳定可能是热带地区扰动发生的机制之一。正压不稳定是北非地区正压性东风急流上波状扰动发生的主要机制，其对太平洋上波状扰动的发生也起一定作用。在低纬东风急流风速廓线模型中，正压不稳定的最不稳定波长是 2000 km，然而由于切变气流的风速廓线不同，正压不稳定同样也可以为几百千米尺度扰动的发展提供不稳定机制。观测研究指出，正压不稳定是季风槽中台风生成的重要的动力不稳定机制，其促使台风前兆因子 MCC（中尺度对流涡旋）进一步发展加强。

必须注意到，正压不稳定引起的扰动只有当平均纬向气流的切变能够维持时，才能够从平均气流中持续获得能量，得以维持。然而观测表明，热带海洋上能够在没有强的纬向风切变的地区出现热带扰动的生成和发展，所以正压不稳定并非是热带扰动发生的唯一机制。而且当扰动越过小扰动阶段而发展成有限振幅的波动时，正压不稳定就未必再是扰动发展的基本条件。

（2）第二类条件不稳定理论（热力）

用第二类条件性对流不稳定（CISK）机制来解释台风的生成：在强的条件性不稳定大气中，大尺度涡旋通过 Ekman 次级环流提供给积云对流所需的水汽，使对流发展；积云对流释放潜热加强径向环流，并通过科里奥利力使涡旋加强；小尺度积云对流和大尺度涡旋互为正反馈，最终导致台风生成。CISK 机制的一个基本前提假设是：一个具有一定强度的地面涡旋已经建立。由于只有涡旋达到一定强度之后 CISK 机制才能发挥作用，因此 CISK 机制更适合于解释台风的发展，而难以解释一个热带扰动怎样演变成一个地面气旋性涡度集中的台风环流的过程。

（3）风驱动的海气热量交换机制（热动力）

观测研究表明，在飓风边界层异常高的相当位温是和海洋的热源紧密联系的。CISK 机制过分强调了积云对流的作用；而真正重要的作用是发展的涡旋和海气之间能量交换的相互作用，积云对流的作用仅仅是在垂直方向上输送和重新分配由海表获得的额外潜热。研究表明，条件不稳定的层结大气并不是台风生成的必要条件，台风可能在中性层结的大气中形成；风驱动的海气热量交换机制研究表明，条件不稳定的层结大气并不是台风生成的必要条件，台风可能在中性层结的大气中形成；风驱动的海气热量交换机制（WISHE）才是台风发展的根本原因。

WISHE 机制相当于把 TC 看作一个简单的热机，它通过风驱动从高温的海洋表面吸收大量的潜热，导致边界层内高相当位温空气的形成，高相当位温空气被沿着角动量面向上输送，然后在对流层中高层释放热量，产生高层温度正的扰动。这些高层温度扰动又增强了台风涡旋环流，台风涡旋环流又进一步增强风驱动的海面潜热通量，如此循环。海水温度越高，通过海气交换过程造成低层空气温度越高，湿度增大也很显著，对流层低层的相对湿度为台风中潜热释放提供所需的能量供应。所有数值模拟都发现来自海表的热通量是必要条件，但不是所有的数值模拟都要求条件性不稳定，这也说明了 WISHE 机制比 CISK 机制更为重要。根据这一观点，最重要的是地表热通量的组织化而不是积云对流的组织化。

WISHE 机制与 CISK 机制完全不同，CISK 机制强调积云对流的组织化，而 WISHE 机制强调来自海洋的驱动热机总热量的实际增长；CISK 机制关注加热的空间组织化，而 WISHE 关注的是加热和温度扰动的正反馈。与 CISK 机制一样，海气相互作用理论也要求一定强度的初始涡旋。CISK 机制和海气相互作用机制要求的初始涡旋比实际观测到的台风发生阶段的涡旋要强得多。热带弱扰动如何发展成为上述初始涡旋，仍然是台风生成尚未解决的问题。

3.3.3.2　台风生成的环境条件

台风生成的关键因子可以概括为几点：①与相对较深的海洋混合层相联系的暖海面温度（26 ℃以上）。②对流层低层的有效的绝对涡度值。③初始扰动区域水平风垂直切变比较弱。④扰动区域对流层中层潮湿。

因为热力条件在热带大部分地区常常可以得到满足，而低层涡度和垂直切变在时间和空间上能够发生显著的变化，所以后两者受到更多关注。垂直切变是区分扰动能否发展为台风的最重要因子，台风的发生、发展要求垂直切变必须低于某个临界值，但是此临界值在不同海区可能是不同的。当初始对流扰动移动到低层大于平均气旋性涡度和高层反气旋涡度的大尺度环境中，才会有台风生成；能够发展成为台风的云团所处的环境场，与不发展的对流云团相比，在其对流层低层 1000～2000 km 尺度水平范围内，存在相对涡度的增强。

3.3.3.3　台风生成的扰动源

（1）东风波

东风波是指副热带高压偏向低纬一侧的东风气流，在自东向西运动时，常存在一个槽或气旋性曲率最大区，呈波状形式自东向西移动。其水平波长为 2000～4000 km，平均以 20 km/h 的速度向西移动，最大强度出现于 700～500 hPa 等压面。东风波是北大西洋和东太平洋台风生成的主要扰动源之一。

东风波在台风的形成中有两种作用：一是可以作为一种初始扰动，在适当环境条件下增幅，最后发展成台风；二是作为一种启动机制，能激发起另外类型的扰动发展成台风。统计分析研究指出，北大西洋大约 60% 的热带风暴和中等强度飓风，以及超过 80% 的强烈飓风起源于东风波。在东太平洋地区，与台风生成相联系的大尺度系统主要是东风波，在台风生成过程中，正压不稳定机制发挥了关键作用。

（2）热带辐合带与季风槽

大多数台风生成于季风的西风带与信风的东风带之间的切变中，适宜台风生成的地区除了随每年的最高海面温度变化外，还随热带辐合带的南北迁移而发生季节性的变化。在西太平洋地区和澳大利亚地区，大多数台风生成在季风槽中，季风槽的存在，伴随有弱的风垂直切变和强的气旋性涡度，非常有利于台风生成。

观测研究指出，西北太平洋区域的台风生成与 5 种对流层低层的环流系统相联系：季风槽切变线、季风辐合区、季风涡旋对、罗斯贝波能量频散、东风波等。其中前两种类型与 71% 的台风生成相联系（42% 为季风槽切变线，29% 为季风辐合区），季风涡旋对和罗斯贝波能量频散属于季风辐合区的特殊情形。因此前 4 种类型台风生成的 82%，剩余的 18% 为东风波类型。

（3）高空槽

高空槽也可能触发台风的生成，高空槽可以强迫深厚的上升气流、增强对流，促使台风生成。一些研究者已经注意到前期扰动与对流层高空槽相互作用，能够导致热带气旋的生成。台风生成归因于任何能够产生深对流运动的强迫机制。

研究发现，热带对流层上层槽（TUTT）在一定条件下有利于台风生成。TUTT 是指夏季形成于热带太平洋中部和大西洋中部地区对流层上层的行星尺度低压槽。它一般活动于 5°～25°N，对流层上层 300 hPa 以上，且在 200 hPa 最为明显。研究发现，TUTT 有利于台风生成的作用主要有：①随着 TUTT 向西移动，槽前西北气流叠加在低层季风槽的西南气流之上，使得垂直切变大大减小。② TUTT 能够为台风生成和加强提供对流层高层强烈的辐散气流通道。③对流层上层的波状扰动能够通过角动量的涡动通量辐合强迫台风的生成。④对流层高层移动的位涡异常与低层的热带扰动之间有相互作用，夏季西北太平洋暖水域刚好位于 TUTT 的西边和对流层高空热带东风急流的入口处附近，这两个特点可以促成有利于气旋发生的大范围高层辐散的出现。

（4）Madden-Julian 振荡

Madden-Julian 振荡（MJO）是一种振荡周期 40～50 d、东传速度 5 m/s 的热带大气低频扰动现象，是影响台风生成的一种更大尺度的扰动源。

研究指出，当对流层低层 MJO 是西风异常时，墨西哥湾和东太平洋的台风生成频数是东风异常时的 4 倍；通过垂直风切变、低层涡度和垂直运动的变化，MJO 能够增强或减少不同海域的台风的生成频数。MJO 位相研究显示 MJO 位相与大西洋台风生成的关系，指出不同位相的垂直风切变和相对湿度是影响台风生成的直接因素。

3.4 低空急流与气旋急流

低空急流与气旋急流是两类强风速带，它们的各自特点将影响局地大风以及局地天气状况。低空急流具有日变化特征，具有垂直切变不稳定性，具有大规模水汽输送特征。

3.4.1 低空急流

3.4.1.1 低空急流定义

根据低空急流最大风速轴所在高度可以将其分为自由大气低空急流和边界层低空急流。一般的定义为，低空急流是一种发生在边界层（850 hPa 或 1500 m 以下）或对流层低层（850～600 hPa）的强而窄的气流带，风速大于 12 m/s，高度则主要位于 700 hPa 以下。也有将低空急流分为大尺度急流、天气尺度急流和中尺度急流的。由于低空急流出现的高度、范围、风速强度以及水平和垂直切变均有一定差异，迄今为止，低空急流的定义尚未形成统一的标准。大部分针对中国大陆地区低空急流的研究仅对某一层等压面上的最大风速进行了限定对于风速的垂直切变强度并没有提出明确的要求。

3.4.1.2 低空急流的分布

低空急流广泛分布于世界各个地区，且以大地形地区东侧或具有显著海陆对比的区域为主，一般情况下急流方向与地形或海岸线走向一致。Rife 等利用一套全球 40 km 分辨率逐小时输出的同化资料定量地绘制出具有显著日变化特征的低空急流分布。由于北半球陆地范围较大而存在显著的海陆对比，因此北半球的低空急流强度较南半球强。低空急流在各个季节均有发生，但南、北半球夏季低空急流的发生频次均显著高于冬季，此时急流强度更大且覆盖区域也更多。

3.4.1.3 低空急流的日变化

低空急流的日变化现象广泛分布于世界各主要急流多发地区。尽管各地区之间急流事件的起止时间、最大风速方向及急流高度有所差异，但无论是气候平均还是个例分析，低空急流风速一般都在当地时间午夜至清晨达到最大，中午前后最小。此外，低空急流最大风速在一天时间范围内呈现出显著的顺时针旋转特征，风向也随之发生明显变化。低空急流的日变化现象得到重视的主要原因在于其与降水过程的日循环特征存在着密切的联系。夜间当低空急流增强时，垂直切变增强，超地转现象明显，以至于造成很大的不稳定性，有利于对流系统发展，雷暴或强对流天气往往在夜间得到加强和发展。

3.4.1.4 低空急流与暴雨

低空急流是降水事件重要的水汽输送通道，梅雨期间西南低空急流将水汽源源不断地由孟加拉湾向江淮地区输送。此外，由于低空急流轴以下的低层风速垂直切变很大，经常处于位势不稳定之中，因此在暴雨生成中低空急流不仅输送了热量和水汽，同时其强烈的不稳定性使得急流轴上的风速经常出现中尺度脉动传播现象，这种风速的突增处于不稳定的状态，能够触发中尺度系统形成从而导致暴雨发生。

3.4.1.5 低空急流与空气污染

低空急流，尤其是地面以上至 200 m 高度所形成的急流事件严重影响着地表至急流高度范围内的风速垂直切变状况，进而控制着陆面与大气的污染物交换过程并对该地区的空气污染程度起着决定性作用。研究指出，夜间低空急流的输送作用对于城市地区持续多天的空气污染事件具有重要的作用。美国大西洋沿岸中部地区臭氧状况的研究指出，当低空急流事件发生时臭氧体积份数将会显著增大并可以达到的 82.5×10^{-9} 平均峰值水平，这其中有 44% 的时间超过橙色警戒线（82.5×10^{-9}），22% 以上的时间则可达到红色警戒线（105×10^{-9}）以上的水平。

当西南低空急流与高臭氧浓度的相关关系较弱时，大多数情况下是由于伴有雷暴或锋面云系所致。

美国阿巴拉契亚山脉背风低压槽及低空急流分别于白天及夜晚增进了当地西风气流中的南风分量，从而使得来自中西部工业地区的污染气体在东部的海滨城市通过湍流作用进行了混合，加重了该地区的污染程度。

3.4.1.6 低空急流与风能利用

低空急流由于具有强劲的风速和显著的垂直与水平风速切变，因此其对于风能的采集及风机的保护均具有重要的意义。研究指出，风电场的存在会极大地降低轮毂高度处的风速强度，同时由螺旋桨旋转造成的涡旋将增强垂直方向上动量、热量及水汽的混合，导致更暖更干的地表空气，以及降低地面的感热通量，进而影响低空急流对于局地气候的作用效果。

研究指出，美国大平原地区长期存在的夜间低空急流，使得该区域十分适合风能的采集与利用，同时也会对风机轮毂高度处的垂直风速切变及湍流过程产生重要的影响，从而对风机转子的安全运行形成严重的危害。因此，对于低空急流的认识和理解将在很大程度上决定人们对于风能资源的精确评估、风电场发电量的准确预报以及风机设计的工程考量。

3.4.1.7 低空急流与航空及其他领域

如果飞机在初始爬升阶段以较大角度进入低空急流是相当危险的，虽然此时并无对流事件发生，但是突然而至的逆风飞行以及随之而来的失重将使得飞机经历类似微爆流的过程。风速垂直切变所导致的垂直方向上的浮力变化，对飞机的平稳驾驶尤其是起飞、降落过程中的安全保障具有十分重要的作用及意义。中外的大量空难事件都是在飞机起降过程中突遇强切变气流所导致的。

低空急流的位置及强度可以作为沙尘暴强度及沙尘暴发生和影响区域的重要预报指标。低空急流会加强森林火灾的快速扩散。低空急流可以为鸟类的季节性迁徙提供方向参考并显著减少鸟类的体能消耗。低空急流还可以通过影响海冰的分布从而改变南极大陆地区的局部气候状况。

3.4.2 气旋急流

关于气旋的研究多注重将气旋作为一个整体进行研究，而对气旋内部结构特征及其作用的研究则显示，统计分析中国东部海域春季发展气旋的各层水平风速时，注意到发展的气旋中，风环流强度分布不均匀，即气旋结构是非对称的，强风速区多出现在气旋东部或东南部。将此类强风速区定义为气旋急流，可探讨气旋急流在气旋发展中所起的重要作用以及随气旋活动在海上形成的大风区特征。

3.4.2.1 气旋急流定义

气旋急流，其曲率与气旋环流配合，是气旋旋转结构的强流部分。其强度已达通常低空急流标准，各层气旋急流呈螺旋式配置，是气旋形成和持续发展的重要动力学条件，也是气旋暴雨天气过程维持所需水汽的重要载体。

3.4.2.2 春季东部海域气旋发展阶段天气特征

首先利用动态合成分析方法将所选出的 8 例典型的发展气旋进行合成分析得到春季海上发展气旋的天气特征（图 3.14）。

图 3.14 显示，春季海上气旋发展（增强）前后均伴随大风天气，气旋发展前近海面最大风速位于气旋中心东南方，最大风速区达到 11 m/s；发展后，风速最大值区增强至 13 m/s，强风速最大值相对位置基本维持，但风速大值区范围明显增加。气旋发展前，主要是偏南大风与东南大风，发展后大风区域向气旋中心的西北方向和气旋的西南方向扩展，西南风与偏北风有所加强，这与春季气旋斜压性较强，气旋后部往往有冷空气侵入有关。

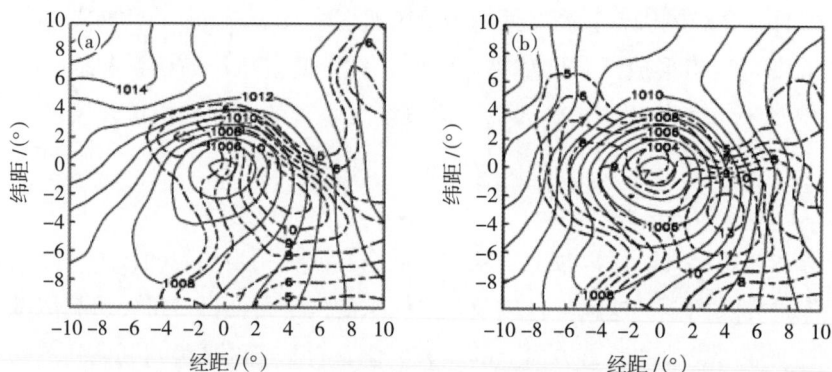

（a）气旋发展前 （b）气旋发展后（单位：气压等值线 hPa，风速虚线 m/s）

图 3.14 8 个典型春季海上发展气旋合成的海平面气压场和地面风速场

分析气旋发展前后由大风区造成的海面有效波高合成图（图 3.15）。

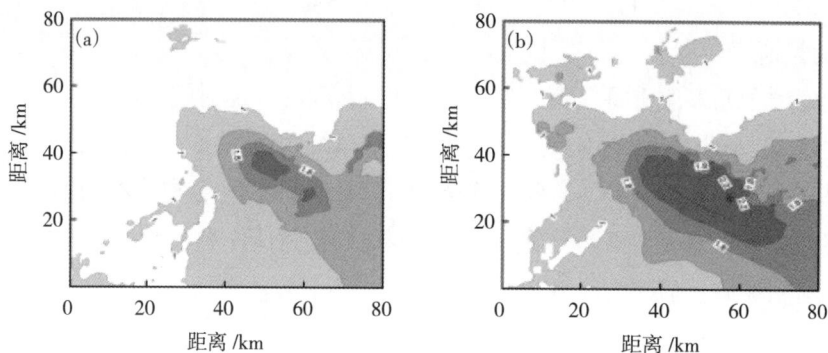

（a）春季气旋发展前 （b）春季气旋发展后（单位：m）

图 3.15 8 个典型春季海上发展气旋合成的海面有效波高分布

图 3.15 显示春季海上发展气旋的强风均造成海面大浪，结合图 3.14，气旋海浪高值区与大风区基本重合，并且气旋发展后的海浪高度其强度和范围均明显增加。气旋发展前海浪有效波高最大值 2.0 m 左右，气旋发展后的海浪有效波高大值区向气旋中心和气旋的

东南侧显著扩展,波高最大值增加至2.4 m以上,强风区风向是偏南风与偏东南风的汇合,它们共同驱动大浪区向北推进。

与海上发展气旋配合的合成降水特征表现如图3.16所示。

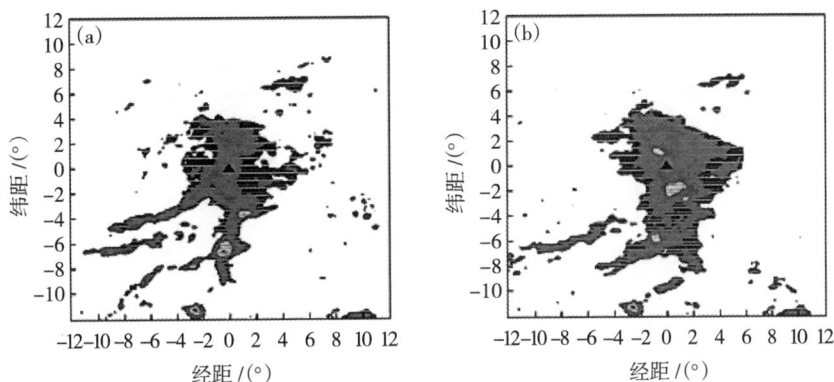

(a) 春季气旋发展前 (b) 春季气旋发展后(色谱单位:mm)

图3.16 8个典型春季海上发展气旋合成的海面降水分布

气旋发展前降水区主要位于气旋中心附近,强降水多发生在气旋偏东南区域,气旋的西南部存在零星强降水大值区。而气旋发展后,气旋东南部的降水强度和范围均有显著增强,因此海上发展气旋的东南区域是海上强风、大浪、暴雨的综合灾害区,并且该危害区随气旋系统移动。这一点也是气旋急流与低空急流的不同之处,低空急流有日变化,而气旋急流是系统性的,随系统增强及移动。

3.4.2.3 春季东部海域气旋结构与气旋急流

(1) 三维结构

将8个典型春季海上发展气旋进行动态合成,即将气旋各层的风场采用中心对应合成求平均。由于进行合成的气旋垂直深度都在600 hPa以下,500 hPa上为低值区,无低值闭合环流。因此绘制合成气旋中下层风场1000 hPa,900 hPa以及850 hPa 3个层次流场图,如图3.17所示。

图3.17显示气旋各层均伴有急流区,它们构成了气旋的东南环流部分,因此称为气旋急流,其强度在1000 hPa达到10 m/s以上,并由外围向中心辐合流入;在900 hPa和850 hPa上,急流强度都达到16 m/s以上。而气旋的偏西及西北部气流较弱,显示了气旋环流强度的非对称性。对比各层气旋中心位置,呈逐层向西北偏移的,因此气旋垂直轴有明显的西北倾趋势。

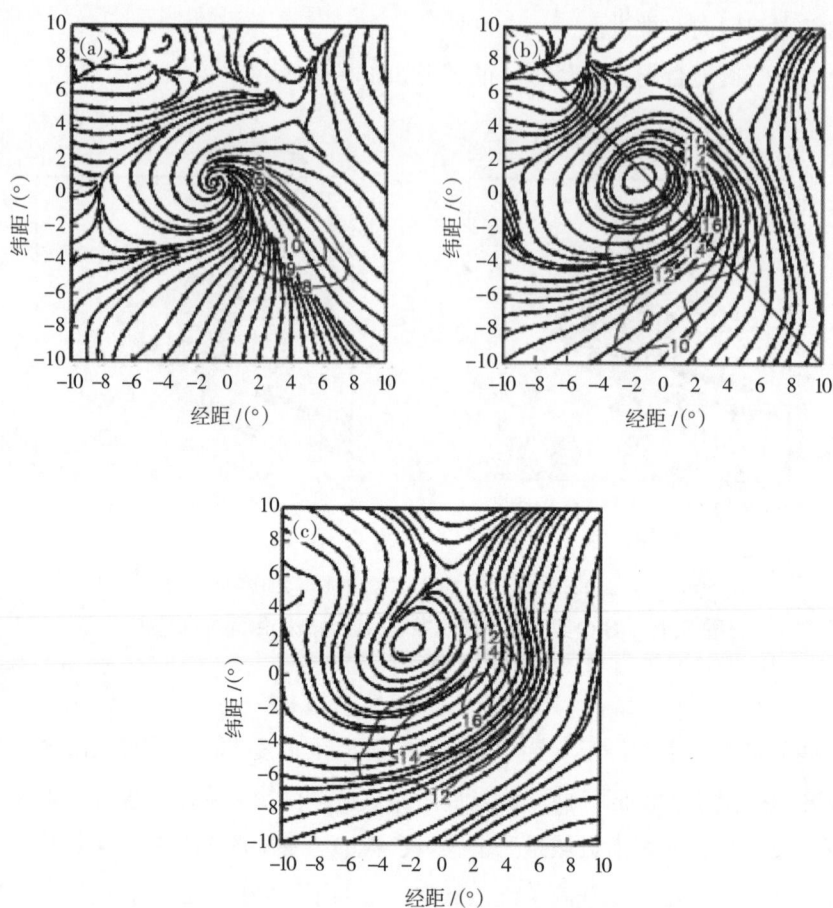

(a) 1000 hPa　(b) 900 hPa　(c) 850 hPa

图 3.17　合成气旋的流场与急流分布

为了解气旋低层各层急流之间的相互配置关系以及对气旋形态的构架，给出 3 层气旋急流轴的分布概念图，如图 3.18。图 3.18（a）中 3 个长矢量，为各层气旋的急流轴，圆点表示各层气旋中心所在位置。可以发现从高层到低层，气旋急流轴在垂直方向上呈逆时针旋转，气旋中心点也有明显的向西北倾斜。图 3.18（b）为气旋急流大风区在垂直剖面上的结构，剖线是沿着经气旋中心的西北—东南走向，如图 3.18（b）中的斜线，显示了春季气旋上大下小的漏斗形状，并且在气旋东南部呈结构性强盛，在大约 900 hPa 高度具有 18 m/s 强风中心。而气旋西北部的风速中心强度为 9 m/s，为东南部风速强度的 1/2。两强风速中心之间为低风速区，近地面风速 4 m/s，800 hPa 低风速中心仅 1 m/s。

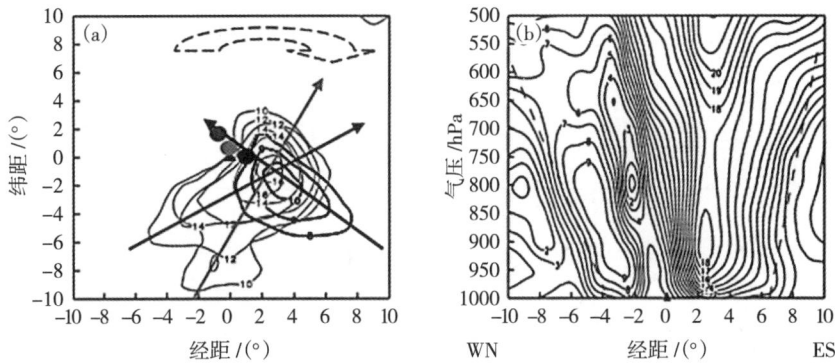

（a）气旋急流轴配置，圆点为各层气旋中心，黑三角为合成气旋中心　（b）水平风速的垂直剖面，粗虚线指示强风区，黑三角为合成气旋中心

图 3.18　春季 8 个合成气旋 3 层急流的配置示意图及气旋垂直剖面结构

（2）气旋急流动力作用

3 个层次的气旋急流轴和急流区的叠加显示，气旋东南部也是一个垂直上升强烈的区域。在 1000 hPa 急流左侧的风速风向的气旋式切变有利于气旋中心强度维持，同时900 hPa 气旋急流左侧的气旋式切变对应其低层气旋急流前部气流流速辐合区则有利于形成流动的气旋式抽吸，850 hPa 气旋急流左侧的气旋式切变对应其下面 2 层气旋急流的前部，即低层气流流速辐合区，多层气旋急流配合，导致强的垂直上升运动区在气旋东南部扩展增强。而气旋的其他象限气流显著弱于东南部的急流，形成气旋漏斗形三维结构中的螺旋上升支较强，而下沉支不明显。

气旋急流是气旋环流的东南部分，不仅流速大，还引导较强的上升气流。气旋急流的走向在各层的配置自上而下呈右手螺旋式，在垂直截面上构成气旋的上宽下窄，东南强、西北弱的非对称结构，并随气旋的发展而加强。气旋急流与通常的环境低空急流在形态和位置上有一定区别，环境低空急流多呈现比较平直的状态，与气旋整体有所分离，向暴雨和强对流天气区提供水汽和动力条件。尤其是，低空急流具有日变化特征，而气旋急流则依附于气旋系统，随气旋移动，强度随气旋的发展而变化。

成熟发展的气旋受气旋急流的风速切变以及弧形旋转特征的支撑，具有更显著的非对称结构，也导致气旋中要素的非对称分布。

为定量描述气旋水平涡度大小与气旋急流辐合入流强弱对气旋旋转性的贡献，计算水平切变相对螺旋度其在 z 坐标系中的表达式：

$$H_{12} = \int h_0 (V_H - C) \omega_H dz \tag{3.6}$$

式中：$V_H = [u(z), v(z)]$ 为环境风场；$C = (C_x, C_y)$ 为对流系统移速，如风暴、气旋、低涡等传播速度。通常将取为 $1.5 \sim 7.0$ km 气层间的平均风速的 75% 且向右偏转 40°；$\omega =$

$\vec{k} \times \mathrm{d}V_H \times \mathrm{d}z$ 为水平涡度矢量。为气层厚度，通常取 $h=3$ km 此处气旋层厚在 700～600 hPa。

图 3.19 显示了气旋发展过程中，急流向气旋中输入水平螺旋度，动力性加强气旋发展。

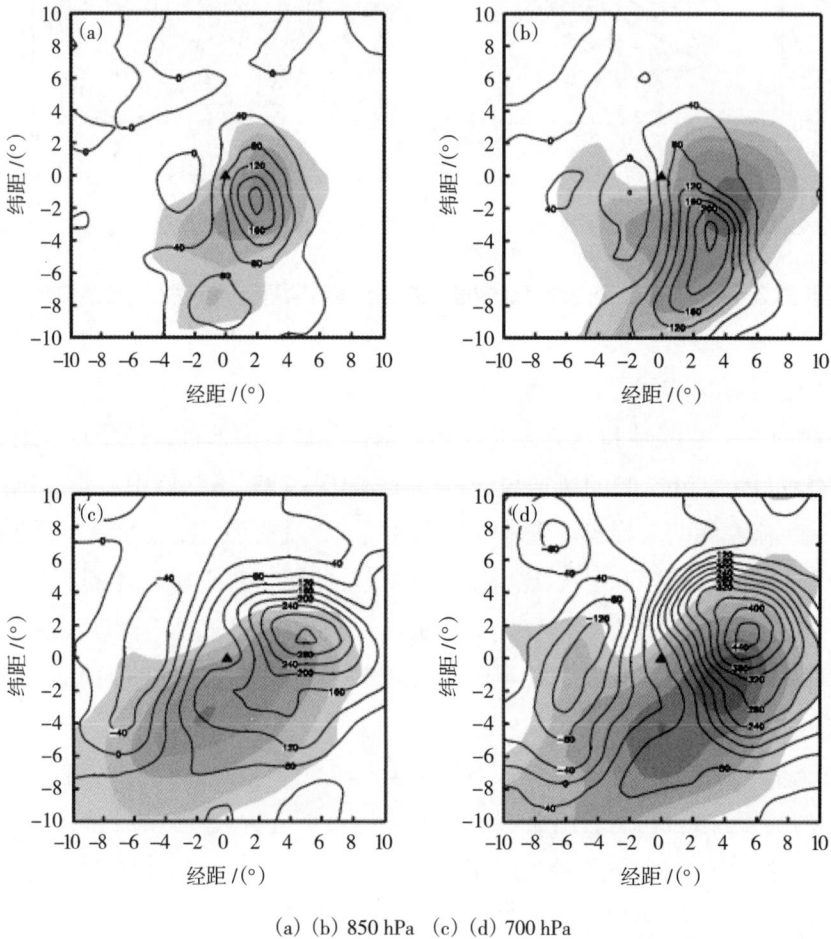

(a)（b）850 hPa （c）（d）700 hPa

图 3.19　合成气旋在海上发展前后中低层的水平切变螺旋度及气流流速配

无论在低层（850 hPa）还是中层（700 hPa），发展前气旋中心东南部均存在水平切变相对螺旋度大值区，最大值低层 200 m²/s²，中层为 320 m²/s²。显示在气旋中心东南部中低层均有很强的水平正涡度，并随着气旋急流向气旋中心区域流入。气旋发展后 SRH 明显增强，低层最大值达 240 m²/s²，中层达 440 m²/s²，且在气旋中心的西北侧存在明显的 SRH 的负值区，显示气旋旋转强度的非对称性。在气旋加强过程中，气旋急流造成水平相对螺旋度由东南部向气旋中卷入。这个过程增强气旋的气旋式旋转涡度，并造成气旋三维结构中东南部的螺旋上升支较强，而气旋西北部受负的水平相对螺旋度影响，气旋式旋转减弱，螺旋式下沉支不明显。当气旋发展之后，其西北部的负螺旋度开始增强，但仍明显小于正螺旋度量值。此时气旋的螺旋环流结构的梯度加大，显示成熟发展的气旋受气旋急流的风速切变以及旋转特征的支撑，在气旋东南部具有更强的低层大风。

同时气旋急流向气旋中输送充足水汽，并在东南部强烈抬升，增强凝结潜热释放，热力增强气旋发展，造成气旋强天气发生在气旋东南部，以及在东南部发展。

（3）环境系统影响

春季下垫面温度分布特征为气旋西北部有冷舌，前部有弱暖脊。对气旋西北部施加非绝热冷却，气旋东南部施加非绝热加热，增强气旋斜压性，有利于气旋中气压梯度的增大和气旋急流的增强。同时高空西风急流位于气旋右侧，急流左侧为气旋式切变风场，形成整层偏差风辐合，有利于增强更深厚的气旋式旋转，促使气旋增强，也有效增强了低层气旋急流。高空动量下传主要是在气旋的西侧，动量下传首先影响的是气旋西北部的弱流部分，此部分是气旋螺旋结构的下沉支，当下沉支增强时整个气旋的气旋式螺旋环流增强，则气旋增强，气旋急流也会因此从下层增强。

3.5 寒潮大风

3.5.1 寒潮定义和标准

3.5.1.1 寒潮的定义

寒潮天气过程是一种大规模的强冷空气活动过程。其天气的主要特点是剧烈降温和大风，有时还伴有雨、雪、雨凇或霜冻。每一次寒潮从暴发到结束（移出我国）需要 3 ~ 4 d。也有一些寒潮，冷锋过去后北方又有一股更冷的冷空气补充南下，气温持续下降，这样总的历程可达 7 ~ 10 d。

寒潮出现在每年 9 月至翌年 5 月，3 月和 9—11 月强冷空气最为频繁。春秋两季是过渡季节，西风带环流处于转换时期，调整和变动都很剧烈。特别是春天，低层比高层增暖大得多，有助于地面气旋强烈发展，从而促使风力增强，温度变化也剧烈。隆冬季节，虽然冷空气供应充足、活动频繁，但是天气形势变化较小，南下的冷空气往往达不到寒潮的强度。

我国冬半年的全国性寒潮，平均每年 3 ~ 4 次。还有大约 2 次仅影响长江以北的北方寒潮和仅影响长江以南的南方寒潮。但各年之间差异很大。

3.5.1.2 寒潮的标准

依据中央气象台的寒潮标准规定，以过程降温与温度负距平相结合来划定冷空气活动强度。过程降温是指冷空气影响过程始末，日平均气温的最高值与最低值之差；温度距平是指冷空气影响过程中最低日平均气温与该日所在旬的多年旬平均气温之差。

不同国家和地区所使用的降温和达到的最低温度标准是不同的，中央气象台规定凡一次冷空气入侵后，该地区 24 h 时降温达 10 ℃以上，并且最低气温低于 5 ℃的就称之为寒潮。

而美国天气频道规定，至少有 15 个州气温低于正常值，其中至少有 5 个州的气温比正常值低 15 ℃，并至少持续 2 d 的冷空气暴发称为寒潮。

中国气象科学研究院寒潮年鉴把冷空气过程分为区域性寒潮、全国性寒潮、强冷空气、一般冷空气 4 个等级。

区域性寒潮：凡日平均气温的过程总降温大于 10 ℃，负距平的绝对值大于 5 ℃，南北方站数超过 20 站，同时过程总降温大于 7 ℃，负距平绝对值大于 3 ℃的总站数超过 40 站为区域性寒潮。

全国性寒潮：凡日平均气温的过程总降温大于 10 ℃，负距平的绝对值大于 5 ℃，北方至少有 32 站（占北方站点数的 1/3），南方至少有 13 站（占南方站点数的 1/4）；或南北方达到上述影响强度的总站数超过 40 站，同时过程总降温大于 7 ℃，负距平绝对值大于 3 ℃的总站数超过 90 站（占南北方总站数的 60%），为全国性寒潮。

强冷空气：凡同样影响强度的站数达到区域性寒潮标准的一半以上，为强冷空气。

一般冷空气：凡同样影响强度的站数达到强冷空气标准的一半以上或日平均气温的过程总降温大于 7 ℃，负距平的绝对值大于 3 ℃的总站数超过 20 站，或虽未达到上述标准，但造成一定灾害的过程，一律作为一般冷空气。

3.5.1.3 寒潮预警标准

寒潮蓝色预警：48 h 内最低气温将下降 8 ℃以上，最低气温小于等于 4 ℃，平均风力达 5 级以上。

寒潮黄色预警：24 h 内最低气温将下降 10 ℃以上，最低气温小于等于 4 ℃，平均风力达 6 级以上。

寒潮橙色预警：24 h 内最低气温将下降 12 ℃以上，最低气温小于等于 0 ℃，平均风力达 6 级以上。

寒潮红色预警：24 h 内最低气温将下降 16 ℃以上，最低气温小于等于 0 ℃，平均风力达 6 级以上。

图 3.20 为 4 级寒潮预警标志。

图 3.20　4 级寒潮预警标志

3.5.2　寒潮系统与寒潮大风

寒潮系统主要包含 4 个天气系统：极涡、极地高压、寒潮地面高压和寒潮冷锋。

3.5.2.1 极涡

北半球冬季极区对流层中上层 500 hPa 上的绕极区气旋式涡旋,称为极涡。它是大规模极寒冷空气的象征,由冬季极夜地表强烈辐射冷却,形成大规模寒冷空气团。地面为浅薄冷高压,700 hPa 转为低压环流。极涡对我国寒潮天气的指示意义,只有极涡分裂变形,才有利于寒潮冷空气的形成(图 3.21)。

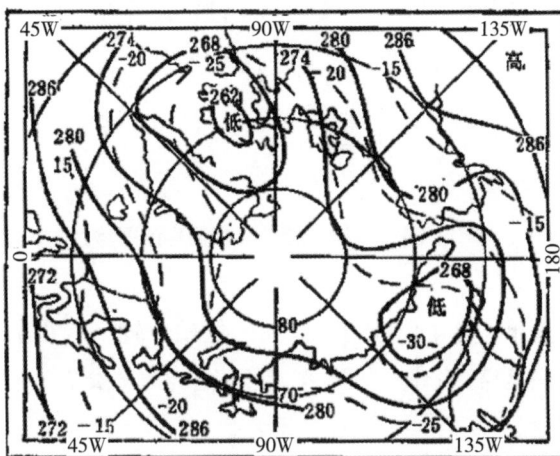

图 3.21　1 月北极地区 700 hPa 极涡分裂环流形势

图 3.21 显示两个分裂的极涡,一个位于亚洲东端,另一个位于加拿大东北部。

极涡的活动范围和维持时间大致为,极涡中心出现频数最多且最集中的地区是以极地为中心向亚洲北部新地岛以东的喀拉海、太梅尔半岛和中西伯利亚伸展,另一端则伸向北美洲的加拿大东部。极涡活动平均持续天数长于 5 d。

(1)极涡的移动路径主要有 3 种

①经向性运动(中心经极地在东西两半球移动)。

②纬向性运动(多在欧亚大陆高纬,西半球移向格陵兰高纬)。

③转游性运动(向西又向东,极区亚洲部分)。

(2)极涡的分类

依据 100 hPa 环流分类如下:

①绕极型:北半球只有一个极涡中心,位于 80°N 以北的极点附近的环流称为绕极型。

②偏心型:北半球只有一个极涡,中心位于 80°N 以南,整个半球呈不对称的单波型,有位于西伯利亚东部到阿拉斯加暖脊,欧亚大陆高纬度为一个椭圆形冷涡。

③偶极型:极涡分裂为 2 个中心,分别位于亚洲北部和加拿大,整个北半球高纬环流呈典型双波绕极。

④多极型:北半球有 3 个或 3 个以上的极涡中心,整个北半球形成 3 波绕极分布,波槽的位置与冬季平均大槽位置接近(图 3.22)。

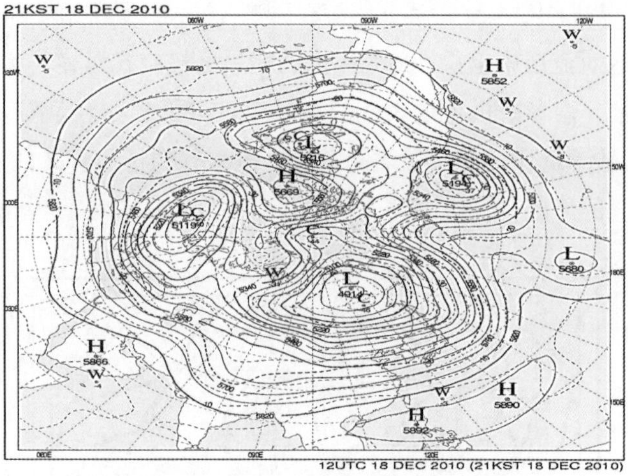

图 3.22　北半球极地多极涡环流形势

图 3.22 显示了极涡分裂为 4 个低涡。低涡的低槽位置一个在东亚大陆沿岸，一个在北美大陆东海岸，北太平洋高纬有一个低涡，北大西洋海陆交界处有一个低涡。在格陵兰附近有一个极地高压。

3.5.2.2　极地高压

（1）定义

极地高压是深厚的暖性高压。满足以下 4 个条件：

①500 hPa 图上有完整的反气旋环流，能分析出不少于一根闭合等高线。②有相当范围的单独的暖中心与位势高度场配合。③暖性高压主体在 70°N 以北。④高压维持 3 d 以上。

（2）极地高压的形成

由中高纬度的阻塞高压进入极地而形成，与中、高纬阻塞形势的建立过程类似。

①极地高压经向发展模式

暖温度脊向极地伸展发展成为极地高压（图 3.23）。

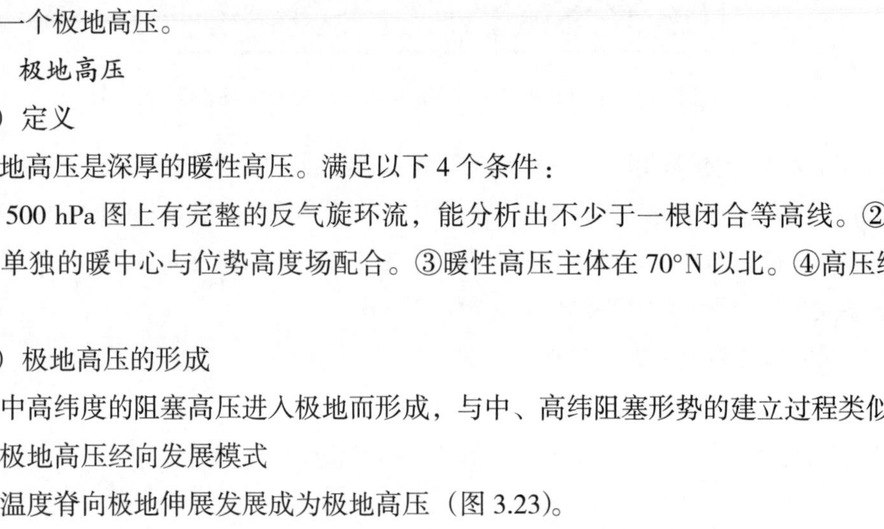

（a）暖温度脊向北伸展　　　　　　　（b）闭合暖高压形成

图 3.23　极地高压经向发展模式

86

②低涡切断型模式

闭合冷低压前部温度脊经向发展（图 3.24）。

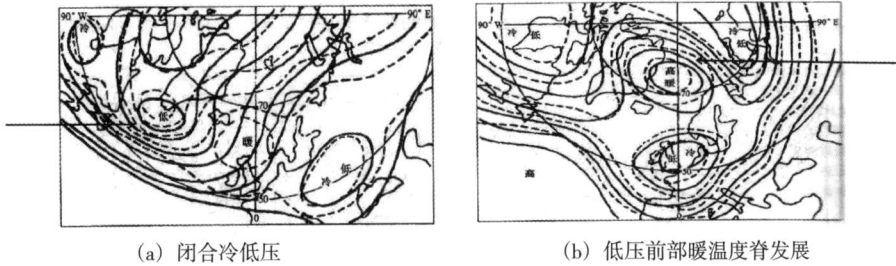

(a) 闭合冷低压　　　　　　　　　　(b) 低压前部暖温度脊发展

图 3.24　低涡切断型模式

（3）极地高压的天气意义

由于中高纬阻高形成并加强，进入极地并维持而使极涡分裂变形，有利于寒潮冷空气形成，而中高纬阻高进入极地是由于极地高压向南衰退，与西风带长波脊叠加造成（正变高叠加使脊加强，利于阻高形成）。

3.5.2.3　寒潮地面高压

寒潮全过程中冷锋后地面高压多数属于热力不对称系统，高压前部有强冷平流；后部则为暖平流，中心区温度平流趋于零，少数高压始终为冷性。可表示冷空气强弱、中心移动路径，追踪则可作为冷空气的移动路径。

需要特别注意寒潮地面高压与阻塞高压的区别。主要是空间结构与温度热力性质。图 3.25 为寒潮地面高压温压场配置。

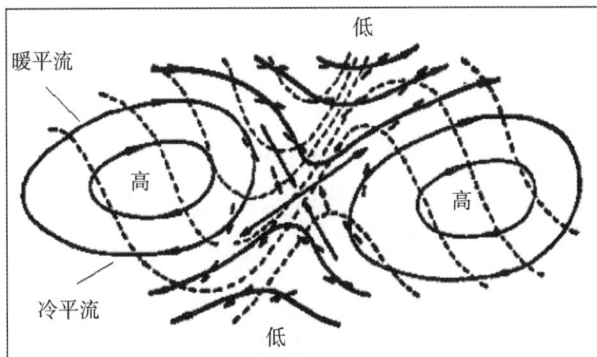

图 3.25　寒潮地面高压温压场配置

寒潮地面高压多数属于热力不对称系统，高压前部有强冷平流，后部为暖平流，中心区温度平流趋近于 0，它是热力和动力共同作用形成，但也有少数过程高压始终为冷性。

地面高压的温压场配置显示极地高压与寒潮地面高压的主要区别，见表 3.3。

表 3.3 寒潮地面高压与极地高压的区别

不同点	寒潮地面高压	极地高压
温度场	热力不对称	具有闭合暖中心
活动特点	随西风带波动南下	基本稳定在高纬度
主要层次	近地面	500 hPa
厚度	浅薄	深厚

3.5.2.4 寒潮冷锋

在寒潮地面高压的前缘都有一条强度较强的冷锋作为寒潮的前锋，它随高度向冷空气一侧倾斜，在高空等压面上对应有很强的锋区，锋区结构上宽下窄，在 300 hPa 及以下各等压面上均有明显的冷槽和锋区。

图 3.26 给出一次典型的寒潮的地面高压与冷锋。地面冷高压前缘的强梯度前锋是地面冷锋。此外，在 60°N 以北的地面高压边缘，有一条次冷锋对应那里的强气压梯度以及中雪天气。

强的气压梯度以及地面冷锋对应着地面大风，强气压梯度和地面冷锋引导着地面大风的走向，以及风力、风速。

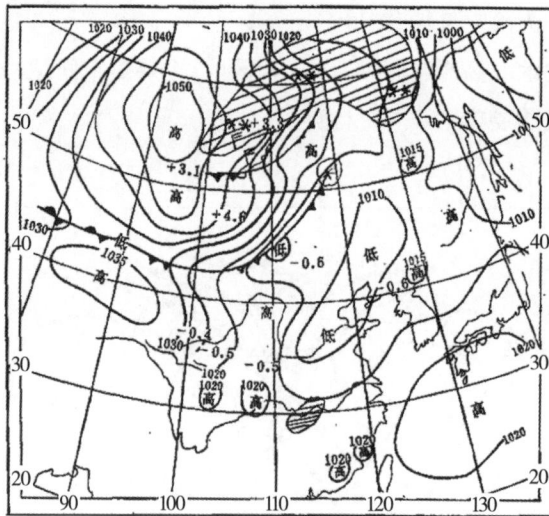

图 3.26 典型的寒潮地面高压与冷锋

3.5.3 寒潮大风预报

3.5.3.1 风与气压场关系

（1）冷锋逼近时，风力要加大，冷空气南下主力方向，冷平流最强处，风力最大。

（2）冷高压加强，气压梯度加大时，风力加大。

（3）寒潮冷锋前，低压气旋出现与加强，风力最强。

3.5.3.2　摩擦作用对大风的影响

粗糙的下垫面摩擦作用使风力减小，并使风向偏离等压线指向低压一侧。在陆地上因摩擦力较大，于是风向与等压线交角可达30°～45°，风速甚至只有地转风的一半。在海上因摩擦力较小，实际风接近地转风，约为地转风的2/3，交角也只有15°左右。根据经验，海面粗糙度小于陆地，同样气压梯度下，海面上风力可比陆地上大2～4级，江面和湖面上一般也比陆地大1～2级。

3.5.3.3　温度层结对风的影响

风随高度增大，稳定层结，动量下传少，不稳定层结，会产生大气动量下传，增大地面风力。

摩擦层厚度在1500 m左右。在摩擦层中，因摩擦随高度减小，所以风向做顺时针旋转，而风速随高度增加，也就是说，地面以上的风，基本上按著名的艾克曼螺线规律随高度变化，所以一般说高层动量较大。当空气层结稳定时，铅直交换弱，空气的动量下传较少；层结不稳定时，铅直交换强，空气的动量下传较强。因而使地面风速明显加大。当上空有锋区，风的垂直切变比较大时，温度层结的日变化常常可以引起风速更为明显的日变化。例如，白天地面加热，空气层结变得不稳定，致使午后风速增大。夜间地面冷却，空气变得稳定，风亦减小。这种情况在春天、夏天较为常见。在晴天变得较明显，阴雨天就不明显。冬季因为层结很稳定，这种情况比较少见，但当冷空气刚南下，而层结变得不稳定时也会产生空气动量下传现象。

3.5.3.4　变压场对风的影响

根据偏差风变压场公式：

$$\left|\frac{\mathrm{d}V_\mathrm{H}}{\mathrm{d}t}\right|=f\,|D| \tag{3.7}$$

可见，空气水平运动的加速度大小与地转偏差成正比。在近地面层中，除了摩擦作用外，变压风是造成地转偏差的另一重要因素。

$$D_1=-\frac{1}{f^2\rho}\nabla\frac{\partial p}{\partial n} \tag{3.8}$$

式中：D_1 为变压风。变压风沿着变压梯度方向吹，由高值变压区吹向低值变压区，当气压场较弱时，有时会出现风几乎完全沿变压梯度方向吹的情况，变压梯度越大，风速也越大。在冷锋后最大风速常出现在正变压中心附近，变压梯度最大的地区附近。

3.5.3.5　热力环流对风的影响

海陆风与盆地山谷风的形成。在地表热力性质差异明显的地区（如沿海地区、山与谷和高原与平原毗邻地带等），因下垫面受热不均匀，常有地方性的热力环流形成。白天陆地增温比海面快以至陆地气温高于海面，因而在海陆交界地区就形成力管场。根据绝对环流原理，空气应上升，海面空气下沉。上层空气由陆地吹向海面，低层空气则由海面吹向陆地，从而形成环流。夜间也有力管场，但情况正相反，其环流也与白天相反。总之，白天低空出现海风，夜间出现陆风。偏北大风在海上后半夜到清晨最大、午后最小，陆地上正相反。

3.5.3.6 地形对风的影响

（1）地形的狭管效应

当气流由开阔地带流入地形构成的峡谷时，由于空气质量不能大量堆积，于是加速流过峡谷，风速增大。当气流流出峡谷时，空气流速又会减缓。这种地形狭谷对气流的影响称为"狭管效应"。由狭管效应增大的风，称为峡谷风或穿堂风。我国地形复杂，各种方向的喇叭口均有，因此狭管效应对一些特定地区的大风具有特别重要的贡献。例如，寒潮冷锋后的东北大风在台湾海峡比其他海区大 1～2 级。又如，冷锋从西路向东移到西安时，锋后强西北风因受秦岭阻挡改向顺渭水河谷流去，而转为西南大风。

（2）冷空气翻山下坡

冷空气翻山下坡是干绝热下沉，也就是说冷空气是沿等熵面下沉，当等熵面的坡度大于地形坡度时，有利下坡大风的形成；如果等熵面坡度小于地形坡度（大气层结很稳定），高速的下滑冷空气沿等熵面下滑可能不及地，地面上形成不了大风。下坡大风的成因是由下滑冷空气位能转化动能。例如新疆克拉玛依 1979 年 4 月 10 日冷锋过境平均风速为 33.0 m/s，瞬间风速达 46.0 m/s。1977 年 4 月 2 日冷锋过新疆阿拉山口时平均风速 44 m/s，瞬时风速竟达 55 m/s。风速所以能达到如此大与它们的地形条件特殊作用有关。图 3.27 给出 2007 年南疆寒潮大风个例。寒潮大风事件发生地点地面高压梯度很强，冷锋锋面引导强风，造成途经的列车车厢脱轨。

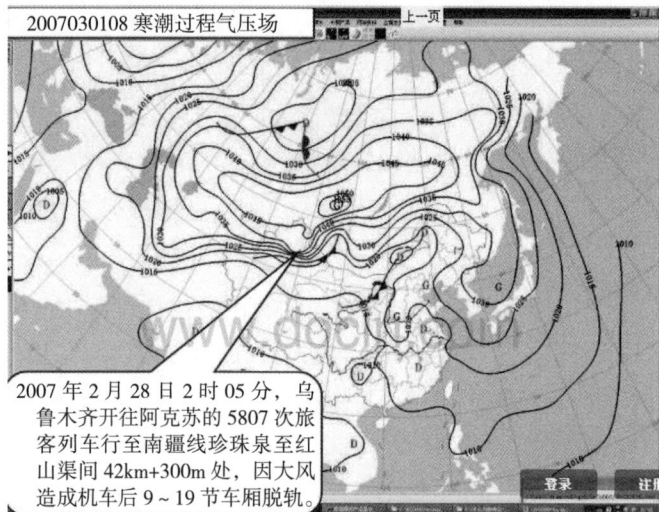

图 3.27 2007 年南疆寒潮大风个例

3.5.4　寒潮冷锋海上大风特征

随着寒潮冷空气南下东移，寒潮冷锋逐步移入东部海域，对海面产生影响。

3.5.4.1　北路与西路寒潮入海

北路与西路寒潮入海以寒潮冷锋及地面高压前缘等压线密集带入海为标志。图 3.28 显示了寒潮冷锋从北路和西路入侵黄海，图 3.28（a）为北路寒潮，2013 年 3 月 9—11 日入海寒潮。图 3.28（b）为西路寒潮，2012 年 12 月 28—30 日入海寒潮。这两次寒潮过程强度均较大。

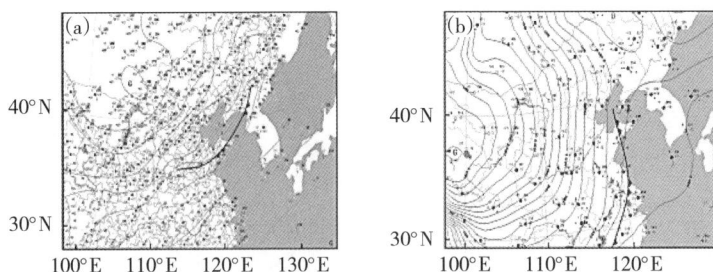

图 3.28　北路寒潮与西路寒潮入海

两次寒潮过程中的海上风场变化如图 3.29 所示。为了显示海面情况，近海面风场转换为数值模式网格风场。图 3.29（a）中的流线汇合线处风速小，显示冷锋为东西走向，冷空气自北向南，位置在 33°~34°N。冷锋后部风速迅速增大，等值线密集度显著高于锋前南部海域。到 3.29（b）图时刻，冷锋已南移至 31°~32°N，黄海北部完全为 12 m/s 大风控制。图 3.29（c）中的小风速在海域东部。显示冷锋大致为南北走向，强风速在锋后的海域西部。到图 3.29（d）的时刻，锋前的弱风速区已经完全移出了黄海海域，锋面后的强风速区已经南压，但是仍控制着海域西南部。

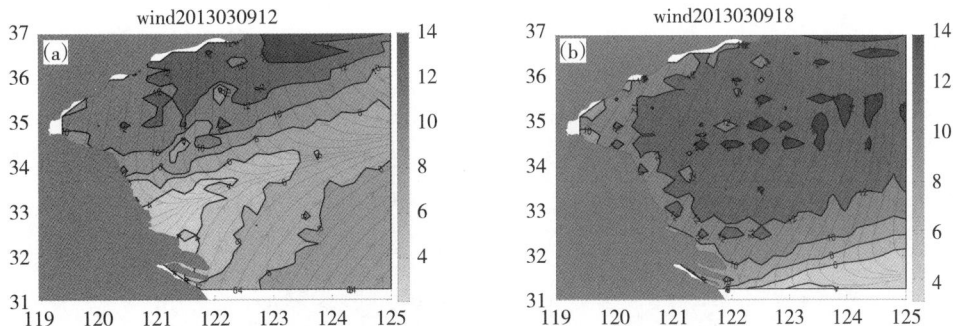

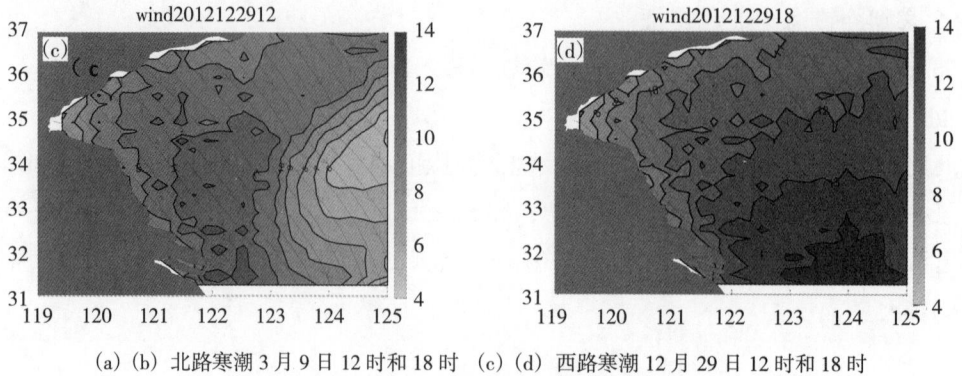

(a)（b）北路寒潮 3 月 9 日 12 时和 18 时　（c）（d）西路寒潮 12 月 29 日 12 时和 18 时

图 3.29　两次寒潮过程中的近海面风场变化

寒潮冷锋经过黄海海面时，引起海上大风大浪以及明显降温。区域浪流耦合数值模拟结果与无海浪耦合的区域海洋模式的对比显示，由于风浪使海表粗糙度加大，海水混合增强，不论是偏北路寒潮还是偏西路寒潮，风浪作用均增大海气间热量通量和动量通量的交换传输。

伴随不同路径寒潮，冷空气强度与影响路径及冷锋空间分布存在差异。海上风浪及热量通量和动量通量的响应特征为，偏北路寒潮冷空气强度更大，海面风浪以及热量通量和动量通量的响应更为强烈。风浪以及热量通量和动量通量随寒潮冷锋路径自北向南逐渐增大，沿冷锋锋线，东部强于西部。偏西路寒潮冷空气纬度偏低，强度略弱，相应的海面风浪以及热量通量和动量通量的量值弱于北路寒潮。风浪及通量随寒潮冷锋自西向东逐渐增大，沿冷锋锋线，则南部强于北部。因此冷锋特征，包括锋面走向和锋面路径，对海面风浪以及热量通量和动量通量强度的分布有指示意义。

3.5.4.2　伴随有副冷锋的寒潮入海

2010 年 3 月 19—20 日在黄海海域有一次伴随有副冷锋的寒潮入海过程。见图 3.30。进行 WRF（区域气象模式）模拟，以及与沿海风塔资料的对比结果显示，具有冷锋与副冷锋的海上寒潮降温呈 3 个阶段：①先缓降后速降。②弱回升。③再次降温。

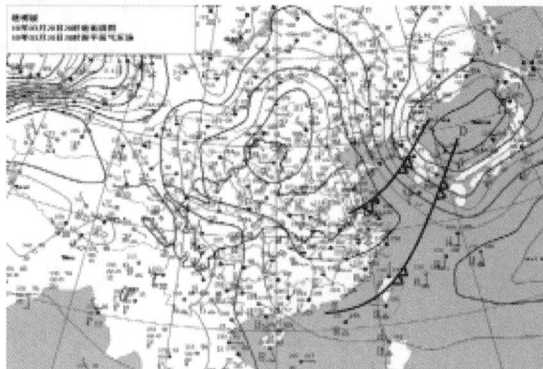

图 3.30　2010 年 3 月 20 日 20 时地面天气系统

大风伴随降温，风速的明显减弱，是滞后于气温速降，随着气温回升风速增大，对应副冷锋的降温，风速有二次滞后减弱。数值模拟的风速变化趋势对主副两次冷锋降温的风速波动三阶段有较清晰的显示，但是模拟出的风速在主冷锋降温后风速滞后减弱的响应（风速低值）出现的时间比实测资料的风速低值超前一些。模拟风速的小波动少，总体略大于实测值。

3.6　偏北风与海岬地形的作用

福建平潭岛和山东半岛成山头是两个著名的沿海大风地区。这两个地方相隔 8~9 个纬度，一个是岛，另一个是半岛。但是它们的大风成因却类似，均为季节性盛行偏北风受海岬地形阻挡。

3.6.1　海岬大风浪基本原理

关于海岬地形附近为大风大浪区，在世界上已被公认。著名的有南半球西风带中的非洲大陆南端的好望角海域，以及北半球印度洋上南亚季风建立之后印度大陆南端喀拉拉邦海域。见图 3.31，这两个海域在强西风控制下均为大风大浪危险海域。两处海岬方位（南北向）与盛行西风垂直，在海岬迎风面形成风急浪高区，海岬背风面则风力和浪高有减弱。对于平潭岛和山东半岛，它们的走向是东西向的，与偏北风垂直，造成北部海区风强浪高，南部则因偏南风弱于偏北风，造成的风力和浪高均不及偏北风环境。

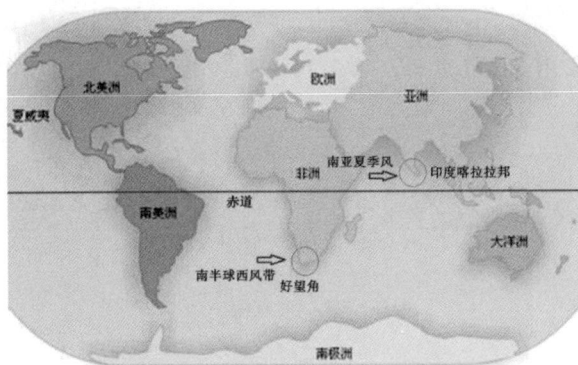

图 3.31　南北半球西风与海岬地形

此外，波浪在海岬地形处会发生汇聚现象，这是由于波浪的波峰线在趋近海岸时会逐渐与海岸等高线平行，即波浪的波向线会逐渐与海岸等高线垂直，如图 3.32 中的矢量线，为与海岸等高线垂直而发生弯曲，波向线向海岬汇聚。这样在海岬处将出现大浪。而在海湾处，由于波向线为与海岸线平行而发生辐散，于是在海湾处，波浪较小些。

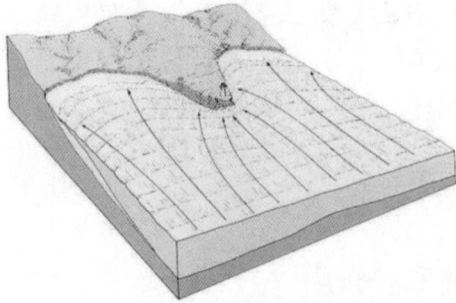

图 3.32 海岬与海湾处波浪的波向线分布

3.6.2 平潭岛大风

福建省海峡西岸中部的平潭岛是个著名的大风岛。海岸线上主要树种有木麻黄、黑松、台湾相思、湿地松、马尾松等。这些树种多为针叶木，通常各类树种在地域上的分布特征为热带阔叶林、温带落叶林、寒带针叶林。而平潭岛的位置在25°N附近已是偏热带地域。这种针叶林分布的特点则主要是受岛上大风影响，树叶为减少含水量在大风中的快速蒸发，而长成了针叶状特征（图3.33）。

(a) 木麻黄树丛

(b) 木麻黄枝叶

图 3.33 木麻黄树木

3.6.2.1 平潭岛上大风气候特征

平潭岛上大风频发，风灾严重。清乾隆十四年（1749年），一夜大风沙埋芦洋18村，及至1980年，平潭年大风日数仍达200 d。

（1）平潭风的均值与极值

平潭出现大风一般是全县性的。表3.4显示，年平均风速为5.0 m/s。秋、冬季平均风速最大，春季次之，夏季相对较小。一年中以11月风速最大，5月最小，7—9月因台风影响，为一年中风速极值出现的时间。平潭6—8月以偏南风为主，其余各月多偏北风，常年主导风向为NNE。

表 3.4 1971—2010 年平潭风的统计

月份	1	2	3	4	5	6	7	8	9	10	11	12	小计
平均风速 / (m/s)	5.4	5.3	4.7	4.3	4.1	4.7	4.8	4.3	4.8	6.1	6.2	5.7	5.0
最大风速 / (m/s)	18.0	16.0	18.0	16.0	15.3	17.7	26.5	25.0	29.0	22.5	19.0	18.0	29.0
同时风向	NNE	NNE	ENE	NNE	SSW	SSE	NE	S	N	NNE	NNE	NNE	N
出现日期	17	15	31	1	30	24	20	24	22	8	7	25	0922
出现年份	1971	1978	1972	1972	1983	2001	1971	1985	1971	1973	1974	1973	1971
最多风向	NNE	NNE	NNE	NNE	NNE	SSW	SSW	SSW	NE	NNE	NNE	NNE	NNE
风向频率 / (%)	46	41	31	22	24	23	27	19	28	46	49	48	30

平潭的风具有明显的季节特征。冬季（12 月至翌年 2 月），影响平潭天气气候的主要地面环流系统是强大的蒙古冷高压，高空系统是中纬度西风槽。此时平潭处于东亚大槽底部，槽后偏北风引导北方冷空气频繁南下，常常导致本地区出现偏北大风。早春季（3—4 月），在变性冷空气与紧接而至的冷气团共同作用下，本地区仍为偏北大风。梅雨季节（5—6 月），北方冷空气与来自低纬的暖湿气流交汇于南岭至武夷山一带。在此期间，平潭地区南北风互现。夏季（7—9 月）平潭主要处于西太平洋副热带高压的控制下，盛行偏南和东南风，且台风影响频繁，沿海风力大。秋季（10—11 月），高空西风带明显南压，东亚大槽加深，南支急流建立，西太平洋副热带高压进一步南落回撤，福建的台风季基本结束，而冷空气则开始活跃。地面气压场上，蒙古高压和阿留申低压已经形成，印度低压减弱，台湾海峡的东北大风增强、增多，平潭偏北大风随之出现。

通常，平潭的风速极大值都是由热带气旋造成的。历史上，平潭 2 min 平均最大风速极值为 34.0 m/s（风力 12 级），分别出现在 1961 年 8 月、1962 年 8 月和 1962 年 9 月；10 min 平均最大风速极值为 29.0 m/s（风力 11 级），出现在 1971 年 9 月 22 日。上述大风出现时皆为偏北风，即热带气旋右前侧的旋转偏北风造成极值风速。

（2）平潭大风日数月分布特征

气象上把瞬间风速达到或超过 17.2 m/s（或目测估计风力达到或超过 8 级）的风定义为大风。平潭自 1953 年建站到 2010 年，共出现 3592 个大风日。由图 3.34 可知，大风日数主要集中在 10 月至翌年 2 月，占全年的 60.21%，其中 11 月最多（频率 15.06%）。夏季平潭大风日数相对较少，以 5 月最少（频率 3.56%）。

（3）平潭大风日数年分布特征

平潭本站大风日数多年平均为 62 d。大风出现频率为 17%，即平潭每 6 d 出现 1 次大风。1956 年，平潭大风日数达 176 d，而到 1997 年，年大风日数仅为 7 d。两者相差

169 d，前者是后者的 25 倍。究其原因，主要是近年来，由于平潭主岛建筑物的不断林立和沿海木麻黄等防护林的种植，极大地削减了风的强度。

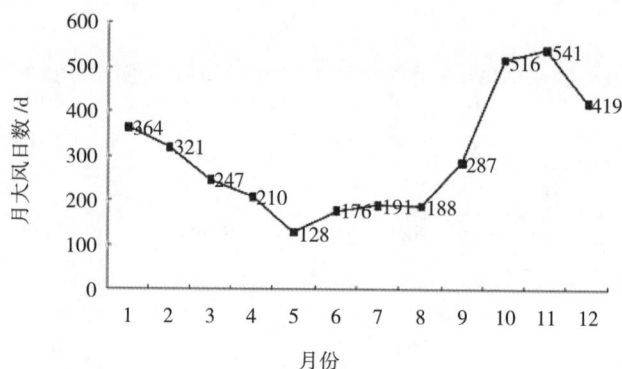

图 3.34　平潭本站月大风分布

　　城市的防护林可以有效地阻止大风的袭击。防护林带在冬季能降低风速的 20%，减缓冷空气的侵袭。自有气象观测资料以来，平潭年大风日数几度骤减：在 1970 年以前，平潭年大风日数达 107 d；20 世纪 80—90 年代，平潭年大风日数递减到 36 d；而到近 10 年，平潭年大风日数不过 10 余天。随着当地政府和百姓对防护林的重视，平潭防护林的种植面积不断扩大，以木麻黄为代表的防护林也成长得更为挺拔。平潭县林业局 2010 年关于全区 2010 年大绿化工作总结中指出，继 2008 年平潭被列为全国沿海防护林建设示范区后，2010 年，平潭实验区又植树 1000.9 万株，完成绿化 63519 亩。经过人工站资料与气象自动站资料的对比分析，发现城镇化和防护林对防风固沙起到了至关重要的作用。

3.6.2.2　不同风向对平潭岛大风灾害的影响

　　平潭县地势南北高、中部低，东部高、西部低。其北部呈现南北走向的 3 条丘陵带，之间为松散的堆积平原。由沿着 NNE—SSW 方向的主要山体夹着中间平原形成了平潭岛的五大风口，流水镇的流东、流西风口，敖东镇的远中洋风口，潭城镇的龙王头风口，中楼乡的长江澳风口。其中，由于长江澳风口的特殊位置，使其成为对岛上影响面积最大，也是影响程度最深的一个风口（图 3.35）。从平潭岛的形状看，中部东伸，南部及北部偏西，形成海岬状。当盛行偏北风时，长江澳风口和流东、流西风口为海岬迎风面，龙王头和远中洋风口为海岬背风面。当盛行风为偏南风时，远中洋风口为迎风面，其于风口在背风面。

　　采用数值模拟方法，对典型风速风向进行岛屿效果模拟。a. 风向 N，风速 6.2 m/s 作为岛上最强风向频率和最平均的风速也最具有代表性和普遍性意义。b. 考虑夏季盛行风对全岛风环境的影响，取风向 SSW 风速 4.8 m/s。夏季风通常弱于冬季风，即夏季平均风速弱于冬季平均风速。

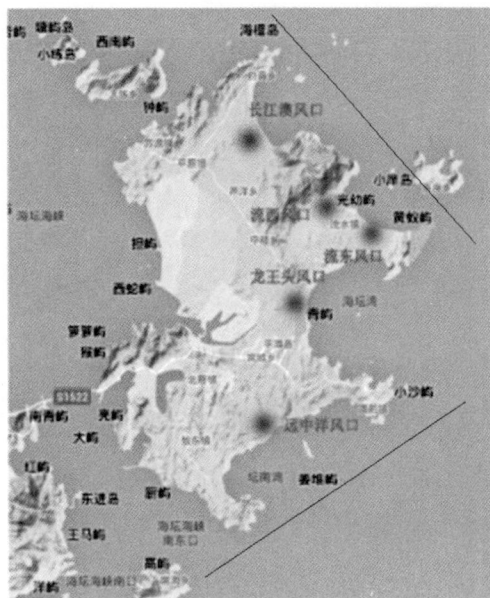

图 3.35　平潭岛五大风口

图 3.36 中长江澳风口和流东即流西风口均面向偏北风，长江澳风口位置最北，引导北风深入岛内中西部。龙王头风口虽然不是面向北方，但接受从流东和流西风口南下的偏北气流，因此在岛屿东侧海岸线形成了强风区，而背风的远中洋风口则风速小。在夏季的远中洋风口，面向夏季偏南风，造成风速增强，而其余风口位于背风面一侧，风速相对小一些。

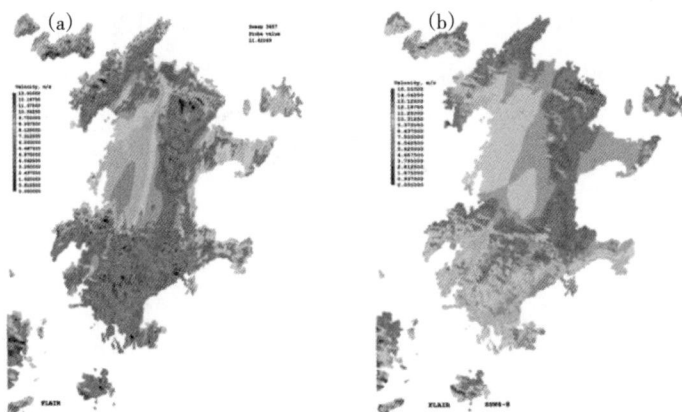

（a）NNE，6.2 m/s 全岛近地面风速分布　　（b）SSW，4.8 m/s 全岛近地面风速分布

图 3.36　不同风向风速影响模拟

模拟结果显示，对于两种入侵的环境风速，平潭岛上基本的风速空间分布如图 3.36。图 3.36（a）显示岛屿西部以及岛屿的偏北海岸均有大风区，强度也比较稳定。对于夏季

风情况，则岛屿偏西南的沿岸和岛屿西部地区为大风区，但其强度弱于冬季偏北风。岛上大部分风速大于 6.2 m/s，少数地区风速比初始环境风场的小，因此环境风场受到岛屿地形影响。在岛上将增强风力，最大风速可达 15 m/s。再看图 3.36（b），环境风速为 4.8 m/s，而岛上大部分风速高于初始环境场风速，也显示环境风场受到岛屿地形影响，在岛上增强了风速及风力，最大风速也达到了 15 m/s。因此岛屿的海岬形状对大风场的增强是一种诱导作用。

3.6.3 成山头大风

3.6.3.1 成山头地理位置

成山头位于山东半岛的东端，半岛北侧的台站为海岬地形的北风迎风面，半岛南侧的台站为海岬地形的南风迎风面。

3.6.3.2 成山头大风特征

监测显示成山头 1981—2010 年的 30 a 间，日最大风速大于 17.0 m/s 的日数达到 986 d，位于半岛北部的威海，在成山头西侧，那里日最大风速大于 12.0 m/s 的日数达到 2266 d。2001—2010 年山东沿海偏北大风的统计分析表明，冬季、秋季和春季偏北大风次数多、风力大，偏北大风的持续时间较长，有时持续 1 d，最多可达 7 d。显然成山头的风速相比较山东半岛沿岸其他台站，是最大强风处。

3.6.3.3 成山头海域的重要性

成山头水域位于我国山东半岛最东端，是我国四大渔场之一，也是我国海上南北大通道必经之地。该水域内气候及海况条件复杂，风高、浪急、雾日多，航行和作业船舶总数年均超 80 万艘次，其中商船约 12 万艘次，日均过往商船 300 余艘次。在享有我国"海运咽喉"美誉的同时，成山角水域又被航海人士称为"东方好望角"。自 2000 年 12 月 1 日起成山角水域船舶"两制"正式实施后，船舶事故率下降近 88%。

"两制"是指，《成山角水域船舶定线制（试行）》和《成山角水域强制性船舶报告制（试行）》。这两制的实质就是分道通航制。具体见图 3.37。

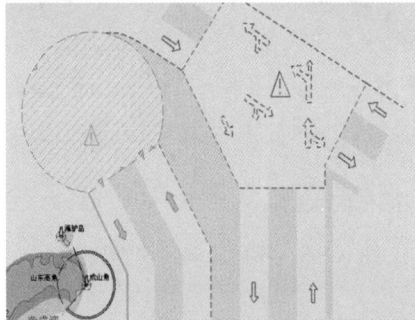

图 3.37 山东半岛威海成山头海域的分道通航示意

2015 年 6 月 1 日，"新两制"正式实施，在原有定线制的外围新增了一组定线制，由"南北两车道"扩展为"南北四车道"。"新两制"的出现恰逢其时，不仅将船舶碰撞事故减少了 80%，更大幅提高了航行效率。

3.6.3.4 沿海台站大风日数统计

根据大风日数的定义：某海区代表站一天内任一时次出现 6 级（≥ 10.8 m/s）及以上大风记为一个大风日数。进行山东半岛沿海大风日数统计（图 3.38）。

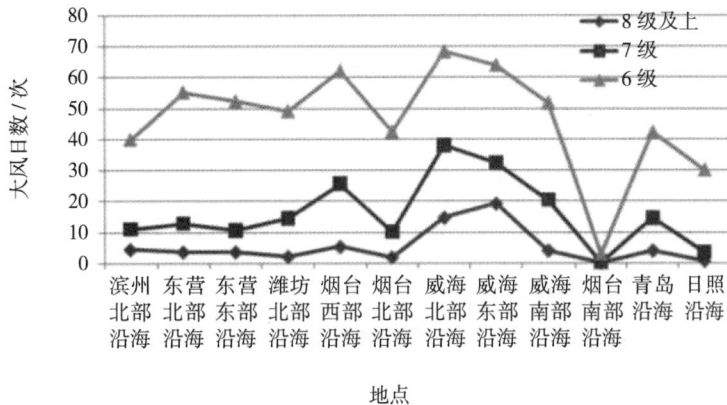

图 3.38 2010—2014 年山东沿海年均大风日数统计

图 3.38 显示，相对于山东半岛威海北部和东威海东部（成山头）的年平均大风日数最高，6 级以上大风日数接近 70 d，7 级以上大风日数接近 40 d。8 级以上大风日数接近 20 d。半岛南侧的大风日数明显少于北侧，图中大风日数最少的是南侧的烟台市，图中烟台右侧的是青岛和日照，它们均在半岛南侧；图中烟台左侧的台站，均位于半岛北侧。从年均大风日的统计，山东半岛北侧大风日数高于南侧，东侧成山头的年均大风日数最高。相比较成山头海域的巨量航行船只，成山头的大风影响相当严重。

3.6.3.5 沿海台站大风风速

半岛沿海台站的大风风速统计见图 3.39。

图 3.39 平均风速的特征与大风日数类似，相对于山东半岛威海北部和东威海东部（成山头）的风速最大，平均风速达到 6 级，在北风环境下，成山头的风力达到 7 级以上。在南风季节，成山头的风力仅达到 4 级。半岛南侧的大风强度明显小于北侧，大风强度最小的是南侧的烟台市。图中烟台右侧的是青岛和日照，它们均在半岛南侧。图中烟台左侧的台站，均位于半岛北侧。从平均大风风力的统计表，山东半岛北侧大风强度大于南侧，东侧成山头的风速最大。成山头的风力强盛，增加了其海域的航行管理难度。

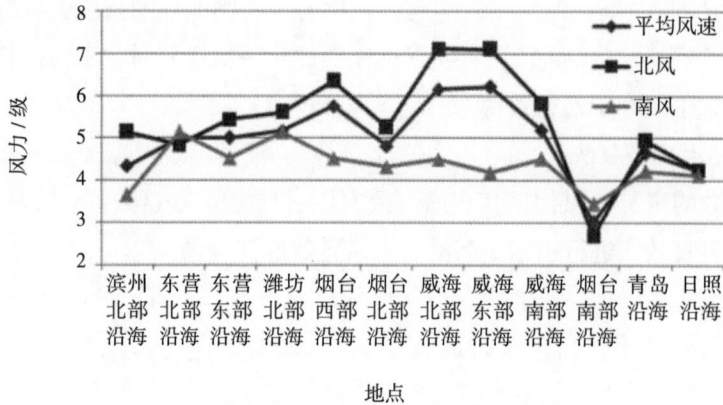

图 3.39　山东沿海台站平均风速分布

3.7　局地强对流天气

3.7.1　局地强对流天气中的大风灾害

局地强对流天气中的龙卷和飑线都会造成强烈的大风灾害天气。

龙卷风是一种局地性、小尺度、突发性的强对流天气，是在强烈的不稳定的天气状况下由空气对流运动造成的强烈的、小范围的空气涡旋。发生于深厚垂直伸展的积雨云系底部和下垫面之间的直立空管状旋转气流，是一种局地尺度的剧烈天气现象。龙卷风可见于热带和温带地区，常见的发生时间是春季和夏季。按形态和产生环境，龙卷风可以分为多涡旋龙卷、陆龙卷、水龙卷、海龙卷等。龙卷风在观测上表现为狭长的漏斗云或类似形态的尘土或水柱。龙卷风的风速通常在 30 ~ 130 m/s，直径小于 2 km，活动范围在 0 ~ 25 km，持续时间在 10 min 左右。龙卷风通常是极其快速的，100 m/s 的风速不足为奇，甚至达到175 m/s 以上，比 12 级台风还要大五六倍。龙卷风的范围很小，一般直径只有 25 ~ 100 m，只在极少数的情况下直径才达到 1 km 以上。

飑线是指范围小、生命史短、气压和风发生突变的狭窄强对流天气带。它来临时会出现风向突变、风力急增、气压猛升、气温骤降等强天气现象。从天气雷达图上看，飑线就像糖葫芦一样，穿起一串雷暴或积雨云。在飑线附近，除了风、气压、气温的猛烈变化外，通常还可能伴有雷电、暴雨、冰雹和龙卷风等剧烈的天气过程。飑线主要发生在炎热的季节里，发生之前多属晴热天气，气温较高、风力微弱、风向杂乱、空气湿度大、天气闷热、具备雷雨条件，且多发生在下午至晚上。综合说来，飑线是由许多雷暴单体（其中包括若干超级单体）侧向排列而形成的强对流云带，其水平尺度长、宽几十至上百千米，持续时间几小时至十几小时。

图 3.40 为雷达图上的飑线。

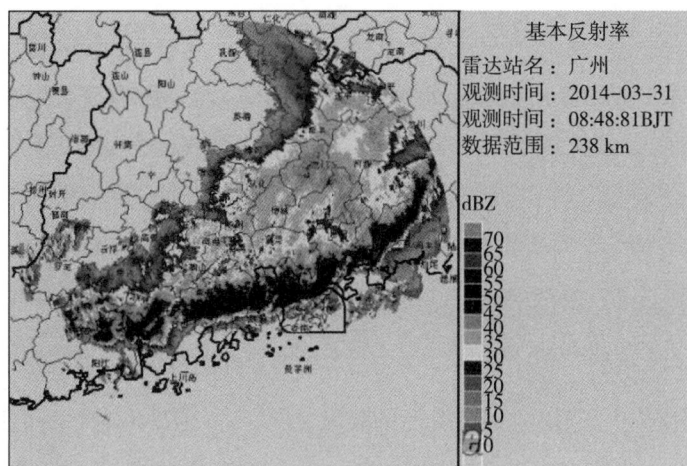

图 3.40　雷达图上的飑线

3.7.2　局地强对流天气形成的基本条件

　　造成龙卷与飑线大风天气的基本环境条件有水汽条件、不稳定层结条件和抬升条件。其中水汽条件所起的作用不仅是提供成云致雨的原料，而且它的垂直分布和温度的垂直分布，都是影响气层稳定度的重要因子。水汽和不稳定层结这两个条件可以认为是发生对流性天气的内因，而抬升条件则是外因。外因是变化的条件，内因是变化的根据，外因通过内因而起作用。因此，这 3 个条件是有机地联系在一起的。

3.7.2.1　大气不稳定性

（1）静力不稳定

　　考虑一个小气块，假定它与其环境之间没有热量、水分及动量的交换，环境空气处于静力平衡状态，即符合静力学方程：

$$0 = -\frac{\partial P}{\partial z} - \rho g \tag{3.9}$$

　　若小气块有垂直加速度. 则其垂直方向的运动方程为：

$$\rho' \frac{\mathrm{d}\omega'}{\mathrm{d}t} = -\frac{\partial P'}{\partial z} - \rho' g \tag{3.10}$$

式中：ρ'、P'、ω' 分别表示气块的密度、气压、垂直速度。根据准静态条件，气块的气压梯度决定于周围大气的气压梯度。所以：

$$\frac{\partial P}{\partial z} = \frac{\partial P'}{\partial z} \tag{3.11}$$

　　因此，将式（3.9）和式（3.10）合并，并引入状态方程，得：

$$\frac{\mathrm{d}\omega'}{\mathrm{d}t} = -g\frac{\rho' - \rho}{\rho'} = g\frac{T' - T}{T} = g\frac{\Delta T}{T} \tag{3.12}$$

式中，T'、T 分别为气块和环境的温度；$g\dfrac{\Delta T}{T}$ 为气块所受的合力。合力的大小及正负取决于气块和环境之间温差的大小和正负，当 $T'>T$ 气块所受的浮力大于其重力，合力 $g\dfrac{\Delta T}{T}>0$，气块获得上升加速度。

设环境与气块的温度是分别按下列关系随高度而变化的：

$$T=T_0-\gamma\mathrm{d}z \tag{3.13}$$

$$T'=T'_0-\gamma'\mathrm{d}z \tag{3.14}$$

式中：T_0 和 T'_0 为环境与气块起始高度上的温度；$\gamma'=-\dfrac{\partial T'}{\partial z}$ 为环境的垂直温度递减率；

$\gamma=-\dfrac{\partial T}{\partial z}$ 为气块绝热运动时的温度垂直递减率，

$$\gamma'=\begin{cases}\gamma_s & \text{湿绝热递减率}\approx 0.6\ ℃/100\ \mathrm{m}，\text{当气块为饱和湿空气。}\\ \gamma_d & \text{干绝热递减率}\approx 1\ ℃/100\ \mathrm{m}，\text{当气块为干空气或未饱和湿空气。}\end{cases}$$

假设在起始高度上气块的温度与环境温度相等，即 $T'_0=T_0$，则由式（3.12）、式（3.13）和式（3.14）式得气块垂直运动加速度：

$$\frac{\mathrm{d}\omega'}{\mathrm{d}t}=\frac{g}{T}(\gamma-\gamma')\mathrm{d}z \tag{3.15}$$

由此可见，气块是否获得上升加速度，取决于 T' 是否大于 T，也就是取决于大气层结的 γ' 是否大于 γ。因此有判据：

$$T'>T, \quad \frac{\mathrm{d}\omega'}{\mathrm{d}t}>0 \quad \text{上升}$$

$$T'=T, \quad \frac{\mathrm{d}\omega'}{\mathrm{d}t}=0 \quad \text{中性}$$

$$T'<T, \quad \frac{\mathrm{d}\omega'}{\mathrm{d}t}<0 \quad \text{下沉}$$

$$\gamma'>\gamma，\text{不稳定层结}$$

$$\gamma'=\gamma，\text{中性层结}$$

$$\gamma'<\gamma，\text{稳定层结}$$

静力不稳定的另一种区分气块饱和与非饱和的表达方式：

$$\theta=T\left(\frac{1000}{P}\right)^{\frac{AR_d}{C_{pd}}} \tag{3.16}$$

取对数并求对 z（高度）的偏导数，得：

$$\frac{1}{\theta}\frac{\partial\theta}{\partial z}=\frac{1}{T}\frac{\partial T}{\partial z}-\frac{AR_d}{C_{pd}}\frac{1}{P}\frac{\partial\theta}{\partial z} \tag{3.17}$$

用静力学方程及干空气状态方程代入（3.17）式得：

$$\frac{\partial \theta}{\partial z} = \frac{\theta}{T}\left(\frac{\partial T}{\partial z} + \frac{Ag}{C_{pd}}\right) \tag{3.18}$$

因为 $\frac{Ag}{C_{pd}} = \gamma_d$，以及 $\frac{\partial T}{\partial z} = -\gamma$，所以有：

$$\frac{\partial \theta}{\partial z} = \frac{\theta}{T}(\gamma_d - \gamma) \tag{3.19}$$

由此获得判据：

$$\gamma > \gamma_d, \ \gamma_d > \gamma_s \quad \text{不稳定层结}$$

$$\gamma = \gamma_d, \ \gamma_d = \gamma_s \quad \text{中性层结}$$

$$\gamma < \gamma_d, \ \gamma_d < \gamma_s \quad \text{稳定层结}$$

大气中一般地 $\gamma_d > \gamma_s$，所以有判据：

$$\gamma > \gamma_d > \gamma_s \quad \text{绝对不稳定}$$

$$\gamma = \gamma_d = \gamma_s \quad \text{绝对稳定}$$

$$\gamma < \gamma_d < \gamma_s \quad \text{条件不稳定}$$

稳定层结即空气未饱和时，是稳定的，饱和以后则是不稳定的，这种条件性不稳定状态在实际大气中最为常见。

在实际大气中，气块中水汽一般是不饱和的。如有一种力量使不饱和气块抬升，开始是干绝热上升，饱和后开始凝结。凝结开始的高度称为抬升凝结高度。气块如果再上升，则为湿绝热上升。$T\text{-ln}P$ 图上这种气块温度升降的曲线叫作状态曲线，而大气实际温度分布曲线叫作层结曲线如图 3.41。在抬升凝结高度以上，状态曲线与层结曲线的第一个交点（F）叫自由对流高度，它表示从这一点开始，气块可以不依靠外力，而只用浮力便能自由上升。状态曲线与层结曲线的第二个交点（B）叫作对流上限。

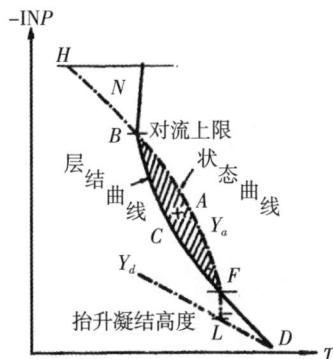

图 3.41 $T\text{-ln}P$ 图中的层结曲线和状态曲线

（2）对流性不稳定

对流性不稳定又称位势不稳定。理论上考虑气块在气层中浮升时气层本身是静止的，然而实际大气中常会发生整层空气被抬升的情况。气层被抬升后，它本身会发生变化。设气层下湿而上干，则原来为稳定的，甚至是绝对稳定的气层（$\gamma < \gamma_s$），经抬升后，整层达到饱和，变成不稳定气层，或者是变得更加不稳定。这就称为对流性不稳定（位势不稳定），可表现为 θ_{SC} 或 θ_{NW} 随高度减小。这个演变过程可用图 3.42 来说明。

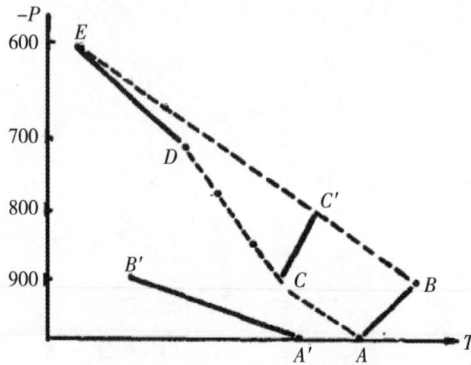

图 3.42　气层对流性不稳定

图 3.42 中为气层的原始层结，是绝对稳定的；$A'B'$ 为其露点分布，上干下湿。设气层被抬升时，其截面积不发生任何变化，由于质量守恒原理，其顶底之间的气压差也不发生变化。整层抬升后，AB 两点都沿干绝热线上升。因 A 点湿度大，比 B 点先达到饱和。当 A 点上升到其凝结高度 C 时，开始饱和，此时 B 点达到 C' 点，但还未饱和。如继续被抬升，A 点将沿湿绝热线上升，而 B 点仍沿干绝热线上升，直到 B 点达到其凝结高度 E 点，整层达到饱和状态，此时底部 A 已移到 D 点。DE 为气层被足够的外力整层抬升到饱和状态时的温度垂直分布曲线，其温度递减率大于湿绝热温度递减率，因而是不稳定的。由图 3.42 可以看出，气层顶部 B 点的假湿球位温 θ_{sw} 或假相当位温 θ_{se} 小于其底部 A 点的假湿球位温或假相当位温。由此获得对流不稳定判据：

$$\frac{\partial \theta_{se}}{\partial z} < 0, \quad \frac{\partial \theta_{se}}{\partial P} > 0 \quad \text{对流性不稳定}$$

$$\frac{\partial \theta_{se}}{\partial z} = 0, \quad \frac{\partial \theta_{se}}{\partial P} = 0 \quad \text{中性}$$

$$\frac{\partial \theta_{se}}{\partial z} > 0, \quad \frac{\partial \theta_{se}}{\partial P} < 0 \quad \text{对流性稳定}$$

（3）不稳定能量

不稳定能量是在不计摩擦的情况下，单位质量空气块受场力的作用（浮力—重力）

所做的功。等于单位质量气块由 z_0 上升到 z 时动能的增量。因此，气块作加速垂直运动的动能是由不稳定能量转化而来的。

由式（3.12）式有：

$$\frac{d\omega'}{dt}=g\frac{\Delta T}{T}\tag{3.20}$$

不稳定能量，积分上式右侧：

$$E=\int_{z0}^{z}g\frac{\Delta T}{T}dz-\int_{p0}^{p}R\Delta T_{d}\ln p\tag{3.21}$$

动能增量，积分式（3.21）左侧：

$$\Delta E_{k}=\int_{z0}^{z}\frac{d\omega'}{dt}dz=\int_{r0}^{r}\frac{d\omega'}{dt}\omega'dt=\int_{\omega0}^{\omega}\omega'd\omega'=\frac{1}{2}(\omega^{2}-\omega_{0}^{2})$$

$$=\Delta\left(\frac{\omega'^2}{2}\right)=E_{k}-E_{k0}\tag{3.22}$$

于是结合式（3.21）式左边与右边：

$$E=\Delta E_{k}\tag{3.23}$$

因此，气块做加速垂直运动的动能是由不稳定能量转化而来的。不稳定能量越大，气块上升速度越大，相应地对流性天气越强。

图 3.41 中 ABCF 所包围的面积，A_+ 代表正不稳定能量大小，而 A_+ 在的下方，fldf 所包的面积 A_- 代表负不稳定能量的大小。$A_+ > A_-$ 时称为真潜不稳定，$A_+ < A_-$ 时称为假潜不稳定。前者有利于对流性天气发生，A_+ 越大，越有利于对流性天气发生。

3.7.2.2　不稳定抬升触发机制

（1）天气系统造成的系统性上升运动

多数雷暴或冰雹的形成都与系统性辐合及抬升运动相联系。在对流层中，大尺度上升运动虽只有 1～10 cm/s 的量级。但持续作用时间长了就会产生可观的抬升作用。例如，5 cm/s 的上升气流持续作用 6～12 h，就可以使空气抬升 1～2 km，这样强的抬升可将一般的低层逆温消除掉。

锋面的抬升及槽线、切变线、低压、低涡等天气系统造成的辐合上升运动都是较强的系统性上升运动。绝大多数雷暴等对流性天气都产生在这些天气系统中。在做预报时，必须注意天气系统的强度和天气系统中各部位的上升运动的强度，以及天气系统离本站的距离及其未来的动态。基于这些分析，就可预报对流性天气发生的时间、强度、影响范围等。

在水汽及稳定度条件满足的情况下，有时只要有低层的辐合就能触发不稳定能量释放，造成对流性天气。因此，在夏季做对流性天气预报时，应特别注意分析低层的辐合流场。除了上述系统性辐合运动以外，低空流场中的风向或风速的辐合线、负变高或负变压中心区都可产生抬升作用。

（2）地形抬升作用

山地迎风坡的抬升作用也很大，因此，山地是雷暴的重要源地。一般来说，山区的雷暴、冰雹天气比平原地区多。所以在有山脉的地区，应经常考虑到山脉对气流的抬升作用，抬升力的大小与风向、风速有关。风速越大，风向越垂直于山脊，或者山坡越陡，则地形抬升作用引起的空气上升运动越强。此外，有时气流过山时，往往会产生背风波。这种波动可以影响到较高的高度，背风波引起的上升运动，往往会促使河谷地区发生新的对流云（图3.43）。在实际预报工作中，为了准确估计山脉的抬升作用，必须注意山脉的走向及风向、风速。

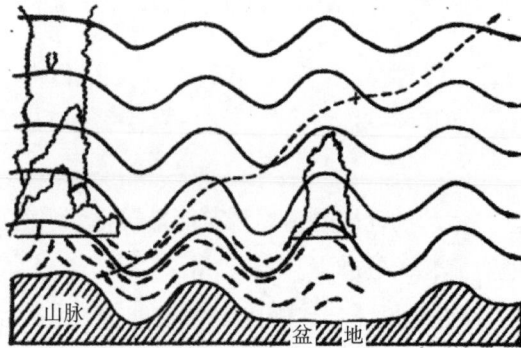

图 3.43　背风坡波示意

图 3.43 中箭头表示从消散的雷雨云中流出的气流，它们可能增强风暴前面波动气流的振幅，引起在盆地上新的雷雨云单体的形成。虚线箭头表示上升气流的路线，波动形状表明背风波的存在。

（3）热力抬升作用

夏季午后陆地表面受日射而强烈加热，常常在近地层形成绝对不稳定层结，使对流容易发展。由这种热力抬升作用为主所造成的雷暴，称为热雷暴，也叫作气团雷暴。热力作用的强弱取决于局地加热的程度，即最高温度的高低。

由于地表受热不均，造成局地温差，常常形成小型的垂直环流。这种上升运动也可起到触发机制的作用。例如夏季，湖泊与陆地交错分布的地区以及沿江、沿湖、沿海地带，因为白天水面日射增温弱，陆地日射增温强，因此水陆温差使得陆上空气上升、水上空气下沉。又因白天陆岸上的大气层结一般要比水面上的层结不稳定，所以在白天陆岸比水面更容易发生对流。在飞机上，午后往往可以看到湖泊周围的陆地上对流云密布，而湖面上却是晴空。夏季，上午在大雾笼罩的地区，由于雾区与其四周地区所受的日射不均，往往产生很大的温差。这种情况下，在卫星云图上常常可以看到，当午后雾消时，雾区四周会发生雷暴。

热力抬升作用通常比系统性上升运动要弱，往往只能造成强度不大的热雷暴和对流云。单纯热力抬升造成的雷暴不多，热力抬升作用通常是在天气系统较弱的情况下，才需要加以考虑。

依据上述3种局地不稳定抬升机制，则热力和系统相结合的环境背景，更易触发具有强风的强对流天气，如龙卷、飑线等。因此在沿海地区的影响系统，有时本体强度有限，但结合局地热力条件和多系统相遇的环境，就能触发形成强风灾害性大风天气。

3.7.3 海风锋和岸滨锋

海风锋和岸滨锋是伴随海风的海上偏冷气团从偏冷海面向陆地推进的过程中与陆地上较热的空气团相遇，在气团交界面形成等温线密集带的锋面。一年四季海陆温差经常存在。但这种温差出现以后，在不具有非地转中尺度辐合流场的情况下，海陆间的温度急剧变化带是不会移动的，主要静止在海岸线附近，对此称为海岸锋或岸滨锋。一旦出现非地转中尺度辐合流场，则辐合流场与海陆间温度不连续带一起移动，此时向陆地一侧移动的就称为海风锋，具体个例见图3.44。

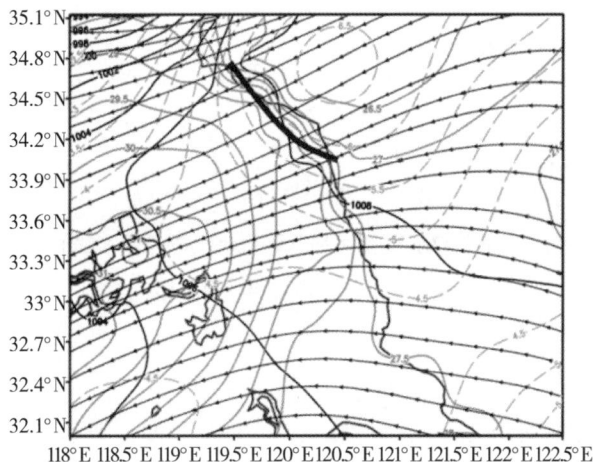

图3.44 2010年8月31日14时江苏省沿海地区的海风锋（黑色粗实线）及1000 hPa温度场和流场

图3.44中在江苏北部沿海有等温线密集带，且流场是自海上向内陆的。内陆温度中心达到31 ℃以上，海上仅为26.5 ℃。海风锋附近的气流垂直运动特征见图3.45。

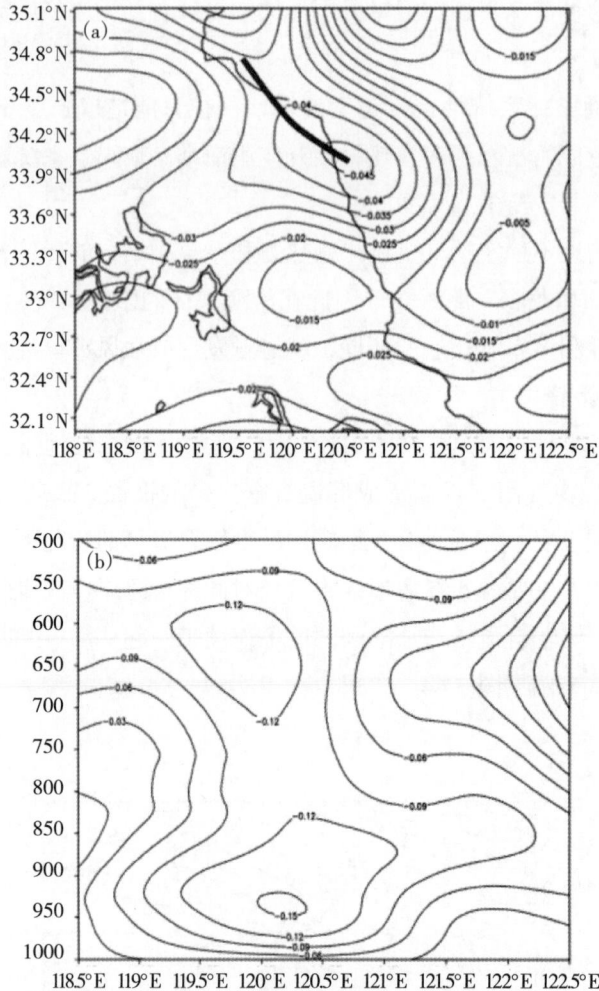

图 3.45　2010 年 8 月 31 日 14 时江苏省沿海地区海风锋（黑色粗实线）与环境垂直运动水平分布（a）和纬向垂直剖面分布（b）

图 3.44 和图 3.45 显示海风锋伴随着显著垂直运动，水平方向上低层有垂直上升运动中心，垂直方向上可见最强的上升中心在低层 950 hPa 附近，强度达到 0.15 cm/hPa。海风锋是个低层局地系统，并随低层海风向内陆推进。

海风锋带来的海上水汽影响层结稳定度，而锋面二级环流则影响系统性抬升强度。当海风锋的锋面附近垂直运动增强，范围扩展时，尤其是遇到其他不稳定系统时，可激发强对流。

3.7.4　沿海多锋面系统造成强对流环境

海风锋对强对流的激发已有很多研究，例如对渤海湾、上海、杭州湾的海风锋触发强雷暴的分析与研究。下面对江苏海风锋与岸滨锋与内陆锋面结合造成的龙卷强风强对流天气环境作一介绍。

由于龙卷尺度小、生命期短，又具有极强的旋转环流，因此这种局地强对流需要有环境场的驱动与支持。龙卷天气发生的季节性特征很明显，主要在春末夏初。在这个季节，南方暖空气势力向北推进，冷气团北撤，总体上暖气团实力较为温和，因此冷暖空气的交汇，往往处于势均力敌的状态。并且锋面系统多，锋生形势多。全国统计情况显示，苏北是强对流龙卷天气灾害最高发地区，造成江苏严重的突发灾害以及人员和财产重大损失。依据江苏省气候中心统计，2009—2016 年苏北是江苏省龙卷天气的高发区，占全省龙卷天气的 58.6%；其次是苏中地区，占比达到 27.5%；发生龙卷天气最少的是苏南，占比达 13.9%。在苏北，盐城和徐州是最易发生龙卷天气的地区，占比分别为 64.7% 和 23.5%。并且多数情况下，龙卷是发生在两个影响锋面同时存在的环境场中，如表 3.5 所示。

表 3.5　2009—2016 年江苏龙卷环境场关键影响系统统计

影响系统					影响系统				
序号	时间	地点	双锋面系统	非双锋面系统	序号	时间	地点	双锋面系统	非双锋面系统
1	2009-06-05	徐州沛县	√		12	2012-7-3	南通如皋	√	
2	2009-7-1	徐州新沂	√		13	2012-7-10	徐州丰县		√
3	2009-8-27	苏州昆山	√		14	2013-7-7	高邮 & 仪征	√	
4	2010-6-19	江苏泰兴	√		15	2013-7-29	盐城响水		√
5	2010-7-18	徐州丰县		√	16	2013-7-30	徐州睢宁	√	
6	2010-7-22	盐城东台	√		17	2013-8-1	如东滨海	√	
7	2011-7-7	南通如东	√		18	2013-8-1	徐州沛县	√	
8	2011-7-12	扬州江都		√	19	2014-9-1	仪征 & 江都	√	
9	2011-8-13	淮安金湖	√		20	2015-8-6	盐城建湖		√
10	2011-8-22	无锡江阴	√		21	2016-6-23	盐城阜宁	√	
11	2011-8-30	南京浦口	√		22	2016-7-5	南通如东	√	

为具体说明苏北龙卷发生区域内关键双锋面系统的影响活动与作用，选取了两个典型龙卷事件，一个是徐州龙卷，发生在 2009 年 6 月 5 日；另一个是盐城龙卷，发生在 2016 年 6 月 23 日。图 3.46 (a) 为 2009 年 6 月 5 日 14 时江苏低层（1000 hPa）风场及气温分布，温度场上沿海岸的等温线密集带以及自海上向内陆的风场构成了海风锋，在徐州风场是鞍形场（变形场），对应鞍形场的经向压缩支，有温度锋区，构成典型的变形场锋生环境。这两个锋面系统相向而行，一个西进，一个东移，因此关键影响系统是相遇的变形场锋生锋面和海风锋。图 3.46 (b) 是 2016 年 6 月 23 日 14 时江苏低层风场及温度场，温度

场上沿海岸线的等温线密集带没有向内陆的风场配合，而是与自南向北的沿海岸南北走向的辐合线配合，所以是岸滨锋，主要维持在沿岸。同时在盐城北面有纬向分布的温度锋区，与两个并列的中尺度气旋环流对应，因此是气旋族锋面。这两个锋面系统是此次发生在沿海的盐城阜宁龙卷强对流天气环境场的关键系统。

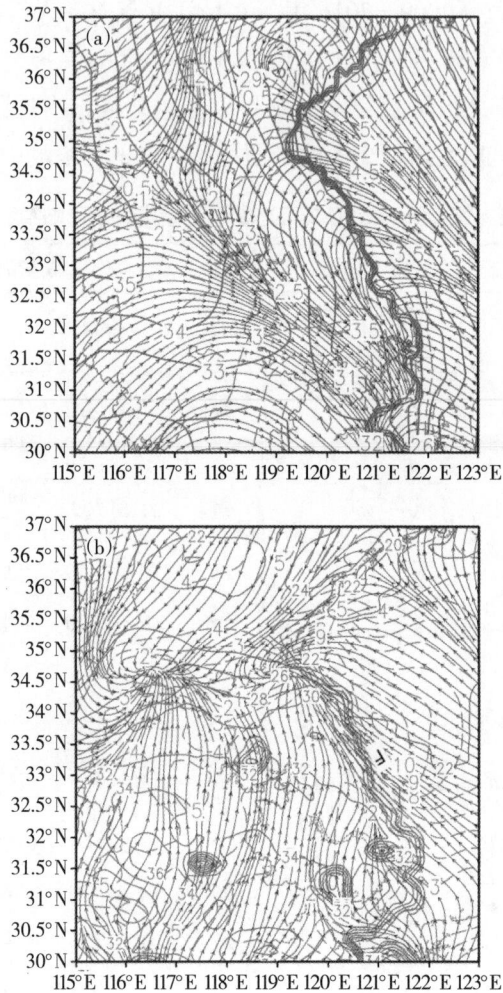

(a) 2009 年 6 月 5 日 14 时　(b) 2016 年 6 月 23 日 14 时

图 3.46　地面 1000 hPa 要素场，三角指示龙卷发生地

由于苏北地势平坦，龙卷强对流环境场的局地抬升缺乏山脉等地形强迫作用，因此，需要依靠天气系统的抬升效应，南北走向和东西走向的两类锋面以及锋面二级环流随双锋面相互趋近，在龙卷发生地区上升支相互叠加，形成强势的系统性垂直上升运动区，可构成对局地对流的强烈抬升能力。此外，环境场中的海岸带锋面系统和内陆锋面系统及其二级环流方向不同，或偏经向或偏纬向，不同运动方向的锋面及其二级环流相互叠加，将产生水平风的垂直切变以及垂直运动的水平切变,即产生气流垂直扭转。并且双锋面系统空间分布状态不同,它们的移动路径也不一致,它们的相遇将为两次强对流龙卷活动提供系统性抬升与系统性旋转驱动环境,这也是苏北龙卷多发的原因之一。

验证此类锋面二级环流叠加而产生的区域龙卷扭转驱动效应,进一步地依据涡度变率方程:

$$\frac{\mathrm{d}(\varsigma+f)}{\mathrm{d}t}=-(\varsigma+f)\nabla\cdot\vec{V}_h+(\frac{\partial\rho}{\partial x}\frac{\partial p}{\partial y}-\frac{\partial\rho}{\partial y}\frac{\partial p}{\partial x})+(\frac{\partial u}{\partial z}\frac{\partial w}{\partial y}-\frac{\partial v}{\partial z}\frac{\partial w}{\partial x}) \tag{3.24}$$

对龙卷发生地域的区域平均涡度变化及其分项功能进行诊断,结果如表3.6所示。

表3.6 两次龙卷个例区域涡度变率方程各分项特征 $10^{-5}/s^2$

地点		总涡度变化		水平涡度平流		涡度垂直输送		涡度散度		扭转项	
		08	14	08	14	08	14	08	14	08	14
沛县	950 hPa	−2.38	1.18	−1.63	0.37	0.28	0.39	1.88	0.24	−2.91	0.18
	850 hPa	−2.09	2.28	−1.28	0.59	−0.16	0.61	1.43	5.31	−2.08	13.77
	750 hPa	0.68	1.67	0.08	1.89	−0.22	−0.18	0.70	−0.12	0.12	0.08
阜宁	950 hPa	−1.03	1.08	−1.5	−3.71	0.10	0.05	0.25	3.06	0.12	1.68
	850 hPa	1.50	5.48	0.75	−5.47	−0.37	0.93	0.50	1.05	0.62	8.97
	750 hPa	0.94	3.27	0.83	−2.10	0.78	−0.12	−0.35	−0.27	−0.32	5.76

在龙卷发生前的08时,涡度变率方程各项量值均较小或为负值,龙卷发生的14时,总涡度变率及其各项在整层都显得活跃,总涡度变率增量为正,正涡度增加。尤其是扭转项,扭转项的增量为各项中最大,并且在850 hPa层达到增量峰值,超过其低层950 hPa和其高层750 hPa扭转量值,分别为沛县龙卷的$13.77\times10^{-5}/s^2$和阜宁龙卷的$8.97\times10^{-5}/s^2$。显示在龙卷发生地区的环境场里,不同方向锋面二级环流叠加,形成水平风速垂直切变和垂直速度水平切变迅速增大,进而导致扭转项显著增加,并在中低层最为显著,贡献给局地涡旋增长,有利于区域内龙卷强对流活跃发生。此外两个龙卷中阜宁龙卷较沛县龙卷更强,对应阜宁龙卷,850 hPa和750 hPa均为扭转项大值层,即扭转项大值层更深厚,而沛县龙卷对应的低层扭转项大值层仅有850 hPa,显示深厚的扭转项大值层有利于更强的龙卷发生。

3.7.5 飑线系统强对流大风

3.7.5.1 沿海海风锋影响

张哲等利用观测资料和高分辨率数值模拟资料对2014年6月26日发生在辽东湾北部的一次飑线过程进行了分析。2014年6月26日午后至夜间,辽宁省出现了一次强飑线过程。飑线发展成熟位置在辽东湾附近,带来了局地强降水和闪电。此次飑线过程在大连机场附近造成了超过 20 m/s 的地面大风，多架次航班被取消，部分观测设备被雷击损坏。此次飑线发生发展于地面辐合线的南段（图 3.47）。对辐合线北段对流较快消散，而南段对流得以继续发展成为飑线的原因进行了分析，结果表明，与北段相比，南段环境水汽更为丰富，对流有效位能大，水平风的垂直切变适宜。此外，南段环境还受海风锋导致的增湿、降温以及辐合带来的弱上升气流的影响。以上因素是导致辐合线北段对流较快消散而南段对流可以较长时间维持，并发展成为飑线系统的主要原因。

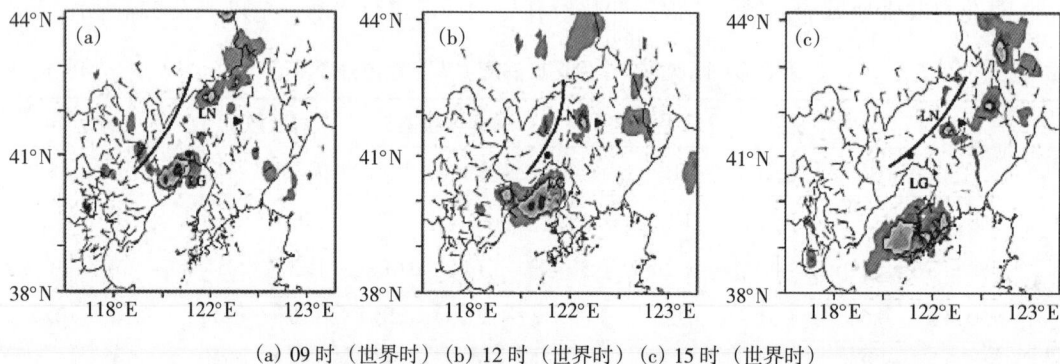

(a) 09 时（世界时） (b) 12 时（世界时） (c) 15 时（世界时）

图 3.47　2014 年 6 月 26 日 1 h 累计降水量及地面风场（风标）LN 和 LG 分别表示辽宁省和辽东湾，圆点和三角形分别表示锦州站和沈阳站位置

3.7.5.2　渤海海面影响

陶局等利用 WRFV3.8 模式对 2016 年 7 月 25 日发生在渤海海域的一次海上发展、移速较慢、生命史长的飑线过程进行了数值模拟，通过填海敏感性试验探讨了渤海水面对飑线形成过程的影响。

本次飑线活动是天津、沧州、秦皇岛、大连、营口、烟台和滨州 7 个环渤海站点雷达回波拼图及径向速度反演结果。本次飑线过程持续了约 13 h，过程中系统回波的演变主要经历了 4 个阶段：陆面生成阶段（13—15 时）、入海减弱阶段（15—19 时）、海上增强阶段（19—23 时）和消散阶段（23 时以后）。

本例是一次东北冷涡影响下的强对流过程，西南低空急流的出现有利于暖湿空气的输送及低层垂直风切变的形成，上干下湿的层结特征和前倾槽形势则为对流活动提供了良好的不稳定条件，副热带高压则为渤海地区的对流活动提供了高层辐散场，为飑线的形成发展奠定了基础。光滑的渤海水面使入海西南风增强，西南风与北部南下偏北风辐合强度增强，使初期的对流活动活跃，同时较强的偏南风阻碍了辐合带南移，使飑线系统南下减慢，有助于系统在海上维持较长的时间。

对比控制试验和填海试验可以发现，海陆下垫面变换对此次过程近地面辐合线的位置、近地面湿层厚度、垂直环流以及大气层结等的影响不明显，对流系统入海减弱的特征相似，但成因有不同，保持海面，则陆地对流系统由海上吹来的偏东风触发；填海试验下的对流系统则由近地面西南风与西北风辐合触发。同时夜间系统海上发展的范围、强度和位置等则无显著差异，因此渤海水面并不是本次过程的主要影响因子。

3.7.5.3 台前飑线及环境条件

郑腾飞等分析了 2007 年 8 月 8 日，热带风暴"帕布"移动到华南近海，在珠江三角洲至湛江以西地区出现的一次强飑线天气过程。统计结果显示，在登陆或临近华南的热带气旋中约有 1/4 会产生台前飑线，台前飑线往往具有突发性强、强度大等特点，在台风到达之前，往往在狭长的范围内导致破坏性的强风和强降水。

台前飑线是一种组织化的中尺度天气系统，通常出现在热带气旋中心之前 300~500 km 处，并以热带气旋同样的速度移动，持续时间一般为 3~9 h。它是呈线状分布的对流单体，水平结构呈线状或锯齿状，长度可达数百千米。依据统计分析结果，台前飑线的生命史和水平尺度总体上要小于典型的中尺度飑线。2007 年 8 月 8 日当热带风暴"帕布"自东向西接近华南东部沿海，在粤西地区出现了一次影响范围大、持续时间长的台前飑线过程。此次台前飑线的生命史远大于以往的研究结果，与中纬度飑线的维持时间相当。图 3.48 和图 3.49 显示了此次台前飑线和环境大气的基本情况。

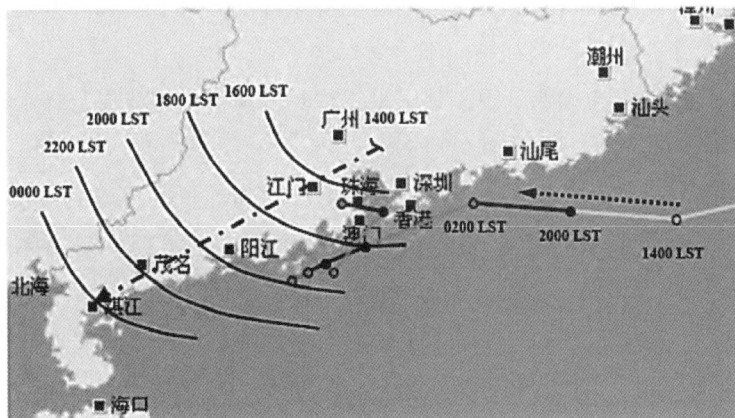

实线表示每隔 2 h 强回波带的位置；点断线和虚线分别表示 8 日 14 时至 9 日 00 时飑线和"帕布"的移动距离和方向

图 3.48 强热带风暴"帕布"移动路径与对应的台前飑线雷达强回波位置

图 3.49 的博贺观测站风廓线雷达观测显示，台前飑线大约 22 时过境，地面风速猛增从 2 m/s 增至大约 19 m/s，风向突变，西南风转为东北风，并且探测风区垂直厚度显著增加，达到至少 6000 m 高度。

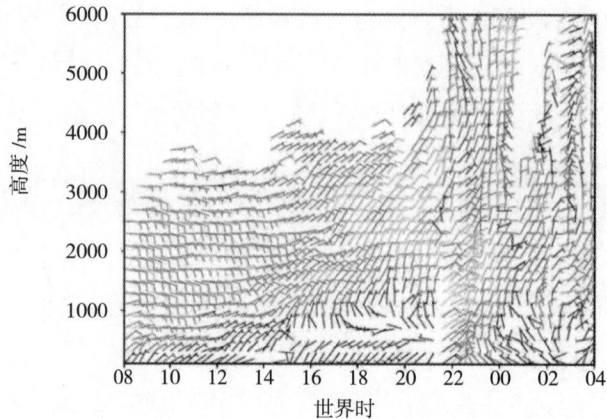

箭头矢量指示台前飑线过境博贺站时间

图 3.49　博贺观测站风廓线雷达观测的水平风速 – 高度 – 时间

观测和分析结果显示：

（1）此次台前飑线系统是由孤立的对流单体逐渐发展而成，陆风环流的抬升作用有可能对飑线的初始生成起到重要作用。

（2）台前飑线移动路径和强度受海岸附近环境条件的影响；在海岸靠近陆地一侧的强度远比内陆和海洋上强，移动路径倾向于沿海岸线平行。

（3）台前飑线在发展和成熟阶段，其水平结构具有典型的尾流层云降水特征；其冷池强度和垂直结构具有典型的热带飑线特征。

（4）台前飑线发生在具有深厚水汽层、对流凝结高度较低的环境大气条件中，与热带飑线的环境大气条件类似；而对流不稳定能量和低层垂直风切变强度与中纬度飑线接近。

（5）热带气旋外围大风一方面使低层风切变加强，同时为环境大气提供了高层的水汽。在下沉环流区内太阳辐射使陆地明显增温，一方面使位势不稳定能量增大，另一方面也使海陆温差增大、海风环流加强，导致低层风切变进一步加强，低层水汽输送增大。下沉逆温抑制了低层弱对流的发生，为强对流的发展积累了对流不稳定能量。

参考文献

[1]　朱乾根，林锦瑞，寿绍文，等 . 天气学原理和方法 [M].3 版 . 北京：气象出版社，1992.

[2]　姜学恭，李夏子，王德军 . 一次典型蒙古气旋沙尘暴的对流层顶演变及沙尘垂直输送特征 [J]. 干旱气象，2018，36（1）：1–10.

[3]　苗春生，宋萍，王坚红，等 . 春夏季节黄河气旋经渤海发展时影响因子对比研究 [J]. 气象，2015，41（9）：1068–1078.

[4]　王坚红，牛丹，任淑媛，等 . 不同深厚气旋入海发展中环境因子作用对比研究 [J]. 热带气象学报，2015，31（6）：744–756.

[5]　杨清华，张林，薛振和，等 . 南极长城站海雾特征分析 [J]，极地研究，2007，19（2）：111–120.

[6] 杨清华, 张林, 汪孝清. 南极长城站大风天气分析和预报 [J], 海洋预报, 2007, 24 (4): 1–12.

[7] 傅刚, 张树钦, 庞华基, 等. 爆发性气旋研究的回顾 [J]. 海洋气象学报, 2017, 37 (1): 10–19.

[8] 张树钦, 傅刚. 北太平洋爆发性气旋的统计特征 [J]. 中国海洋大学学报, 2017, 47 (8): 13: 22.

[9] 丁一汇, 朱彤. 陆地气旋爆发性加深的动力学分析和数值试验 [J]. 中国科学 B 辑, 1993, 23 (11): 1226–1232.

[10] 周毅, 寇正, 王云锋, 等. 气旋快速发展过程中潜热释放重要性的位涡反演诊断 [J]. 气象科学, 1998, 18 (4): 355–360.

[11] 尹尽勇, 曹越男, 赵伟, 等. 一次黄渤海入海气旋强烈发展的诊断分析 [J]. 气象, 2011, 37 (12): 1526–1533.

[12] 寿亦萱, 陆风, 寿绍文, 等. 对流层顶折叠检测新方法及其在中纬度灾害性天气预报中的应用 [J]. 大气科学, 2014, 38 (6): 1109–1123.

[13] 黄彬, 陈涛, 康志明, 等. 诱发渤海风暴潮的黄河气旋动力学诊断和机制分析 [J]. 高原气象, 2011, 30 (4): 901–912.

[14] 陈德花, 张玲, 张伟, 等. 莫兰蒂台风致灾大风的结构特征及成因 [J]. 大气科学学报, 2018, 41 (5): 692–701.

[15] 田伟, 吴立广, 刘青元, 等. NOAA/ NESDIS 多平台热带气旋风场资料在中国东海区域评估 [J]. 热带气象学报, 2016, 32 (1): 63–72.

[16] 苗春生, 高雅, 王坚红. HY-2 卫星近海面风场资料融合及在海上天气系统分析中的应用 [J]. 海洋预报, 2015, 32 (4): 12–22.

[17] 张文龙, 崔晓鹏. 热带气旋生成问题研究综述 [J]. 热带气象学报, 2013, 29 (2): 337–346.

[18] 张庆红, 郭春蕊. 热带气旋生成机制的研究进展 [J]. 海洋学报, 2008, 30 (4): 1–11

[19] 刘鸿波, 何明洋, 王斌, 等. 低空急流的研究进展与展望 [J]. 气象学报, 2014, 72 (2): 191–206.

[20] 王萍, 王琼, 王迪. 低空急流识别及急流轴自动绘制方法研究 [J]. 气象, 2018. 44 (7): 952–960.

[21] 苗春生, 戎辰, 王坚红, 等. 春季中国东部海域气旋急流在气旋发展中的作用研究 [J]. 大气科学学报, 2018, 41 (1): 55–66.

[22] 王坚红, 李星, 苗春生, 等. 海表温度与低层气温对江苏沿海冬季近地层风场特征影响研究 [J]. 热带气象学报, 2012, 28 (6): 819–828.

[23] 王坚红, 史嘉琳, 彭模, 等. 寒潮过程中风浪对黄海海气热量通量和动量通量影响研究 [J] 大气科学学报, 2018, 41 (4): 541–553.

[24] 蔡晓禾, 廖廓. 福建平潭大风气候特征分析 [J]. 闽江学院学报, 2011, 32 (5): 130–133.

[25] 袁彦锋, 冉茂宇, 袁炯炯, 等. 平潭岛风环境分析研究 [J]. 福建建筑, 2016, 213 (3): 10–16.

[26] 郭俊建, 孙莎莎. 山东沿海精细化海区大风特征分析 [J]. 海洋预报, 2014, 31 (4): 41–46.

[27] 李宏江, 吴志彦, 王佳明, 等. 威海—大连航线实测风与沿岸站、海岛站对比分析 [J]. 海洋预报, 2015, 32 (4): 23–30.

[28] 刘航. 他们让中国的"好望角"变成船员喜爱的"好运角"[J]. 珠江水运, 2018, 10: 6–7.

[29] 苗春生, 张远汀, 王坚红, 等. 江苏近海岸夏季两类海风锋特征及其对强对流的激发 [J]. 大气科学学报, 2018, 41 (6): 838–849.

[30] 刘彬贤, 王彦, 刘一玮. 渤海湾海风锋与阵风锋碰撞形成雷暴天气的诊断特征 [J]. 大气科学学报,

2015, 38（1）：132-136.

[31] 顾问，张晶，谈建国，等.上海夏季海风锋及其触发对流的时空分布和环流背景分析 [J]. 热带气象学报，2017, 33（5）：644-653.

[32] 吴福浪，李晓丽，於敏佳，等.盛夏杭州湾一次海风锋触发雷暴的数值模拟分析 [J]. 大气科学学报，2019, 42（4）：581-590.

[33] 纪晓涵.双锋面系统叠加对龙卷强对流环境场影响机制研究 [D]. 南京：南京信息工程大学，2018.

[34] 张哲，周玉淑，高守亭.一次辽东湾飑线过程的观测与数值模拟分析 [J]. 大气科学，2018, 42（5）：1157-1174.

[35] 陶局，易笑园，赵海坤，等.一次飑线过程及其受下垫面影响的数值模拟 [J]. 高原气象，2019, 38（4）：756-772.

[36] 王艳春，王红艳，刘黎平.三维变分方法反演风场的效果检验 [J]. 高原气象，2016, 35（4）：1087-1101.

[37] 郑腾飞，徐海秋，万齐林，等.一次华南海岸带台前飑线的结构特征与环境条件的观测研究 [J]. 热带气象学报，2017, 33（6）：933-944.

4 我国沿海大风统计特征

我国地处东亚季风气候区，冬季风、夏季风差异显著。冬季因受到来自西伯利亚的强冷空气的频繁侵袭，常常造成大面积的大风降温天气，盛行偏北大风；夏季受副热带高压和西南暖湿气流的影响，除西北太平洋热带气旋给东南沿海带来短暂的狂风暴雨外，天气晴热、风速一般不大；春秋季为冬夏季风的转换期，华东沿海有时会出现温带气旋入海加强产生的大风、入海高压后部的偏南大风等。

受季节、海岸带地形、海表温度等的影响，我国近海冬季的风力较强（1—12 月的大风过程和大风天气最多、平均风速也最大），夏季次之，春秋季最弱。不同海域的主导风向不尽相同。冬季主导风向较为稳定，过程性风的持续时间较长，主导风向自北向南呈现顺时针变化的特征，渤海、黄海主导风向为西北风或北风，东海南部转为东北风，南海北部和中部为东北风，南海南部转为偏北风。夏季主导风的稳定性不如冬季，过程性风的持续时间也不如冬季长。

一次大风过程中，以一个海区周围单个或多个测站连续 2 个时次（6 h 间隔）出现 7 级以上大风，作为一次大风过程强度的判断依据。我国近海不同海域的大风日数也不尽相同，其中 8 级以上大风年平均日数，以东海最多，黄海和渤海次之，南海最少。

4.1 中国周边海域风场特征

刘铁军等在《中国周边海域海表风场的季节特征、大风频率和极值风速特征分析》中，采用 1987 年 7 月至 2009 年 12 月 CCMP 风场资料分析了西北太平洋海表风场的季节特征、大风频率以及 20 年一遇和 50 年一遇的极值风速。

4.1.1 季节特征

对中国周边海域的海表风场进行多年季节平均，分别以 1 月、4 月、7 月、10 月为冬、春、夏、秋季的代表月，分析该海域海表风速的分布特征。春季为季风的过渡季节，风速较小，风向不稳定。研究表明，春季风速大值区分布于阿留申群岛附近，平均风速在 8 m/s以上，第一岛链以内在 6 m/s 以内，相对大值区分布于琉球群岛附近和台湾海峡，平均风速在 7.5 m/s 以上，其中台湾海峡的大风区是由地形效应所致；对马海峡的平均风速也相对较高，在 7.5 m/s 左右；菲律宾周边近海的平均风速在 5.5 m/s 以内。夏季 [图 4.1（a）]盛行西南季风，日本海多 S—SW 风，黄海和东海盛行 S—SE 风，台湾以东洋面多 SE 风，南海及菲律宾附近洋面盛行 SW 风。夏季风向明显比春季稳定，显著的风速大值区分布于传统的南海大风区，平均风速在 7 m/s 以上。秋季时亚洲大陆被冷高控制，冬季风开始控制 10°N 以北。日本海、黄海、渤海多 NW 风，平均风速在 7 m/s 左右。在东海和南海 10°N 以北区域多 NE 风，在台湾海峡和巴士海峡一带，由于地形狭管作用，台湾海峡风速可达 9～10 m/s。在南海，由北向南平均风速迅速减小，15°N 以南平均风速在 7 m/s 以下。10°N 以南仍盛行偏南风，风速在 4～5 m/s。冬季［图 4.1（b）］时 30°N 以北盛行 NW 风，30°N 以南盛行风向逐渐转为 N—NE 风，南海则盛行 NE 风；在菲律宾以东洋面上，东北季风和东北信风汇合在一起，冬季风向稳定，风速一般为 8～10 m/s，冷空气南下时会带来 12 m/s 以上的大风。南海和菲律宾以东洋面的平均风速为 8～10 m/s。在台湾海峡、巴士海峡以及南海中部，平均风速还可达 10 m/s 以上。由于地形的屏障作用，背风坡一侧风力一般较小，暹罗湾平均风速在 6 m/s 以下。

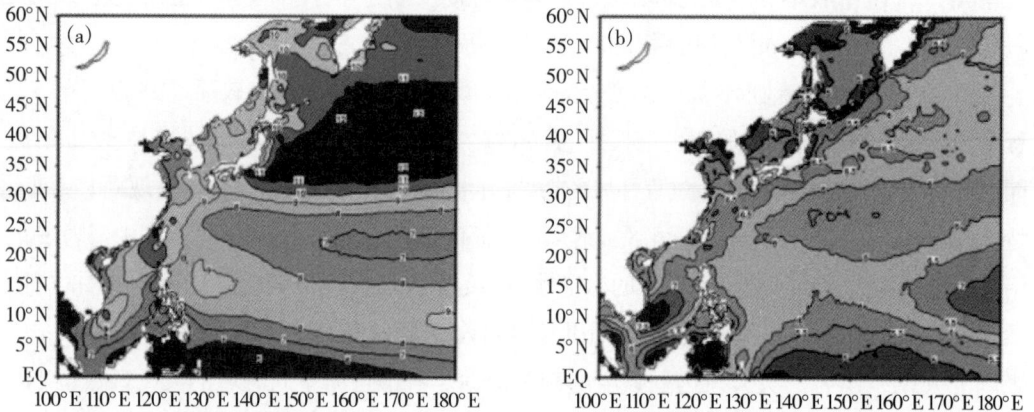

图 4.1 中国周边海域 1 月（a）和 7 月（b）海表风速的分布特征（单位：m/s）

4.1.2 年平均风速

对中国周边海域的海表风场进行多年年平均，分析该海域年平均海表风速的分布特征，结果见图 4.2。

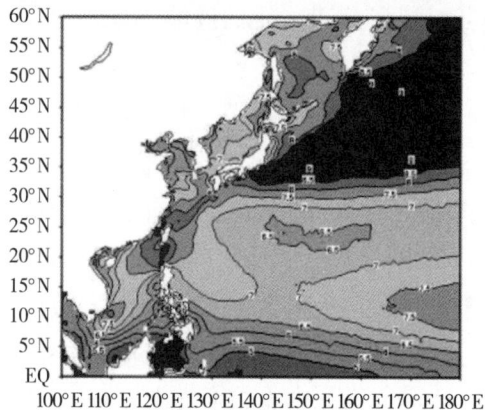

图 4.2 中国周边海域多年平均海表风速（单位：m/s）

年平均风速大值区分布于阿留申群岛附近，大值中心年平均风速可达到 9 m/s 以上；次大值区分布于台湾海峡和吕宋海峡，年平均风速在 8.5 m/s 以上，其中台湾海峡年平均风速可达 9 m/s 以上；在中南半岛东南海域也存在一相对大值区，年平均风速在 7.5 m/s 以上，该大值区是由于西南季风所致；对马海峡的年平均风速在 8 m/s 左右；琉球群岛附近海域的年平均风速在 7 ~ 9 m/s；东海和黄海的年平均风速在 6.5 m/s 以内，等值线呈南北条形状分布；渤海的年平均风速相对较小，基本在 5 m/s 以内。

4.1.3 大风频率

利用 1987 年 7 月至 2009 年 12 月逐 6 h 的风场，统计中国海及周边海域 6 级以上大风出现的频率，结果见图 4.3。大风频率的分布与年平均风速的分布特征大体一致，中国近海的大值区主要分布于台湾海峡（25% ~ 30%）、吕宋海峡（25% ~ 30%）、琉球群岛附近海域（15% ~ 20%）、传统的南海大风区（15% ~ 20%）。在日本海和日本东北部的广阔洋面大风出现的频率也比较高，分别大于 20% 和 30%，大值中心可达 35% 以上。渤海的大风频率基本在 5% 以内，黄海西部海域的大风频率也基本在 5% 以内，东部海域在 10% 左右。

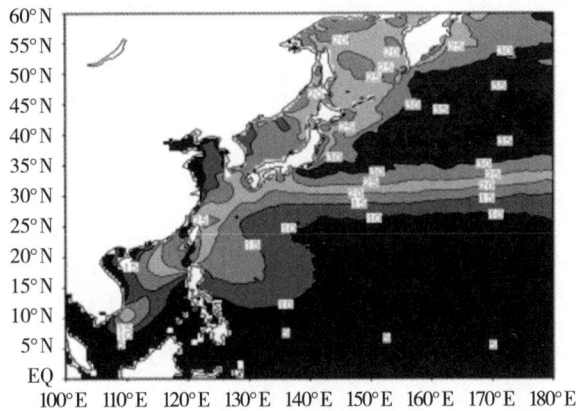

图 4.3　中国周边海域 6 级以上大风的出现频率（单位：%）

4.1.4 极值风速

利用 1987 年 7 月至 2009 年 12 月的 QN 风场资料，采用耿贝尔曲线法，计算中国海及周边海域 20 年一遇和 50 年一遇的极值风速。由图 4.4（a）可以看出，第一岛链以内的 20 年一遇极值风速相对大洋中部较小，风速在 40 m/s 以内，该区域存在几个相对大值区：渤海中部海域（35 ~ 40 m/s）、琉球群岛附近海域（40 m/s 左右）和南海北部海域（35 m/s 左右）。黄海的 20 年一遇极值风速在 30 ~ 35 m/s，东海在 35 ~ 40 m/s，台湾海峡在 35 m/s 左右，南海北部在 35 m/s 左右，南海中部在 30 m/s 左右，南海南部在 20 ~ 30 m/s。日本海的 20 年一遇极值风速在 40 ~ 45 m/s。日本以南、菲律宾以东的广阔洋面在 40 ~ 45 m/s。

日本以东的洋面在 50 m/s 以上，大值中心可达 60 m/s。50 年一遇极值风速的分布特征与 20 年一遇极值风速的分布特征较为相似，仅在数值上高于 20 年一遇极值风速，见图 4.4 (b)。大值区仍主要分布于日本以东的广阔洋面，该海域的 50 年一遇极值风速在 55 m/s 以上，大值中心可达 65 m/s；日本海基本在 45 ~ 50 m/s；琉球群岛附近海域在 45 m/s 左右；渤海在 40 ~ 45 m/s；黄海在 35 m/s 左右；台湾以东洋面在 45 ~ 50 m/s；东海、南海北部在 35 ~ 40 m/s；南海中南部在 30 m/s 以内，北部湾在 30 ~ 35 m/s，泰国湾在 25 m/s 以内；赤道附近的低纬度海域也在 25 m/s 以内。

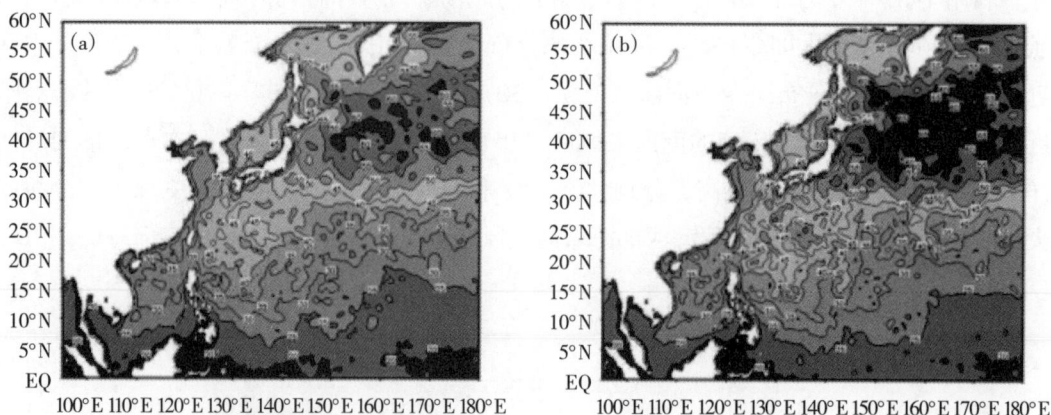

图 4.4　中国周边海域的 20 年一遇（a）和 50 年（b）一遇极值风速的分布特征（单位：m/s）

4.2　中国近海大风统计特征

海上大风过程统计标准如下：

（1）大风过程：我国近海至少 1 个海区以上大范围出现 8 级平均风的过程。

（2）雷暴大风：我国近海至少 1 个海区以上大范围出现 8 级以上雷暴大风的过程。

4.2.1　按影响系统统计的海上大风过程特征

统计 2010—2014 年我国近海大风的气候特征，按照影响系统进行大风过程统计。结果显示，冷空气型、温带气旋型和热带气旋型海上大风过程年平均发生次数分别为 27.6 次、15.0 次、14.4 次，分别占总数的 48.4%、26.3%、25.3%（图 4.5）。

图 4.5　海上大风影响系统分布

2010—2014 年 285 次海上大风过程中，西北路冷空气型分别占 78.8%、80.0%、80.6%、73.7% 和 60.0%（5a 平均 75.4%），可见海上大风主要由冷空气引发，且冷空气路径绝大多数为西北路（表 4.1）。

表 4.1　2010—2014 年海上大风过程每年发生次数　　　　　　　　　　　次

| 年份 | 冷空气型（冷空气路径） | | | 温带气旋型 | 热带气旋型 | 总数 |
	西北路	西路	东路			
2010	26	4	3	22	11	66
2011	24	3	3	11	13	54
2012	25	4	2	13	16	60
2013	14	2	3	8	21	48
2014	15	6	4	21	11	57
平均	20.8	3.8	3	15	14.4	57

对 4 个海区冷空气型都是最主要的，而且西北路冷空气过程占绝大多数。渤海和黄海第二多的是温带气旋型海上大风过程；东海和南海第二多的是热带气旋型海上大风过程。温带气旋型主要出现在渤海、黄海和东海，热带气旋型主要出现在东海和南海（表 4.2）。

表 4.2　2010—2014 年不同海区海上大风过程　　　　　　　　　　　　次

| 年份 | 冷空气型（冷空气路径） | | | 温带气旋型 | 热带气旋型 | 总数 |
	西北路	西路	东路			
渤海	76	11	4	15	0	106
黄海	88	11	5	19	7	130
东海	95	17	10	18	27	167
南海	77	10	4	0	44	135

冷空气型主要发生在春、秋、冬三季，其中近一半在冬季。温带气旋型主要发生在春、夏季。热带气旋型主要发生在夏、秋季。总体而言春季发生 3 种类型海上大风过程的总数最多（表 4.3）。

表 4.3　2010—2014 年不同季节海上大风过程分布　　　　　　　　　　次

| 季节 | 冷空气型（冷空气路径） | | | 温带气旋型 | 热带气旋型 | 总数 |
	西北路	西路	东路			
春	29	2	8	45	4	88
夏	0	0	0	20	40	60

续表

季节	冷空气型（冷空气路径）			温带气旋型	热带气旋型	总数
	西北路	西路	东路			
秋	25	8	1	3	23	60
冬	50	9	6	7	5	77

4.2.2 2017年我国近海大风特征

4.2.2.1 春季特征

2017年春季，我国近海出现了16次8级以上大风过程，其中冷空气大风过程7次，冷空气和温带气旋共同影响的大风过程1次，入海温带气旋过程4次，东北冷涡影响大风过程3次，强对流导致雷暴大风过程1次（表4.4）。冷空气过程主要发生在3月，4—5月主要是温带气旋影响的大风过程。3月刚进入春季，冷空气势力还比较强，一般大风过程可以持续2 d左右。从4月开始，天气形势出现调整，冷空气势力逐渐减弱，冷暖空气势力相当，气旋过程逐渐增多，大风过程持续时间较短，一般不超过1 d。

从大风影响海域来看，冷空气影响出现8级大风的海域主要是北部和东部的渤海、渤海海峡、黄海、东海。受入海气旋影响的大风主要在东海，其次是渤海和黄海。受东北冷涡东移过程中锋面过境、冷空气南下影响的大风的海域主要是北部近海，渤海、渤海海峡、黄海北部和中部海域。

表4.4 中国近海2017年春季（3—5月）主要大风过程

大风时段	天气形势和影响系统	影响海域和大风等级
3月1—2日	冷空气	渤海、渤海海峡、黄海、东海、台湾海峡出现7～9级、阵风10级的偏北风或东北风
3月5—6日	冷空气	渤海海峡、黄海、东海、台湾海峡出现7～8级、阵风9级的偏北风或东北风
3月12日	冷空气	渤海7～8级、阵风9级的东北风
3月13—15日	冷空气和入海温带气旋	东海、台湾海峡、台湾以东洋面、巴士海峡、南海东北部海域出现7～8级、阵风9～10级的旋转风到东北风
3月31日—4月1日	冷空气	台湾海峡、南海北部和中部、北部湾出现7～8级、阵风9级的东北风
4月21—22日	冷空气	东海南部、台湾海峡、台湾以东、南海东北部海域出现7～9级、阵风9～10级的东北风
4月26日	入海温带气旋	东海北部海域出现7～8级、阵风9级的旋转风
4月27日	冷空气	东海西南部、台湾海峡、南海东北部出现7～8级、阵风9级的东北风

续表

大风时段	天气形势和影响系统	影响海域和大风等级
4月29日	东北冷涡	渤海、渤海海峡出现7~8级、阵风9级的西南风
5月4日	强对流	南海北部海域、北部湾出现7~9级的雷暴大风
5月5日	东北冷涡	渤海、渤海海峡、黄海北部和中部海域出现7~9级、阵风9~11级的西北风
5月9日	入海温带气旋	东海出现7~8级、阵风9级的旋转风
5月11日	冷空气	渤海、渤海海峡出现7~8级、阵风9级的西南风转西北风
5月12日	入海温带气旋	渤海出现7~8级、阵风9级的西南风
5月24日	入海温带气旋	东海出现7~8级、阵风9级的旋转风
5月25日	东北冷涡	渤海、渤海海峡、黄海北部出现7~9级、阵风10级的东北风

4.2.2.2 夏季特征

2017年夏季，我国近海出现了15次8级以上大风过程，夏季大风主要受热带气旋活动影响，共出现了8次，受入海气旋影响的过程有5次，还有2次强对流导致的雷暴大风过程（表4.5）。入海气旋是造成6月海上大风过程的主要原因，7—8月的大风过程主要是受活跃的热带气旋影响。受入海气旋影响的大风过程持续时间一般在1~2 d，受热带气旋影响的大风过程持续时间较长，最长的一次过程对我国近海大风影响长达7 d。从大风影响海域来看，由于夏季主要受到热带气旋影响，其大风影响区主要位于我国近海的东部和南部海域，受入海气旋影响的大风区主要是东海，其次为渤海和黄海。

表4.5 中国近海2017年夏季主要大风过程

大风时段	天气形势和影响系统	影响海域和大风等级
6月1—2日	入海气旋与西南季风	东海西南部、台湾海峡、台湾以东洋面出现7~8级、阵风9~10级的西南风
6月5—6日	入海气旋	黄海中部和南部、东海出现7~8级、阵风9~10级的东南风
6月10—11日	入海气旋	黄海南部、东海北部出现7~8级、阵风9~11级的旋转风
6月11—17日	热带气旋	东海南部、台湾海峡、台湾以东洋面、南海东北部和中东部出现7~9级、阵风10级的旋转风
6月20—21日	入海气旋	东海出现7~8级、阵风9~10级的旋转风
6月23日	雷暴大风	渤海出现7~9级、阵风9~10级的东北风
7月3—4日	热带气旋	东海出现7~8级、阵风9级的旋转风

续表

大风时段	天气形势和影响系统	影响海域和大风等级
7月16—17日	热带气旋	南海、琼州海峡、北部湾出现7~9级、阵风10级的旋转风
7月23—25日	热带气旋	南海出现7~8级、阵风9~10级的旋转风
7月29日—8月1日	热带气旋	东海南部海域、台湾海峡、巴士海峡、台湾以东洋面、南海出现7~9级、阵风10级的旋转风
8月4—7日	热带气旋	东海东北部海域出现6~8级、阵风9~10级的旋转风
8月13—14日	入海温带气旋	黄海中部和南部出现6~8级、阵风9~10级的旋转风
8月17日	雷暴大风	东海西北部出现7~8级、阵风9~10级大风
8月21—23日	热带气旋	东海南部、台湾海峡、台湾以东洋面、巴士海峡、南海出现7~11级、阵风12~14级大风
8月26—27日	热带气旋	巴士海峡、南海出现8~10级、阵风11~14级的旋转风

4.2.2.3　秋季特征

2017年秋季，我国近海共发生14次8级及以上大风过程。热带气旋和冷空气的共同作用是影响大风过程的主要原因。大风过程中，有热带气旋参与的9次；有冷空气参与的11次。还有1次入海气旋和冷空气共同影响下的大风过程。秋季没有雷暴大风过程（表4.6）。

热带气旋活动是造成9月大风过程的主要原因，9月的2次大风均是受西偏北行路径的热带气旋的影响，部分海域风力13~15级。10月和11月，冷空气过程增多，同时热带气旋依然活动频繁，在两者的共同影响下，产生了7次大风过程。东海北部、南海西北部出现了8~10级、阵风11~12级的东北风，黄海南部海域、东海大部海域出现了7~9级、阵风10~11级的偏北风或西北风。随着冷空气的加强，11月受冷空气影响的大风过程明显增多。

从大风影响海域来看，冷空气影响出现大风的海域主要是北部的渤海和黄海，随着冷空气的南下，影响范围推进至东海大部和台湾海峡。受入海气旋影响的海域是黄海和东海北部，其次是渤海和渤海海峡。在南海海域主要受热带气旋影响出现了大风天气过程。

表4.6　中国近海2017年秋季（9—11月）主要大风过程

大风时段	天气形势和影响系统	影响海域和大风等级
9月1—3日	1716号台风"玛娃"影响	南海东北部出现6~8级、阵风9~10级旋转风
9月13—17日	1719号台风"杜苏芮"影响 北部：冷空气影响	东海大部海域出现9~12级大风，其中部分海域的风力有13~15级（14日）；台湾东北洋面出现9~10级大风"杜苏芮"中心附近海域的风力有12~14级（15日）；北部湾、南海部分海域出现8~11级大风；黄海南部海域6~8级东北风

续表

大风时段	天气形势和影响系统	影响海域和大风等级
10月1—3日	入海气旋和冷空气共同影响	渤海、渤海海峡、黄海大部海域出现6~8级、阵风9~10级的东北风；其中黄海大部海域、东海北部6~8级偏南风转东北风
10月7—10日	北部：冷空气影响南部，冷空气和热带低压共同影响（南北两次大风过程）	东海南部海域、台湾海峡、台湾以东洋面、巴士海峡、南海东北部海域出现7~8级、阵风9级的东北风或偏东风；渤海海域出现8~10级、阵风11级的东北风
10月12—17日	1720号台风"卡努"和冷空气共同影响	东海北部、南海西北部8~10级、阵风11~12级的东北风，北部湾出现7~9级、阵风10~11级的偏北风；台湾以东洋面、巴士海峡、南海中东部海域出现6~8级、阵风9级的大风
10月19—20日	冷空气影响	台湾海峡出现7~8级东北风；东海大部海域、台湾海峡出现6~8级、阵风9级的东北风
10月20—21日	冷空气影响和1721号台风"兰恩"外围共同影响	共同影响东海东部海域、台湾以东洋面出现7~9级东北风，渤海、东海西部海域、台湾海峡出现6~8级、阵风9级的偏北或东北风
10月27—29日	冷空气和1722号台风"苏拉"共同影响	黄海南部海域、东海大部海域出现7~9级、阵风10~11级的偏北风或西北风，台湾海峡出现7~9级、阵风10~11级的东北风，黄海北部和中部海域出现7~8级、阵风9~10级的偏北风
10月30—31日	冷空气影响	东海大部海域出现6~8级、阵风9级的偏北风，台湾海峡、巴士海峡、南海东北部海域出现7~9级、阵风10级的东北风
11月2—4日	冷空气影响 南部：台风"达维"的影响	渤海、黄海北部海域出现6~8级、阵风9级的偏北风；台湾以东洋面、巴士海峡、南海北部和中部海域出现6~8级、阵风9~10级的东北风或偏北风，台湾海峡出现7~9级、阵风10~11级的东北风；南海西南部海域出现9~13级大风
11月11—12日	冷空气影响 南部：台风"海葵"的影响	东海北部的部分海域、台湾海峡的部分海域、台湾东北部洋面出现8~9级、阵风10级的东北风或偏北风；南海中东部海域出现8~10级旋转风"海葵"，中心经过的附近海域出现9~10级、阵风11级的大风
11月18—19日	冷空气影响 南部：台风"鸿雁"影响	东海北部和西南部海域出现7~9级、阵风10~11级的东北风；南海西南部海域出现6~8级、阵风9~10级的旋转风
11月22—23日	冷空气影响	东海出现6~8级、阵风9级旋转风，东海大部海域、台湾海峡、台湾以东洋面出现6~8级、阵风9级偏北风
11月25—28日	冷空气影响	黄海中部和南部海域出现6~8级西南风，台湾海峡、南海东北部海域出现7~8级、阵风9级的东北风

4.2.2.4　冬季特征

2017 年冬季，我国近海出现了 19 次 8 级以上大风过程，其中冷空气大风过程 14 次，冷空气和温带气旋共同影响的大风过程 2 次，冷空气与热带气旋共同影响的大风过程 1 次，热带气旋大风过程 2 次（表 4.7）。

冷空气大风过程一般可以持续 2～3 d，但 12 月 16 日开始的大风过程，由于有冷空气不断补充南下，大风过程持续了约 5 d。而温带气旋过程大风持续时间较短，一般不超过 1 d。由大风影响海域来看，12 月的冷空气以西北路径为主，影响海域主要在东海南部、台湾海峡、巴士海峡以及南海东北部海域。1 月，冷空气自北向南影响我国近海，但北部海域大风持续时间较短，一般不到 1 d。2 月，受温带气旋影响的 2 次大风过程都在东海，其中 2 月 28 日的气旋过程最强。

表 4.7　中国近海 2017 年冬季（2017 年 12 月至 2018 年 2 月）主要大风过程

大风时段	天气形势和影响系统	影响海域和大风等级
12 月 1—2 日	冷空气	台湾海峡出现 7～9 级、阵风 10 级的东北风，台湾东南洋面、巴士海峡北部海域、南海东北部出现 7～8 级、阵风 9～10 级的东北风
12 月 3—5 日	冷空气	台湾海峡、台湾东南洋面、巴士海峡、南海东北部和中东部出现 7～8 级、阵风 9 级的东北风
12 月 8 日	冷空气	台湾海峡、台湾东南洋面、巴士海峡北部出现 7～8 级、阵风 9 级的东北风
12 月 11—14 日	冷空气	台湾海峡、台湾东南洋面、巴士海峡北部出现 7～8 级、阵风 9 级的东北风
12 月 16—21 日	冷空气和 1726 号台风"启德"共同影响	东海南部、南海西北部和中西部、北部湾出现 7～8 级、阵风 9 级的东北风，台湾海峡、台湾以东洋面、巴士海峡、南海东北部和中东部、南海西南部出现 7～9 级、阵风 10 级的东北风，南海东南部海域出现 7～8 级、阵风 9～10 级的旋转风
12 月 23—25 日	1727 号台风"天秤"	南海南部出现 8～11 级的旋转风
12 月 24—25 日	冷空气	东海东北部出现 7～8 级、阵风 9～10 级的西北风，台湾海峡、台湾以东洋面、巴士海峡、南海东北部出现 7～8 级、阵风 9～10 级的东北风
1 月 3—4 日	1801 号台风"布拉万"	南海南部出现 7～8 级旋转风
1 月 8—9 日	冷空气	渤海、渤海海峡、黄海、东海北部出现 7～8 级、阵风 9 级的西北风，东海南部、台湾海峡、台湾以东洋面、南海北部、北部湾出现 7～8 级、阵风 9 级的东北风
1 月 10—13 日	冷空气	黄海中部和南部、东海东北部出现 7～8 级、阵风 9 级的西北风，台湾海峡、巴士海峡、南海东北部和中东部、南海西南部出现 7～8 级、阵风 9 级的东北风

续表

大风时段	天气形势和影响系统	影响海域和大风等级
1月21—22日	冷空气	渤海、渤海海峡、黄海北部和中东部海域出现7~8级、阵风9级的东北或偏北风
1月26—27日	冷空气	台湾海峡、台湾东南洋面、巴士海峡、南海东北部海域出现7~8级、阵风9级的东北风
1月29—30日	冷空气	台湾海峡、台湾以东洋面、巴士海峡、南海东北部出现7~8级、阵风9级的东北风
1月31日—2月1日	冷空气	东海南部、台湾海峡、台湾以东洋面、巴士海峡、南海东北部和西南部出现7~8级、阵风9级的东北风
2月2—5日	冷空气	渤海、渤海海峡、黄海、东海北部出现7~8级、阵风9级的西北或偏北风，东海南部、台湾海峡、台湾以东洋面、巴士海峡、南海出现7~8级、阵风9级的东北风
2月10—12日	冷空气	东海南部、台湾海峡、南海东北部和中东部出现7~8级、阵风9级的东北风
2月21日	入海温带气旋与冷空气共同影响	东海东部出现7~8级、阵风9级的东北风
2月23—24日	冷空气	渤海、渤海海峡出现7~9级、阵风10~11级的偏北风
2月28日	入海温带气旋和冷空气共同影响	黄海南部、东海北部出现7~9级、阵风10~11级的旋转风，渤海海峡、黄海北部出现7~8级、阵风9级的西北风

4.2.3　2018年我国近海大风特征

4.2.3.1　春季特征

2018年春季，我国近海出现了15次8级以上大风过程，其中冷空气大风过程8次，冷空气和温带气旋共同影响的大风过程3次，入海温带气旋大风过程2次，强对流导致雷暴大风过程2次（表4.8）。从大风的时间分布来看，冷空气过程主要发生在3—4月，5月主要是温带气旋影响的大风过程。3月刚进入春季，冷空气势力还比较强，一般大风过程可以持续2~3 d。3月底至4月初开始，天气形势出现调整，冷空气势力逐渐减弱，冷暖空气势力相当，温带气旋过程逐渐增多，大风过程持续时间较短，一般不超过1 d。

从大风影响海域来看，冷空气影响出现8级大风的海域主要是渤海、渤海海峡、黄海和东海，受入海气旋影响的大风主要在东海和黄海。

表 4.8　中国近海 2018 年春季（3—5 月）主要大风过程

序号	大风时段	天气形势和影响系统	影响海域和大风等级
1	3 月 1 日	冷空气	渤海、渤海海峡、黄海北部出现 7~8 级、阵风 9~10 级的偏北风
2	3 月 4—6 日	冷空气和入海温带气旋	渤海、渤海海峡、东海、台湾海峡、巴士海峡、南海东北部和中东部出现 7~8 级、阵风 9~10 级的东北风
3	3 月 8—9 日	冷空气	渤海、渤海海峡、黄海、东海、台湾海峡、台湾以东洋面、北部湾、巴士海峡、南海北部和中西部出现 7~9 级、阵风 10 级的偏北或东北风
4	3 月 10—11 日	冷空气	台湾海峡、巴士海峡、南海大部出现 7~8 级、阵风 9 级的东北风
5	3 月 15—16 日	冷空气	渤海、渤海海峡出现 8~9 级、阵风 10 级的偏北或东北风，东海北部出现 7~8 级、阵风 9 级的东北风
6	3 月 19—21 日	冷空气和入海温带气旋	渤海、黄海大部、东海大部、台湾海峡、台湾以东洋面出现 7~9 级、阵风 10 级的旋转风
7	3 月 29 日	冷空气	渤海、渤海海峡出现 7~8 级、阵风 9 级的东北风或偏东风
8	4 月 3 日	冷空气	渤海、渤海海峡出现 7~8 级、阵风 9 级的偏北或东北风
9	4 月 6—8 日	冷空气	渤海、东海大部出现 7~8 级、阵风 9 级的西北或偏北风，台湾海峡、台湾以东洋面、巴士海峡、南海北部和中部、北部湾出现 7~8 级、阵风 9 级的东北风
10	4 月 15 日	雷暴大风	雷州半岛附近沿海出现 8~9 级大风
11	4 月 22—24 日	冷空气和入海温带气旋	渤海出现 7~8 级、阵风 9 级的东北风，东海北部出现 6~8 级、阵风 9 级的西北风
12	4 月 27 日	雷暴大风	渤海出现 8~9 级大风
13	5 月 6 日	入海温带气旋	黄海南部、东海北部出现 6~8 级偏南风
14	5 月 20 日	入海温带气旋	黄海东南部、东海东北部出现 6~8 级、阵风 9 级的东北风或偏东风
15	5 月 23—24 日	冷空气	渤海、渤海海峡出现 6~8 级、阵风 9 级的偏南风，东海东北部海域出现 6~8 级的西北风

4.2.3.2　夏季特征

2018 年夏季，我国近海出现了 20 次 8 级及 8 级以上大风过程。热带气旋是造成夏季大风最主要的原因，20 次过程中有 13 次与热带气旋有关，其中有 2 次为热带气旋配合冷空气过程。温带气旋、准静止锋引发大风 5 次；另外有 2 次过程主要由季风引起（表 4.9）。

2018 年 6 月，热带气旋在我国南部海域活动，强度较弱，风力最大 8~9 级。温带气旋、准静止锋活跃于 6 月和 7 月上旬。其引起的大风主要为锋面暖区的偏南风,风力 6～8 级。7 月开始,热带气旋主导了我国近海大多数大风过程,其影响的区域逐渐向北扩展,东海最为活跃;风力因台风强度而异,最强出现了大范围 13 级大风,台风"玛莉亚"中心附近风力达 15～16 级。7 月下旬至 8 月,台风影响的大风范围进一步北扩,"安比""温比亚""摩羯"的残余环流结合冷空气均影响到我国北部海域,给渤海带来 8～9 级大风。另外,7—8 月环流形势稳定,副高位置偏北,季风较为强盛。季风槽位置一度北抬至 25°N 附近。强盛的季风也为我国南部和东部海域带来两次大范围的 8 级大风过程。

表 4.9　中国近海 2018 年夏季主要大风过程

大风时段	天气形势和影响系统	影响海域和大风等级
6 月 6—7 日	热带气旋	琼州海峡、南海西北部海域出现 7～8 级、阵风 9～10 级的大风
6 月 14—15 日	热带气旋	南海东北部、台湾海峡、台湾以东洋面、巴士海峡出现 7～9 级、阵风 10 级的大风
6 月 16 日	温带气旋	渤海出现 6～8 级、阵风 9 级的西南风
6 月 17 日	热带气旋	南海中东部出现 7～8 级、阵风 9 级的西南风
6 月 20 日	准静止锋	东海出现 6～8 级、阵风 9 级的西南风
6 月 27 日	温带气旋	东海北部出现 6～8 级、阵风 9 级的西南风和偏南风
7 月 1—3 日	热带气旋	台湾以东洋面、东海东部海域出现 8～11 级大风
7 月 3—5 日	入海温带气旋	东海南部海域、台湾以东洋面出现 7～8 级、阵风 9 级的西南风
7 月 10 日	温带气旋	黄海东部海域出现 6～8 级偏南风
7 月 10—11 日	热带气旋	东海南部海域、台湾以东洋面、台湾海峡出现 8～13 级大风,阵风 14～15 级
7 月 12—16 日	热带气旋、南海季风	南海西南部海域出现 6～8 级西南风
7 月 16—18 日	冷空气、热带气旋	东海南部海域、台湾海峡、巴士海峡、南海北部和中部海域、北部湾出现 7～9 级、阵风 10 级的大风
7 月 21—24 日	热带气旋	东海、黄海、渤海出现 8～9 级、阵风 10～11 级的大风
7 月 29 日—8 月 3 日	热带气旋	东海出现 7～9 级、阵风 10～11 级的大风
8 月 8—9 日	南海季风	南海中部和南部海域出现 7～8 级、阵风 9 级的西南风
8 月 11—13 日	热带气旋	台湾以东洋面、东海、黄海南部海域出现 7～9 级、阵风 10～11 级的大风
8 月 12—17 日	热带气旋	南海、琼州海峡、北部湾出现 7～9 级、阵风 10～11 级的大风
8 月 15—20 日	热带气旋、冷空气	东海、黄海、渤海、渤海海峡出现 7～9 级、阵风 10～11 级的大风

続表

大风时段	天气形势和影响系统	影响海域和大风等级
8月21—23日	热带气旋	东海、黄海中部和南部海域出现10~12级大风
8月25—28日	季风槽	东海南部海域、台湾海峡出现7~9级东南风

4.2.3.3 秋季特征

2018年秋季，我国近海出现了13次8级以上大风过程。热带气旋和冷空气的共同作用是影响大风过程的主要原因。其中冷空气和热带气旋共同影响的大风过程有6次，冷空气大风过程有5次，热带气旋大风过程有2次，秋季没有雷暴大风过程（表4.10）。

从大风的时间分布来看，热带气旋活动是造成9月大风过程的主要原因，9月的4次大风过程均有热带气旋的参与。10月和11月冷空气过程增多，同时热带气旋依然活动频繁，在两者的共同作用下，产生了4次大风过程。随着冷空气的加强，11月受冷空气影响的大风过程明显增多。

从大风影响海域来看，冷空气影响出现8级大风的海域主要是渤海、渤海海峡、黄海和东海北部海域，受热带气旋影响的大风主要是东海南部海域、台湾海峡、台湾以东洋面、巴士海峡及南海大部海域。

表4.10 中国近海2018年秋季（9—11月）主要大风过程

序号	大风时段	天气形势和影响系统	影响海域和大风等级
1	9月9—10日	巴士海峡热带系统影响	东海南部海域、台湾海峡、台湾以东洋面出现6~8级、阵风9级大风
2	9月11—13日	台风"百里嘉"影响	南海西北部出现8~10级、阵风11~12级大风，南海东北部海域、东海东北部及南部海域、台湾海峡出现6~8级、阵风9级大风
3	9月14—17日	冷空气和台风"山竹"共同影响	南海北部海域出现12~14级、阵风15~17级大风，巴士海峡、南海中东部海域出现11~12级、阵风13~14级的大风，渤海、东海西南部海域、台湾海峡、台湾以东洋面出现7~9级、阵风10级的东北风，琼州海峡、北部湾6~8级、阵风9级的偏西风
4	9月24—30日	冷空气和台风"潭美"共同影响	东海东部海域出现9~11级、阵风12~13级大风，东海西部海域、台湾海峡、台湾以东洋面出现7~9级、阵风10级的东北风
5	10月1—4日	冷空气	东海东部海域、台湾海峡、台湾以东洋面出现7~9级、阵风10级的东北风，巴士海峡、南海东北部和中东部海域出现6~8级、阵风9级的东北风

续表

序号	大风时段	天气形势和影响系统	影响海域和大风等级
6	10月4—6日	冷空气和台风"康妮"共同影响	东海大部海域出现10~12级、阵风13~14级大风，黄海中部和南部海域出现8~10级、阵风11级的大风，渤海、渤海海峡、黄海北部海域、台湾海峡、台湾东北洋面出现6~8级、阵风9~10级的偏西或偏北风
7	10月8—13日	冷空气	渤海、渤海海峡、黄海北部和中部海域、东海南部海域、台湾海峡、台湾以东洋面、巴士海峡、南海东北部海域出现6~8级、阵风9级的偏北或东北风
8	10月18—20日	冷空气	台湾海峡出现6~8级、阵风9~10级的东北风
9	10月25—27日	冷空气和台风外围云系影响	渤海、渤海海峡、黄海大部海域、东海北部海域出现6~8级、阵风9~10级的西北风，东海南部海域出现6~8级、阵风9级的东北风
10	10月28日—11月3日	冷空气和台风"玉兔"共同影响	东海南部海域、台湾海峡、台湾以东洋面、巴士海峡、南海东北部和中东部海域出现8~10级、阵风11级的大风，渤海、南海西部海域出现6~8级、阵风9级的偏北或西北风
11	11月8—9日	冷空气	黄海中部和南部海域出现6~8级、阵风9级的旋转风
12	11月15—19日	冷空气	东海大部海域、南海西南部海域出现6~8级、阵风9级的旋转风，渤海、黄海中部和南部海域、台湾海峡、台湾以东洋面出现6~8级、阵风9级的偏北或东北风
13	11月22—26日	冷空气和台风"天兔"共同影响	南海南部海域出现7~9级、阵风10级的旋转风，东海大部海域、台湾以东洋面、台湾海峡、巴士海峡、南海北部和中部海域出现6~8级、阵风9级的偏北或东北风

4.2.3.4　冬季特征

2018年冬季，我国近海出现了17次8级以上大风过程，其中冷空气大风过程13次，冷空气和温带气旋共同影响的大风过程2次，冷空气与热带气旋共同影响的大风过程1次，温带气旋大风过程1次（表4.11）。冷空气大风过程持续2~3 d，但12月26日开始的大风过程，由于有冷空气不断补充南下，加之南海有热带气旋活动，大风过程持续了约5 d。温带气旋过程大风持续时间较短，一般不超过1d。

从大风过程的时间分布来看，伴随冷空气活动的大风过程主要发生在2018年12月至2019年1月中旬，尤其2018年12月下旬至2019年1月初冷空气强盛且活动频繁，1月下旬开始，冷空气势力减弱且活动频次明显降低，与2017年冬季相比，2018年冬季初期冷空气活动频繁，到后期明显减弱，对应近海8级（及以上）大风日数，2018年12月有

23 d，2019 年 1—2 月明显减少（图 4.6），两个月内仅有 19 d。由大风影响海域来看，冬季大风一般从北到南影响我国近海海域。由于冷空气移速较快，北部海域大风持续时间较短，一般不到 1 d。

表 4.11　中国近海 2018 年冬季（2018 年 12 月—2019 年 2 月）主要大风过程

大风时段	天气形势和影响系统	影响海域和大风等级
12 月 3—4 日	冷空气	渤海、渤海海峡、黄海、东海西部海域出现 6～8 级、阵风 9 级的偏北到东北风
12 月 6—9 日	冷空气	渤海、渤海海峡、黄海、东海、台湾海峡、台湾以东洋面、巴士海峡、南海东北部海域出现 7～8 级、阵风 9～10 级的西北到东北风
12 月 10—12 日	冷空气	东海、台湾海峡、台湾以东洋面、巴士海峡、南海北部及中东部海域、北部湾出现 7～8 级、阵风 9～10 级的东北风
12 月 13—15 日	冷空气	台湾海峡、巴士海峡、南海东北部和中部海域、北部湾出现 7～8 级、阵风 9～10 级的东北风
12 月 15—16 日	冷空气	渤海北部海域出现 6～8 级、阵风 9 级的偏西风
12 月 23—25 日	入海温带气旋与冷空气共同影响	东海大部海域、台湾海峡、台湾以东洋面、巴士海峡、南海东北部海域出现 7～8 级、阵风 9 级的大风
12 月 26—30 日	冷空气	东海南部海域、台湾海峡、台湾以东洋面、巴士海峡、南海北部和中部海域出现 8～10 级、阵风 11～12 级的东北风
12 月 31 日—2019 年 1 月 2 日	冷空气与 1901 号台风"帕布"共同影响	台湾海峡、台湾以东洋面、巴士海峡、南海北部和中部海域出现 7～9 级、阵风 10～11 级的东北风，南海西南部海域出现 7～9 级、阵风 10～11 级的旋转风
1 月 8—9 日	冷空气	东海南部海域、台湾海峡、台湾以东洋面、南海东北部海域、巴士海峡出现 7～8 级、阵风 9 级的东北风
1 月 15—16 日	冷空气	渤海、渤海海峡、黄海出现 6～8 级、阵风 9 级的西北到偏北风
1 月 16—17 日	冷空气	东海南部海域、台湾海峡、台湾以东洋面出现 7～8 级、阵风 9～10 级的东北或偏东风
1 月 20—21 日	冷空气	东海南部海域、台湾海峡、台湾以东洋面、巴士海峡.北部湾、南海出现 6～8 级、阵风 9 级的东北风
1 月 26—27 日	冷空气	黄海大部海域、东海北部海域、台湾海峡、台湾以东洋面、南海东北部海域出现 6～8 级、阵风 9 级的西北到东北风
1 月 31 日—2 月 1 日	入海温带气旋与冷空气共同影响	渤海、渤海海峡、黄海、东海大部海域出现 6～8 级、阵风 9 级的大风
2 月 5—7 日	冷空气	渤海、渤海海峡、黄海、东海大部海域、台湾海峡出现 7～8 级、阵风 9 级的偏北到东北风

续表

大风时段	天气形势和影响系统	影响海域和大风等级
2月9—10日	冷空气	东海南部海域、台湾海峡出现6~8级、阵风9级的偏北或东北风
2月18日	入海温带气旋	东海东部海域、台湾以东洋面、巴士海峡出现6~8级、阵风9级的偏东或东南风

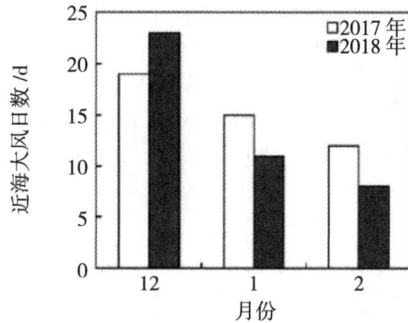

图4.6　2017年与2018年我国近海冬季逐月大风日数对比

4.3 黄渤海大风气候特征

1987—2005年冬半年黄渤海大风过程次数统计，8级大风共计224次，年平均11.2次。

各月年平均：10月1.25次，11月1.95次，12月2.1次，1月2.05次，2月1.85次，3月1.3次，4月0.7次。图4.7比较了8级以上和10级以上大风次数。

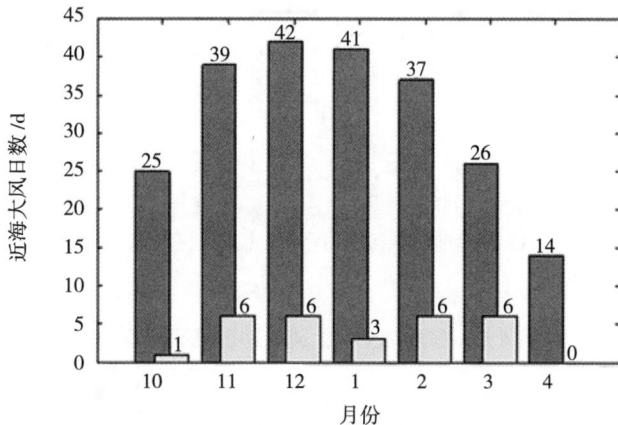

灰色表示8级以上大风次数，白色表示10级以上大风次数

图4.7　冬半年8级以上和10级以上大风次数对比

1987—2005 年冬半年黄渤海大风日数统计，8 级大风共计 752 d，年平均 37.6 d。

各月年平均：10 月 4 d，11 月 6.75 d，12 月 8.25 d，1 月 7.65 d，2 月 5.05 d，3 月 3.95 d，4 月 1.95 d（图 4.8）。

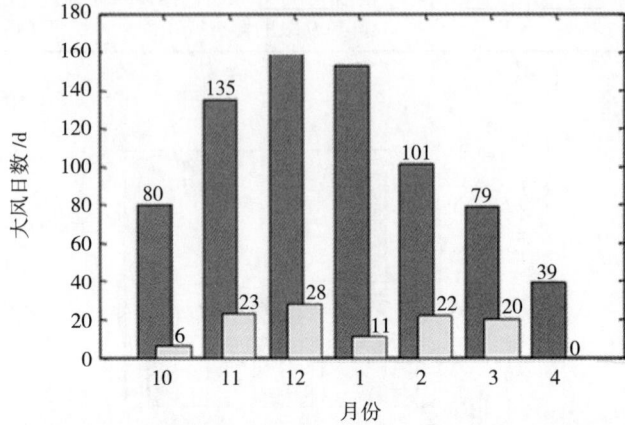

灰色表示 8 级以上大风日数，白色表示 10 级以上大风日数

图 4.8 冬半年季冷空气大风活动次数下降趋势

从年际变化看，8 级和 10 级冷空气大风活动次数呈现逐年下降趋势，年均 10 次左右（图 4.9）。

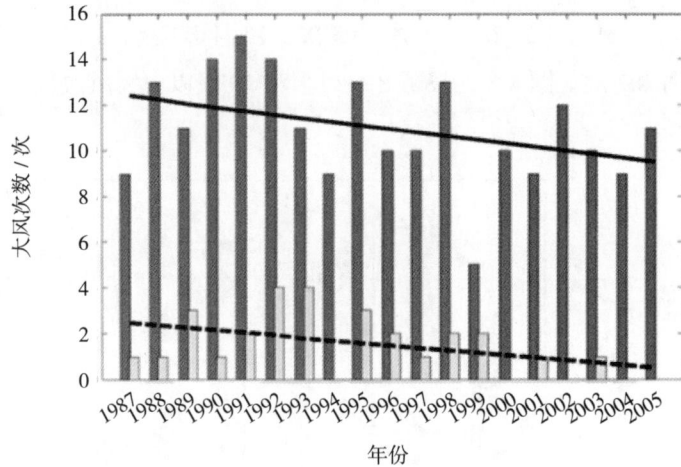

图 4.9 冬季冷空气大风活动次数下降趋势

从月份变化看，10 月至翌年 2 月是冷空气大风的多发月份。3—9 月冷空气活动减弱，大风次数减少（图 4.10）。

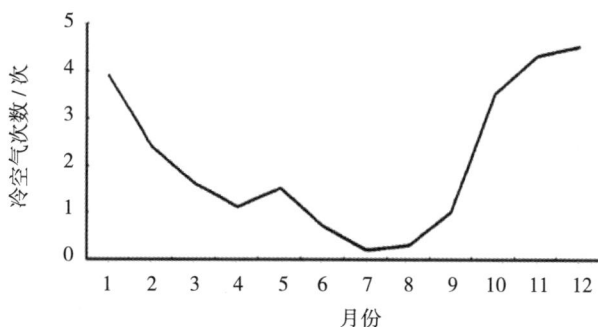

图 4.10　历年各月冷空气过程次数平均值

8 级、10 级大风过程都是西北路冷空气活动最多，尤其是 12 月最多。东路冷空气活动次数相对最少（图 4.11）。

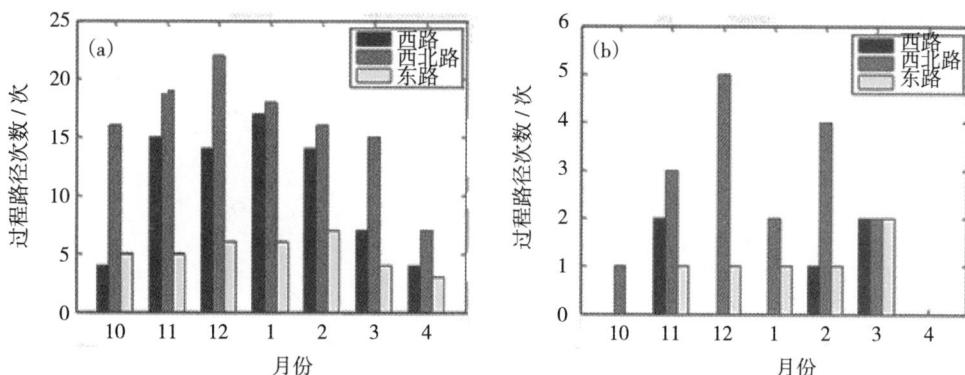

图 4.11　8 级风过程路径次数（a）、10 级风过程路径次数（b）

4.4　辽宁沿海大风特征

对 1971—2010 年辽宁沿海各站日最大风速资料进行分析，统计 7 级（日最大风速 ≥ 13.9 m/s）大风的气候特征。

4.4.1　空间分布特征

对近 40 a 沿海各站大风资料进行统计（表 4.12），其中绥中、金州、东港站资料严重缺失（资料缺失大于 2 a），不列入以下统计的范围。对于 7 级以上大风，辽东半岛南部沿海地区出现日数最多，最多位于旅顺口站，大风总日数为 925 d，平均每年 23.1 d。大风日数低值区主要集中在丹东和大连北部，其中丹东本站最少，大风总日数为 79 d，平均每年仅 2 d。

表 4.12　沿海各站大风总日数　　　　　　　　　d

站名	7 级以上
绥中	43
兴城	114
葫芦岛	423
锦州	593
盘锦	652
大洼	165
营口	342
大石桥	353
盖州	327
熊岳	507
金州	48
旅顺口	925
大连	765
长海	640
庄河	285
东港	29
丹东	79

4.4.2　时间分布特征

4.4.2.1　年变化

从辽宁沿海 17 站大风总日数年变化曲线（图 4.12）可以看出，辽宁沿海地区大风呈明显减少趋势。20 世纪 70—80 年代中期，大风阶段性上升或减少趋势明显，7 级大风有两个峰值年 1980 年（25 d）和 1987 年（16 d）；80 年代后期开始，辽宁沿海大风出现站次数量急剧减小。

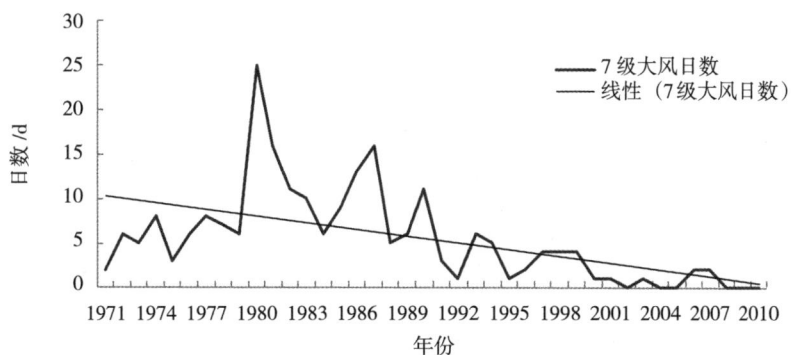

图 4.12   1971—2010 年辽宁沿海 7 级大风总日数各年变化曲线

4.4.2.2   月变化

从辽宁沿海 17 站大风总日数的月变化曲线（图 4.13）可以看出，辽宁沿海地区大风峰值主要出现在春季 4 月（51 d），11 月（43 d）次之，7 月（2 d）出现最少。

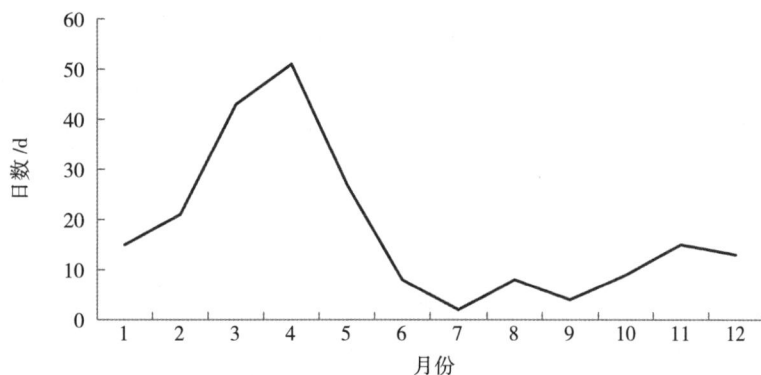

图 4.13   辽宁沿海 7 级大风总日数各月变化曲线

4.4.2.3   旬变化

从辽宁沿海 17 站大风总日数的旬变化曲线（图 4.14）可以看出，与月变化曲线（图 4.13）相似，辽宁沿海地区大风峰值主要出现在 4 月，其次出现在 11 月。4 月中旬出现最多，为 20 d，平均每年 0.5 d；6 月中旬、7 月中旬、9 月中旬、10 月上旬出现最少，为 0 d。

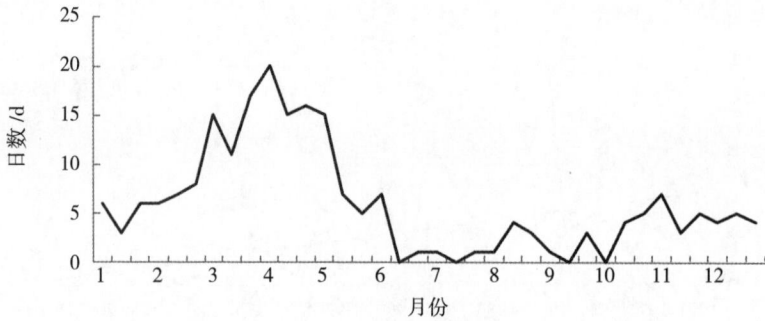

注：每月 3 旬，见短线所示

图 4.14　辽宁沿海 7 级大风总日数各旬变化曲线

另外，从图 4.13 和图 4.14 可以看出，6 月中旬至 10 月上旬，辽宁沿海大风出现次数是一年中最少的，但 8 月中旬至下旬大风却有明显增多的特征，这可能与 8 月中旬热带气旋系统北上影响有关。

4.4.3　大风风向变化特征

按照风向的 16 个方位，对 1971—2010 年辽宁沿海 17 个站大风风向进行了统计，统计结果表明（图 4.15），辽宁沿海大风的风向主要以偏北风和偏南风为主，东西风出现次数较少。北风（N）出现次数最多，为 1427 站次；东北偏北风（NNE）次多，为 1267 站次；西南偏南风（SSW）第三，为 1168 站次；东风（E）最少，仅 12 站次。

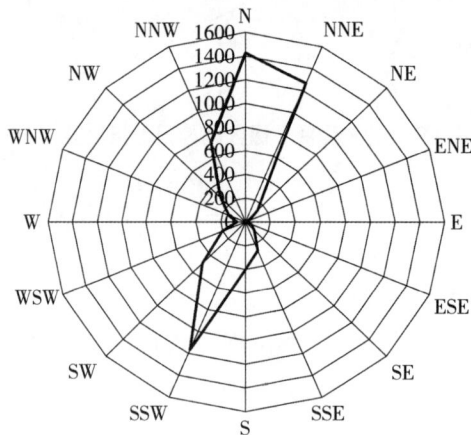

图 4.15　1971—2010 年 16 个方位大风出现总次数

图 4.16 为 1—12 月 16 个方位大风出现次数分布，可以看出，大风风向的月分布与风

向的季节变化相联系，即夏半年辽宁沿海的大风主要以南风为主，冬半年盛行偏北风，其中 10 月至翌年 2 月，辽宁沿海偏北大风占主导地位，4—6 月辽宁沿海偏南大风占主导地位，7—9 月辽宁沿海大风次数普遍较少，春季 3 月辽宁沿海偏北大风和偏南大风次数相当（偏北风稍多于偏南风）。由于处在季节转换期，因此此时辽宁沿海的大风风向发生明显转变（由偏北向偏南），但是夏秋季节交换时，却没有明显的偏南风转偏北风的季节变化特征，而是直接在偏北方向上大风的站次迅速增加。

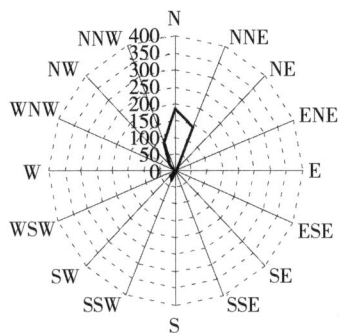

(a) 1 月

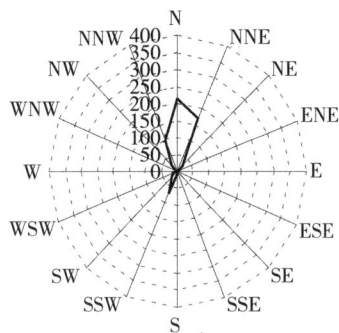

(b) 2 月

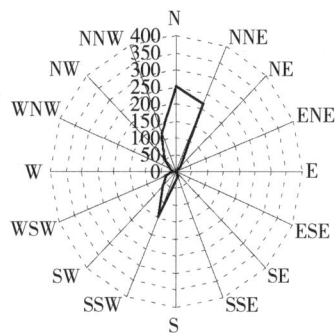

(c) 3 月

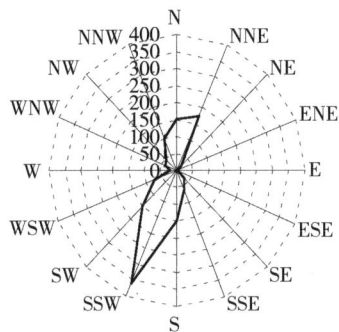

(d) 4 月

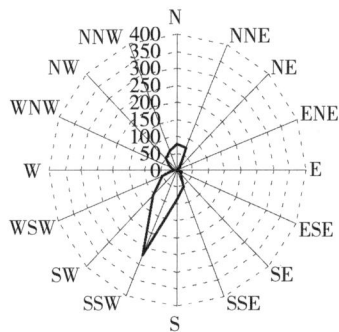

(e) 5 月

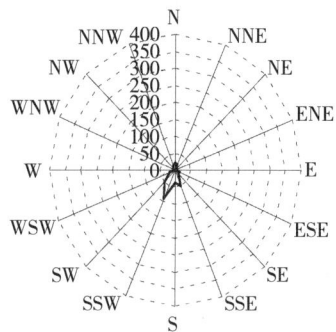

(f) 6 月

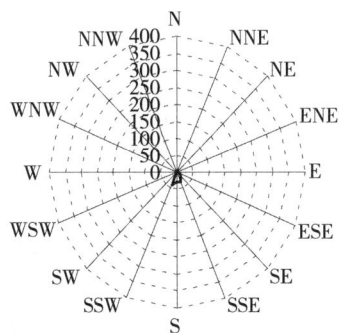

(g) 7 月

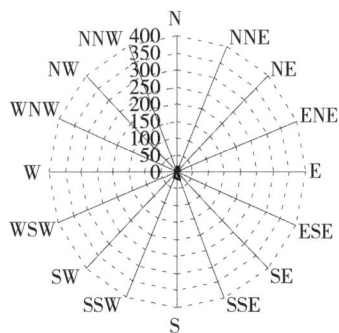

(h) 8 月

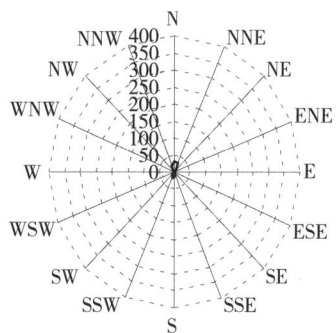

(i) 9 月

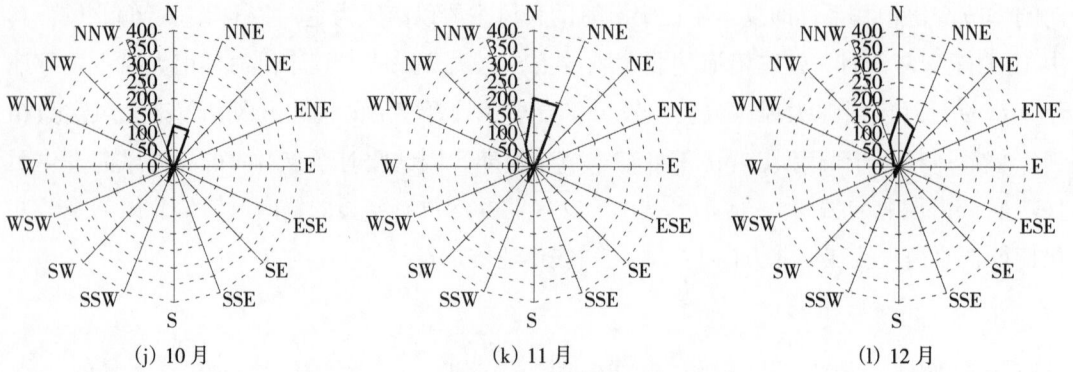

(j) 10 月   (k) 11 月   (l) 12 月

图 4.16 1—12 月 16 个方位大风出现总次数

从表 4.13 各旬 16 个方位大风出现从次数统计表可以看出，辽宁沿海由偏北大风逐渐转为偏南大风的时间一般从 3 月上旬开始到 4 月下旬结束，而偏北大风迅速增加的时间一般是在 10 月中旬开始到 11 月中下旬结束。

表 4.13 各旬 16 个方位大风出现总次数   次

风向	NNW	N	NNE	NE	ENE	E	ESE	SE	SSE	S	SSW	SW	WSW	W	WNW	NW
1 月上旬	56	47	7	0	0	0	0	1	5	13	7	1	0	1	12	35
1 月中旬	51	38	0	1	0	0	0	0	0	10	7	0	1	1	7	22
1 月下旬	78	55	2	0	0	0	0	0	1	8	7	0	3	1	8	33
2 月上旬	67	45	7	1	0	0	0	0	1	17	8	2	0	5	7	33
2 月中旬	65	56	8	4	0	0	0	3	3	27	11	7	0	1	4	38
2 月下旬	81	70	7	0	0	0	0	0	4	24	6	4	2	0	15	25
3 月上旬	92	80	4	0	0	0	1	0	7	39	18	11	3	1	9	34
3 月中旬	78	63	8	0	0	0	3	6	12	46	22	8	1	5	20	34
3 月下旬	81	75	8	1	3	3	3	8	8	59	21	15	7	10	27	54
4 月上旬	67	71	7	1	1	1	3	18	50	114	47	16	2	7	14	43
4 月中旬	52	68	7	0	1	0	7	23	47	116	51	28	9	13	12	37

续表

风向	NNW	N	NNE	NE	ENE	E	ESE	SE	SSE	S	SSW	SW	WSW	W	WNW	NW
4月下旬	32	35	6	3	0	4	20	22	51	130	51	29	10	17	17	24
5月上旬	27	31	2	1	0	12	13	24	34	110	38	22	9	14	22	19
5月中旬	29	19	4	0	2	1	3	17	35	88	37	15	2	10	19	28
5月下旬	22	20	6	1	0	1	2	11	18	73	31	11	1	2	8	15
6月上旬	18	9	1	4	1	10	12	30	20	40	26	10	3	5	6	10
6月中旬	2	4	2	1	0	1	1	6	12	32	15	5	3	1	1	1
6月下旬	3	3	0	1	0	2	5	12	6	20	7	1	1	0	2	4
7月上旬	1	2	0	1	0	2	4	13	3	12	1	1	0	0	2	2
7月中旬	0	2	2	0	0	2	4	11	5	20	2	1	1	2	4	0
7月下旬	0	3	1	1	0	4	7	6	20	8	1	1	0	1	1	1
8月上旬	3	2	0	3	1	1	0	9	9	7	5	1	0	1	3	0
8月中旬	6	7	3	4	2	0	5	7	5	3	1	2	2	3	1	6
8月下旬	5	6	4	1	1	2	0	11	6	11	2	0	0	1	2	3
9月上旬	4	9	4	1	0	2	0	2	6	2	0	0	0	1	1	5
9月中旬	10	5	3	0	0	2	2	0	4	6	3	0	2	1	1	7
9月下旬	18	15	1	0	0	0	1	9	4	9	6	1	0	2	2	7
10月上旬	17	23	1	0	0	0	0	4	1	16	4	1	0	3	3	9
10月中旬	44	40	3	0	0	0	1	1	4	14	9	3	0	3	6	20
10月下旬	58	51	6	0	0	0	1	5	4	16	5	3	1	4	8	27

续表

风向	NNW	N	NNE	NE	ENE	E	ESE	SE	SSE	S	SSW	SW	WSW	W	WNW	NW
11月上旬	68	74	2	0	0	0	0	1	8	22	9	0	1	6	4	22
11月中旬	67	56	7	0	0	0	0	0	1	13	13	0	2	5	6	18
11月下旬	65	62	8	0	0	0	1	0	2	11	2	2	0	2	12	32
12月上旬	58	55	4	1	0	0	0	1	2	8	3	1	2	4	12	27
12月中旬	39	36	3	0	0	0	2	0	0	7	6	0	0	5	10	25
12月下旬	63	30	0	1	0	0	0	0	2	15	11	4	2	8	2	28

对各海区各站 16 个方位大风出现的平均次数进行了统计（图 4.17），可以看到，各海区风向频数的分布存在明显差异。其中辽东半岛西部、辽东半岛南部和辽东半岛东部沿海主要以偏北大风站次数要明显多于偏南大风站次数，而与上述 3 个海区的分布特征不同的是，渤海北部沿海的大风天气以西南偏南大风为最多，其次是东北偏北大风，偏南大风的出现次数要稍多于偏北大风的出现站次数，这种西南偏南大风偏多的原因可能与渤海北部特殊的喇叭口地形有关。

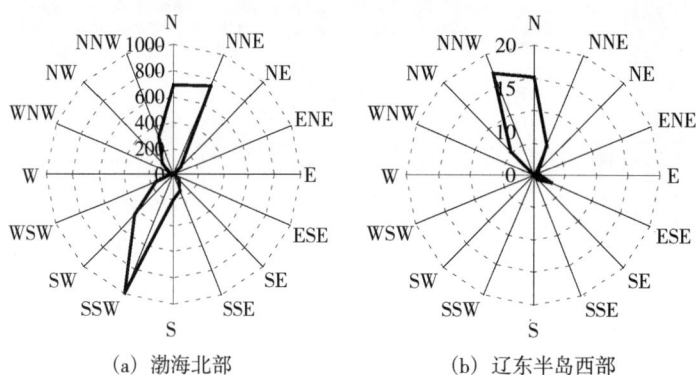

(a) 渤海北部　　　　　　(b) 辽东半岛西部

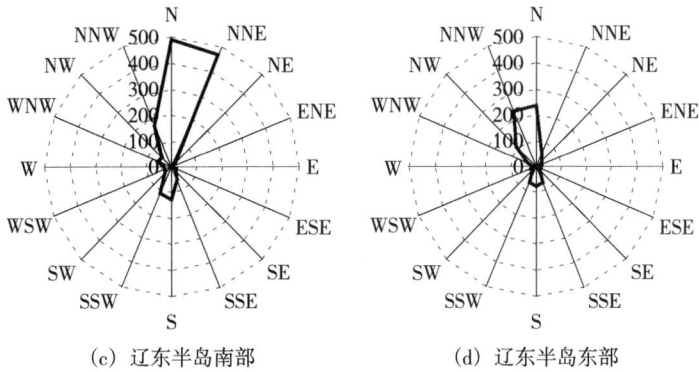

(c) 辽东半岛南部　　　　　　(d) 辽东半岛东部

图 4.17　各海区 16 个方位大风出现平均次数

4.4.4　大风极值变化特征

对 40 a 辽宁沿海各站大风风速极值进行了统计（表 4.14）。结果表明，葫芦岛站（54453）的风极值最大，为 35 m/s（出现在 1987 年 3 月 25 日）；普兰店（54569）的风极值最小，为 17 m/s。

表 4.14　辽宁沿海各站大风风速极值

站名	风速极值	出现日期
葫芦岛	35.0	1987–03–25
长海	32.7	1985–08–20
大连	27.0	1972–03–31
锦州	26.0	1971–05–16
盘锦	25.7	1976–04–19
大石桥	25.3	1982–04–19
瓦房店	25.0	1972–07–26
兴城	23.7	1993–09–22
庄河	23.7	1985–08–20
熊岳	23.5	2007–03–05
大洼	23.0	1982–04–08
盖州	23.0	1993–06–02
营口	21.0	1988–04–27
东港	20.7	1997–08–21
绥中	20.0	1977–08–07
金州	20.0	1983–04–26

续表

站名	风速极值	出现日期
丹东	19.7	1976-02-28
普兰店	17.0	1985-08-20

从辽宁沿海各站年平均风速极值变化曲线（图4.18）可以看出，辽宁沿海地区大风强度减弱趋势明显，各站平均风速极值由1976年20.5 m/s的最高值下降为2008年12.2 m/s的最低值。

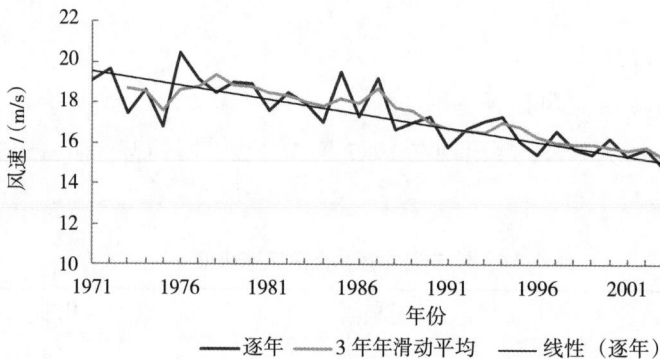

图4.18 辽宁沿海各站年平均风速极值变化曲线

4.5 山东沿海大风特征

4.5.1 偏南大风

在山东沿海，只要有一个大监气象观测站出现7级以上的南大风（风向范围90°～270°）日最大风风力 ≥ 13.9 m/s，即为一个强南大风日。资料选取1971—2010年40 a山东沿海观测站南大风的观测资料。

4.5.1.1 月际分布特点

偏南大风出现最多是4月，为6.8 d，其次是5月，为6 d，最少的是9月，为0.8 d。强南大风主要出现在春季，夏季次之（图4.19）。

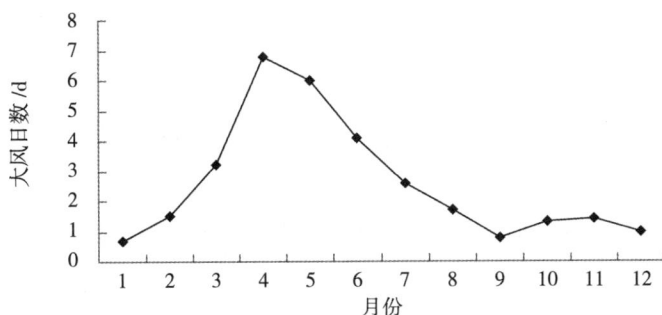

图 4.19　1971—2010 年 40 a 山东沿海强南大风月平均日数

4.5.1.2　年际分布特点

偏南大风年日数基本呈逐渐减少的趋势，出现最多的是 1979 年，为 59 d，其次是 1972 年，为 58 d；最少是 1999 年和 2008 年。1971—1990 年为多大风时段，1991—2010 年年大风日数明显减少（图 4.20）。

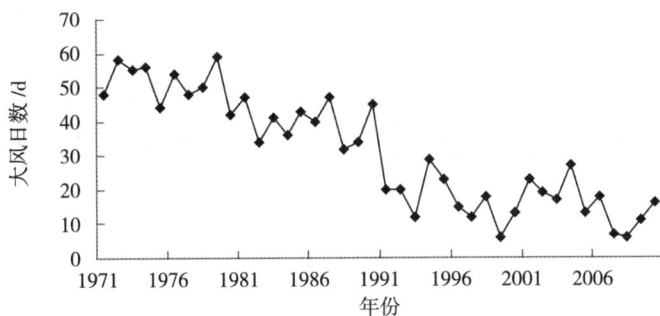

图 4.20　1971—2010 年 40 a 山东沿海强南大风年日数

4.5.1.3　强南大风持续日数

偏南大风持续出现 ≥ 4 d，强南大风日数发生在 1971—1990 年，1991—2010 年持续强南大风日数均 ≤ 3 d。强南大风持续日数最多的是 7 d，出现在 1985 年 4 月 28 日至 5 月 4 日。

4.5.1.4　强南大风极值

1971—2010 年强南大风日最大值出现在 1971 年 6 月 25—26 日，分别为 32.0 m/s 和 30.0 m/s；其次出现在 1994 年 8 月 16 日，为 28.7 m/s，都是东南大风。

4.5.1.5　空间分布

强南大风出现的范围在 1 ~ 3 个观测站。山东沿海出现 ≥ 6 个站数的强南大风发生在 1971—1987 年，最多的是 1982 年 5 月 25 日和 1985 年 4 月 24 日，均有 8 个站出现强南大风；1988—2010 年，山东沿海出现强南大风的站数都 ≤ 4 个站。

山东近海强南大风主要发生在北部沿海，占 98.8%。

4.5.2 偏北大风

以 20 时为日界，统计分析山东沿海测站成山头、威海、烟台、长岛、青岛、日照的 10 min 平均最大风速。1d 内只要有 1 站的偏北风达到 7 级（≥ 13.9 m/s）以上，定义为一个偏北大风日。统计分析了 2001—2010 年 10 a 中山东沿海和近海偏北大风特征（图 4.21）。

山东沿海的偏北大风（≥ 7 级）在近 10 a 内年均 72.9 d，最多 89 d，最少 63 d。12 月最多，年均 14.9 d；11 月次之，年均 11.5 d。偏北大风主要在冬半年 10 月至翌年 4 月，占 87.1%，11 月至翌年 1 月每月年均 10 d 以上，即每月大风日在 1/3 以上。夏季（6—8 月）沿海偏北大风很少，年均 3.3 d，6 月沿海的偏北大风最少，年均只有 0.7 d。

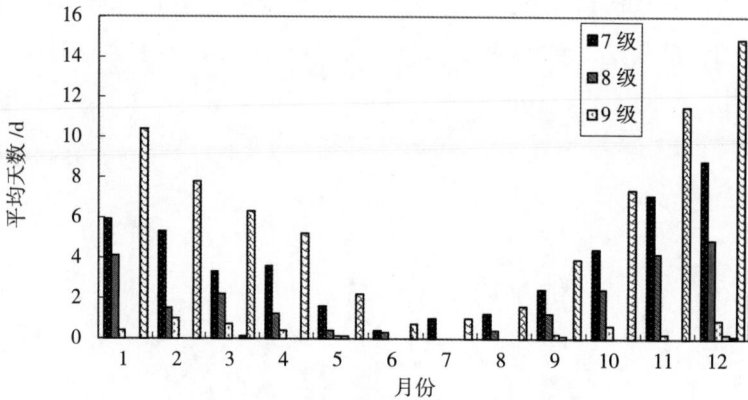

图 4.21 山东沿海 10 a 大风月分布

大风的强度 7 级风最多，年均 45 d，占 61.7%；其次是 8 级风，年均 22.8 d，占 31.3%；9 级风年均 4.5 d，占 6.2%；10 ~ 11 级风年均 0.6 d，占 0.8%。近 10 a 中偏北大风的平均风力没有达到 12 级。

冬季、秋季和春季偏北大风较多，风力也较大，平均风力在 7 ~ 8 级的较多。夏季偏北大风的次数少，风力也小，在 8 级和 8 级以下最多。9 级偏北大风主要出现在冬季，10 ~ 11 级偏北大风主要在春季和秋季。山东沿海和近海偏北大风的持续时间较长，有时持续 2 ~ 3 d，最多可达 7 d。

4.6 江苏沿海大风特征

李超等利用 1981—2010 年江苏沿海地区的大风资料，分析 30 a 沿海大风气候特征。结果表明，江苏沿海地区最大风速 ≥ 6 级和 ≥ 8 级大风呈逐年递减趋势。夏季江苏沿海大风以东南风为主；秋冬季以偏北风为主；春季沿海大风以偏北风为主，东南风次多。冷空气偏北大风以冬季最为常见，低压大风和入海高压后部大风易发生在春夏两季，雷雨大风主要发生在夏季，台风大风主要发生在夏季和秋季。

4.6.1 沿海大风的年际及年代际变化特征

由图 4.22 可以看出，1981—2010 年江苏沿海最大风力 ≥ 6 级和 ≥ 8 级大风总体呈逐年递减趋势，变化速率分别为 –38.3 d/10 a 和 –5.4 d/10 a。在 20 世纪 80 年代中后期，最大风力 ≥ 6 级大风日序列变化存在 3 a 左右的短周期振荡；在 90 年代中前期，2 a 左右的周期振荡比较明显；而在 20 世纪中期，准 3 a 周期振荡最为显著。最大风力 ≥ 8 级大风日序列变化，只有在 80 年代中后期存在 3 a 左右的周期振荡。

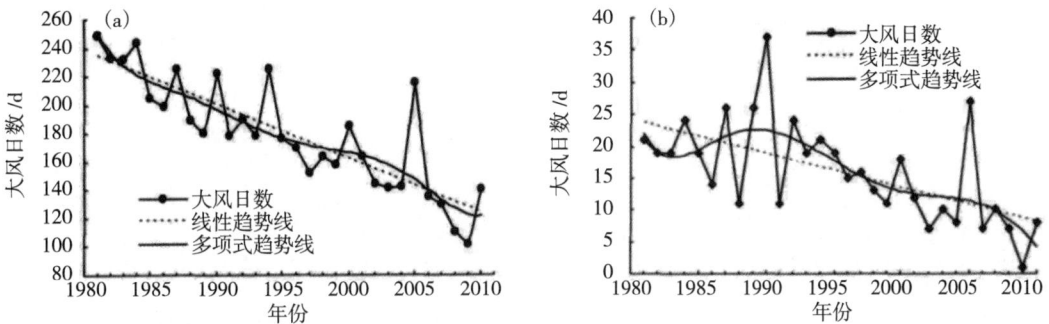

图 4.22 1981—2010 年江苏沿海最大风力 ≥ 6 级（a）和 ≥ 8 级（a）大风的年平均日数

4.6.2 沿海大风的月变化和季节变化特征

由图 4.23 可以看出，江苏沿海 ≥ 6 级和 ≥ 8 级大风，在 2 月、7 月的站次出现较少；冬末春初（2—4 月）沿海大风站次明显增加；春末夏初（5—7 月）沿海大风站次显著减少；秋季沿海大风站次明显上升，冬季沿海大风站次显著下降。

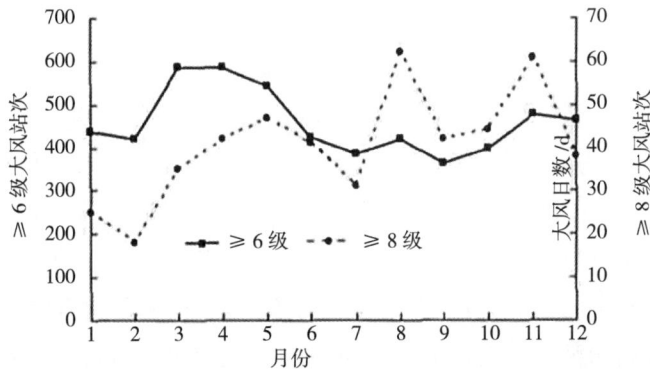

图 4.23 1981—2010 年各月沿海最大风力 ≥ 6 级和 ≥ 8 级大风站次

4.6.3 沿海大风风向变化特征

30 a 江苏沿海大风的风向特征表现为：夏季沿海大风以东南风为主；秋冬季以偏北风为主；春季以偏北风为主，东南风次之。4月和8月是江苏沿海大风风向的两个转换月份（图4.24）。

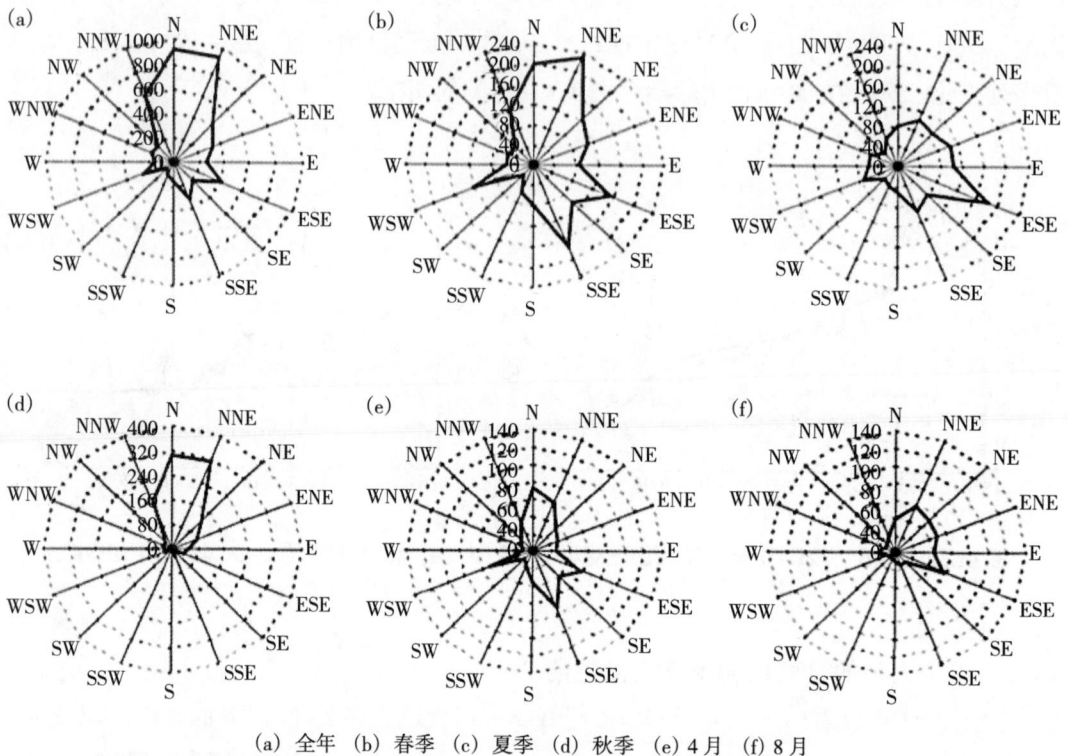

（a）全年　（b）春季　（c）夏季　（d）秋季　（e）4月　（f）8月

图 4.24　1981—2010 年江苏沿海风力 ≥ 6 级大风各风向平均站次

4.7　浙江沿海大风特征

4.7.1　大风日数

1971—2000 年浙江年平均 8 级大风日数在 120～180 d，最少年也有 100 d 以上。全省海上大风年日数分布和它们距海岸远近有关，离海岸线越远的岛屿，大风日数越多，如嵊山、大陈、北麂、南麂等岛，年大风日数均超过 150 d。海岛大风一年四季不断，各月均有出现。冬季和春季（11月至翌年4月）由于冷空气和低气压活动频繁，是一年中大风日数最多的月。5—6月和8—9月大风日数相对较少，7月由于常有台风影响，大风日数相应增多。沿海和海岛都曾出现过 12 级以上大风，曾观测到 40m/s 以上的最大风速。一年中的风速极值往往出现在 7—9 月，主要是受热带气旋袭击或影响所致。图 4.25 为浙江沿海大风分布特征。

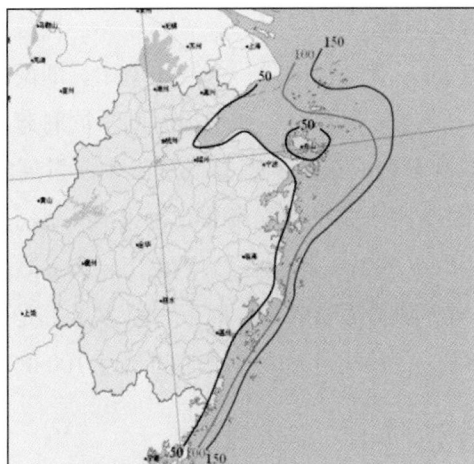

图 4.25　浙江沿海大风分布特征

4.7.2　风向

浙北沿海：冬季以北到西北风为主，约占 53%；春季北到西北风占 16%，南到东南风从冬季的 9% 增加到 32%；夏季东南偏南到西南偏南风占整个风向的 56%；秋季偏南风减少到 10%，北到东北风增加到 43%。

浙中、浙南沿海：风向的季节变化趋势基本上与浙北沿海相同，只是由于受地理位置的影响，冬季以北到东北风为主，夏季以南到西南风为主。

4.7.3　大风时数

大风时数能反映一地大风出现的多寡情况。海上大风时数分布特征与日数分布特征类似，离海岸线越远，大风时数越多；反之则少。沿海大风年平均时数，除近海岸线岛屿较少外，一般都在 1000 h 以上（图 4.26）。大风时数最多的为南麂岛，年平均超过 1800 h，最多年份可达 2600 h 以上，最少年份也不少于 1000 h。

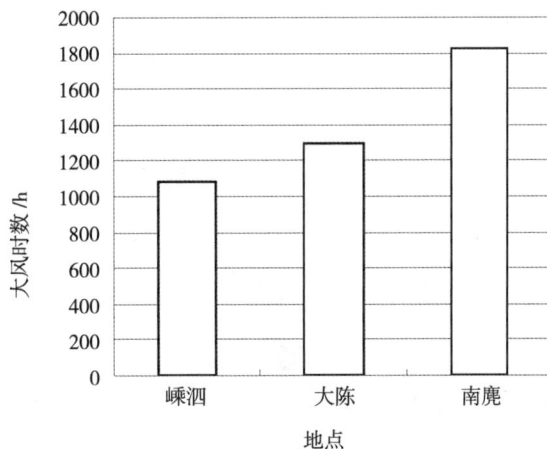

图 4.26　浙江沿海各站大风年平均时数

4.7.4 大风起讫时间与持续时间

当冷空气自北向南影响时，浙北起风时间一般比浙中、浙南早 3 ~ 6 h。若浙中、浙南有弱低压或东海倒槽存在、冷空气南下时，浙江沿海几乎同时起风或者浙中、浙南比浙北早 3 h，当受台风或台风倒槽影响或东海南部有低压发生、发展时，则自南而北影响整个沿海，浙中、浙南起风时间要比浙北早，强度要比浙北强。海上大风过程平均持续时间，除近海岸线的普陀、洞头为 8 h 左右，其他各站均在 15 ~ 25 h 之间。一次大风过程最长持续时间，除普陀为 82 h 以外，其余都在 150 h 以上，基本上都是由台风大风造成的。2009 年"莫拉克"台风影响期间，沿海海面大风持续时间超过 100 h。

4.8 福建沿海大风特征

福建沿海 10 月至翌年 3 月为冷空气致灾大风多发月份，平均为 10 ~ 12 d。其中最大值在 11 月（11.3 d），其次是 12 月（10.9 d）。6—9 月冷空气致灾大风出现概率小，平均日数为 0 ~ 1 d，尤其 8 月，2002—2011 年均未出现。

台湾海峡大风风速峰值在 10 月和翌年 1 月，谷值在 5 月，即 8 级以上致灾大风较容易出现在秋冬季，春末夏初最少。台湾海峡 8 级以上大风概率远大于海峡两岸；海峡西岸、中南部岸段大风出现概率大于北部岸段。图 4.27 为台湾海峡海面 1—12 月盛行风向概率。

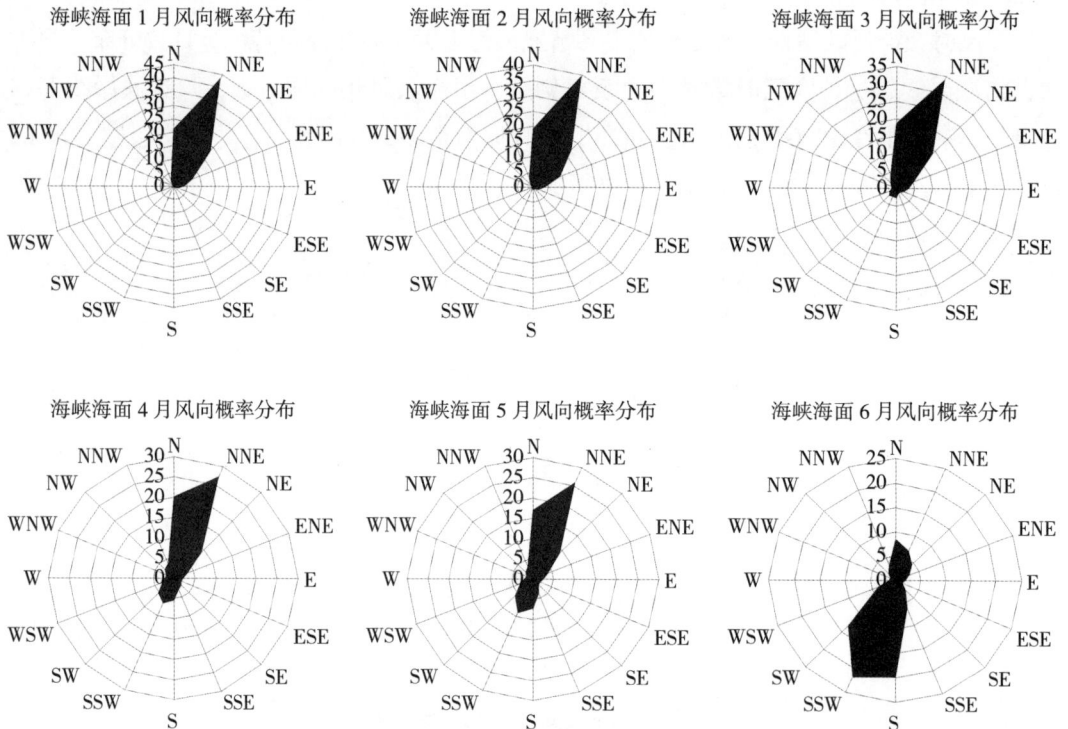

海峡海面 1 月风向概率分布　海峡海面 2 月风向概率分布　海峡海面 3 月风向概率分布

海峡海面 4 月风向概率分布　海峡海面 5 月风向概率分布　海峡海面 6 月风向概率分布

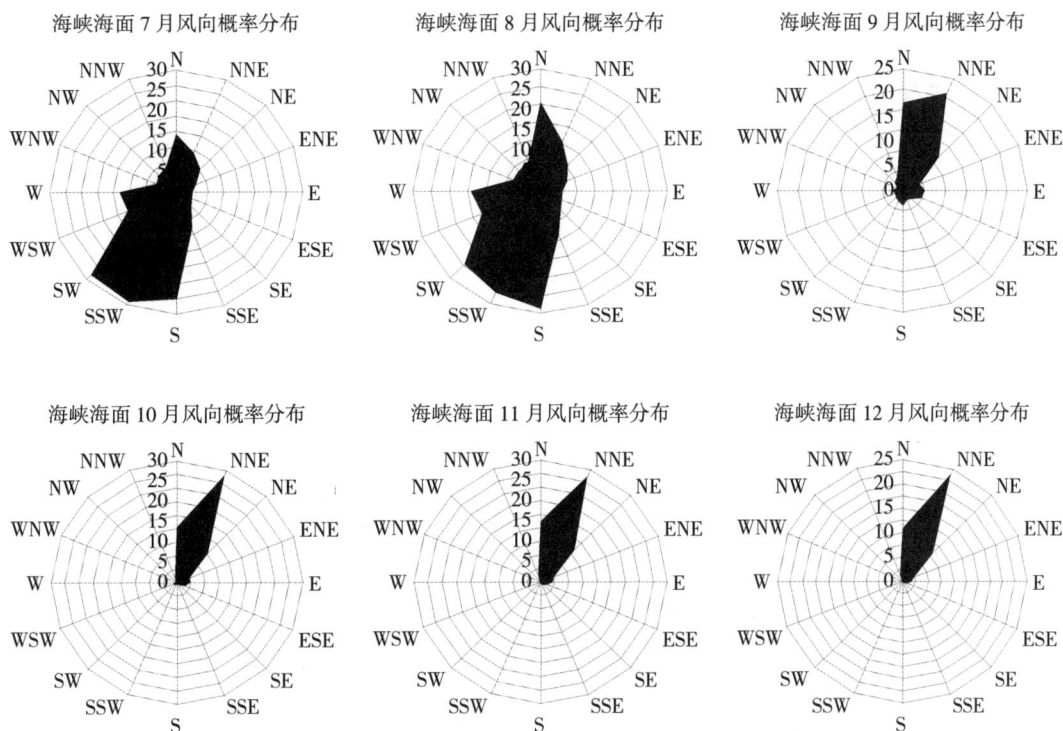

图 4.27 台湾海峡海面 1—12 月盛行风向概率

4.9 广东沿海大风特征

每年 9 月至翌年 6 月，受北方冷空气影响，当广东沿海任一海面出现 6 级或 6 级以上的偏北（含东北）或偏东风时，就定义该海面出现强风。海面强风是冬半年由于受北方冷空气影响产生的主要天气现象之一，北方冷空气的强度越强，其产生的海面强风的风力越大，对海面造成的影响和损失也越大，是广东冬半年海面的主要灾害性天气。

华南和南海均属明显的季风气候区，夏半年盛行西南季风，冬半年盛行东北季风。东北季风一般从 9 月开始，最初影响 20°N 以北的海区，然后逐渐向南侵袭，一直持续到翌年 5—6 月。粤东海面（汕头、汕尾附近海面）的强风过程最早出现在 9 月 3—5 日，而北部湾海面则大多推迟 10 d 左右。

由于冬半年冷空气在不同的季节（月份），其强度、路径、持续时间、南下影响的纬度等活动特点差异较大。因此，冷空气造成的海面强风（6 级以上）的时间和空间的分布特征也不尽相同。按季节划分，广东冬半年沿海海面强风可分为：出现在 9—10 月的秋季强风、11 月至翌年 1 月的冬季强风、2—4 月的春季强风、5—6 月的过渡季节强风（表 4.15）。

表 4.15　广东冬半年沿海海面强风分类和主要成因

分类	出现月份	主要成因
秋季强风	9—10 月	冷空气、台风、冷空气和 TC 共同作用
冬季强风	11 月到翌年 1 月	冷空气
春季强风	2—4 月	冷空气、雷雨大风
过渡季节强风	5—6 月	冷空气、台风、冷空气和台风、西南季风、雷雨大风

广东冬半年逐月发生海面强风日数详见图 4.28。强风季节中，10 月至翌年 3 月是海面强风的多发月份，出现日数均在 15 d 以上，11 月达 18 d；4 月强风日数出现明显减少，减少的幅度达 30% 以上。

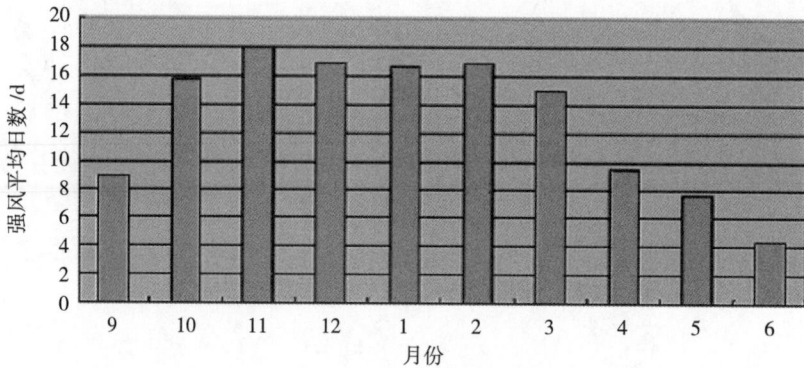

图 4.28　广东海面强风平均日数逐月分布

根据广东冬半年各海面强风年平均日数分布的统计分析，发现如下事实：9 月至翌年 6 月，广东海面强风发生日数具有自西向东呈明显线性增多的特点，59321 站的强风日数甚至比 59647 偏多 2.5 倍（图 4.29）。这是由于北部湾海面和粤西海面的强风主要是中西路冷空气所致，而粤中和粤东海面的强风可以是各路冷空气造成，同时还受台湾海峡的狭管作用影响。

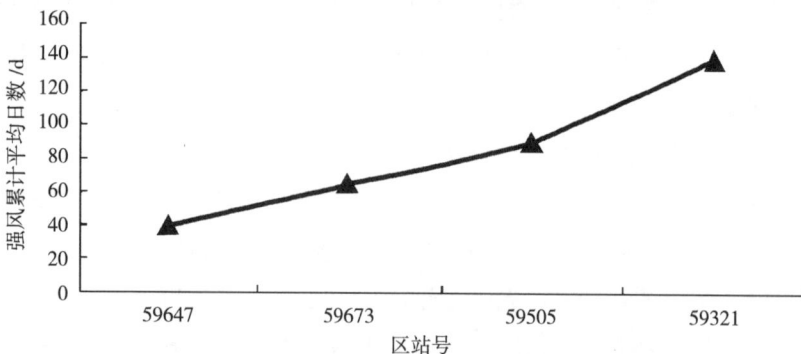

图 4.29　广东相关海区强风累计平均日数分布

广东海面强风具有明显的日变化特征，粤东海面通常是下半夜到翌日早晨的风力最小，中午到上半夜风力最大；粤中、粤西海面和琼州海峡吹偏东风时，白天风速大于夜间。这主要是海陆风效应和特点地形（海陆）分布共同作用的结果。在相同的天气形势下，午后到上半夜的风力要比早晨偏大 1～2 级，并且存在夜间到早晨风向逆转、午后到上半夜风向顺转的现象。粤东强风开始时间多数出现在下午到上半夜，并且 20—30 时出现强风的概率比其他时次多 1 倍，而北部湾北部海面强风的起风时间一般在上午。

4.10 海面与陆地大风特征对比

由于海面上的大风监测资料有限，使开展海上大风预报带来局限，所以许多省份开展了海面风与陆地风的对比观测统计。陆地大风布网更密集，资料获取更方便。了解了陆地与海面大风对应关系，可以通过陆地观测资料外推海面风的量级，有利于开展海上风预报和检验工作。

4.10.1 辽宁沿海海面风与沿岸风对比分析

选取渤海北部西、渤海北部东、渤海海峡、黄海北部 4 个海区作海区大风与沿海大风风力对比分析的区域。每个海区选取一个区域自动站作为海区代表站，选取一个国家级自动站作为沿海代表站，分别是：渤海北部西的锦州港（L5069）、葫芦岛（54453），渤海北部东的海上灯船（L6080）、营口（54471），渤海海峡的广鹿岛（L2531）、皮口（54575），黄海北部的大鹿岛（L4850）、丹东（54487）。这 4 组代表站的站点距离：锦州港—葫芦岛 18.6 km，海上灯船—营口 30.344 km，广鹿岛—皮口 26.6 km，大鹿岛—丹东 60.4 km。海区站点距离海岸线的距离：锦州港 4.8 km，广鹿岛 16 km，海上灯船 18.6 km，大鹿岛 8.1 km。应用以上代表站 2009—2011 年整点 10 min 最大风速数据，进行不同季节、不同区域、不同盛行风影响下的海陆风风速差对比分析。

选取 2010 年 5 月至 2011 年 8 月环渤海项目建站老铁山站（54661）及大连港 30 m 铁塔（54664）的日 10 min 最大风速资料进行对比分析。

4.10.1.1 海陆代表站风速差季节分布

在渤海北部西海区代表站与沿海代表站风速差全年都集中在 –2～6 m/s。秋季风速差离散度最小，主要分布在 –1～4 m/s；冬春两季风速差也主要分布在 –1～4 m/s；夏季风速差最大，在 0.7 m/s 与 2.8 m/s 出现了 2 个分布频次的峰值。

在渤海北部东海海区代表站与沿海代表站风速差冬季离散度最小，呈现正态分布，风速差集中分布在 –2～1 m/s；春、夏、秋风速差的离散度与差值都依次增大，差值出现的频次的峰值依次为 –0.5 m/s、2 m/s、4 m/s。

在渤海海峡海区代表站与沿海代表站风速差集中在 –2～4.5 m/s，分布频次峰值均在 0 m/s 附近。秋季风速差较小，夏季次之，冬春略大。

在黄海北部海区代表站与沿海代表站风速差分布离散度较大，各季节均有超过 9 m/s

的差值。夏秋两季主要分布在 –2 ~ 7 m/s，分布频次峰值出现在 1 m/s 附近。冬季风速差有 0 m/s、2.5 m/s 两个峰值，春季风速差分布无明显峰值。

由表 4.16 可见，渤海北部（A、B）夏秋两季海上代表站风速明显大于沿海站，而且冬春两季有 10% 以上的频次偏小。渤海海峡（C）四季风速差同比较小，冬春两季风速差较大。黄海北部（D）四季海上站风速均大于沿海站，春、秋、冬较明显。海区代表站与沿海站风差大于 3 m/s 主要出现在渤海北部西海区的夏季，渤海北部东海区的秋季，渤海海峡的春季，黄海北部的冬季。

表 4.16 各海区代表站与沿海代表站风速差值四季占百分比

A	全年	春	夏	秋	冬
风差较小（–1 ~ 1 m/s）	33.3	35.4	25.9	34.4	40.8
海上站略大（1 ~ 3 m/s）	37.3	34.1	38.5	39.1	36
海上站很大（> 3 m/s）	21.4	17.4	32.3	20	11.7
海上站略小（1 ~ 3 m/s）	7.3	11.6	3.3	6.2	10.4
海上站很小（> 3 m/s）	0.7	1.5	0	0.3	1.1
B	全年	春	夏	秋	冬
风差较小（–1 ~ 1 m/s）	34.7	36.5	26.3	17.5	77
海上站略大（1 ~ 3 m/s）	26.9	28.5	39.4	25.4	4.4
海上站很大（> 3 m/s）	29.8	22.6	30.1	53.1	0
海上站略小（1 ~ 3 m/s）	7.8	11.3	4	3.1	17.7
海上站很小（> 3 m/s）	0.8	1.1	0.2	0.9	0.9
C	全年	春	夏	秋	冬
风差较小（–1 ~ 1m/s）	49	37.1	50.2	67.1	43.6
海上站略大（1 ~ 3 m/s）	29	34.6	32	18.1	31
海上站很大（> 3 m/s）	12	19.7	9.7	1.2	15.5
海上站略小（1 ~ 3 m/s）	9.7	8	8	13.5	9.7
海上站很小（> 3 m/s）	0.3	0.6	0.1	0.1	0.2
D	全年	春	夏	秋	冬
风差较小（–1 ~ 1m/s）	29.3	22.8	33.7	31.3	21.8
海上站略大（1 ~ 3 m/s）	28.1	29.1	30.9	28.2	24.4
海上站很大（> 3 m/s）	33	39.4	23.9	33.3	42
海上站略小（1 ~ 3 m/s）	8.4	7.9	11	7	7.8
海上站很小（> 3 m/s）	1.2	0.8	0.5	0.2	4

4.10.1.2 海陆代表站风速差空间分布

海区代表站与沿海代表站对比,渤海北部(东)风速差较大,差值在 3~5 m/s 都超过了 100 以上频次;黄海北部次之;渤海海峡最小,风速差主要集中在 −1.5~3 m/s。这不仅反映了地域不同的特点,同时和代表站选取有较大关系。渤海海峡中的沿海代表站皮口位于海岸线上,与广鹿岛站气候特征差异较小;而黄海北部的丹东站距离海岸线较远,并处于其北部的长白山小高压气候特征带的边缘,从而风速差异明显,与相邻的渤海海峡的风速差分布有较大区别。然而,这侧面反映了不同地貌环境造成低层摩擦力对风力的影响作用,也同时反映了距离海岸线远近的风力差异。

由表 4.17 可见,渤海海峡两代表站距离较近且沿海站近海,风速差均值与方差都较小;渤海北部西次之;渤海北部东海区代表站距离海岸线较远,且不在有一定面积的岛屿上,更加贴近海上站的要求,风速差均值较大,方差也较大;黄海北部沿海站距离海岸线较远,风速差均值较大,方差较大。

综上,计算得到海上与沿海风速差平均在 2 m/s 左右。

表 4.17 各海区代表站与沿海代表站风速差分布

海区及代表站	两站距离/km	海区站距海岸线/km	风速差平均值/(m/s)	风速差绝对值的平均值/(m/s)	风速差方差/(m/s)
渤海北部西 (锦州港—葫芦岛)	18.6	4.8	1.513020	1.934262	3.921364
渤海北部东 (海上灯船—营口)	30.3	16.0	1.724352	2.214287	5.466404
渤海海峡 (广鹿岛—皮口)	26.6	18.6	0.202564	0.960103	1.516135
黄海北部 (大鹿岛—丹东)	60.4	8.1	1.967768	2.333986	6.851911

4.10.1.3 盛行风下海陆代表站风速差分布特征

根据辽宁沿海台站海陆风特征对比情况可见,盛行南风时,渤海北部西风速差集中在 −1~4 m/s,渤海北部东在 −1~6 m/s,渤海海峡在 −1~3 m/s,黄海北部在 −1~5 m/s。盛行北风时,渤海北部西风速差集中在 −1.5~4 m/s,渤海北部东在 −1.5~6.5 m/s,渤海海峡在 −1.5~4 m/s,黄海北部在 −1.5~6 m/s。盛行北风时,风速差差值分布离散度增大,且差值大值出现频次比盛行南风明显增多,这与辽宁盛行北风大风日数较多有关。

4.10.1.4 小结

(1)渤海北部夏秋两季海上风与沿海风风力差较大,渤海海峡、黄海北部冬春两季海上风与沿海风风力差较大。各海区风速差大于 3 m/s 分布有明显的季节特征,渤海北部西海区的夏季,渤海北部东海区的秋季,渤海海峡的春季,黄海北部的冬季。

（2）辽宁沿海海上比沿海陆地风速平均高 2 m/s 左右。风速差与两站距离、距离海岸线距离以及所在地地貌特征复杂度成正比。

（3）盛行风为北风时，风速差差值分布离散度增大，且差值大值出现频次比盛行南风时明显增多。

4.10.2 河北海陆大风对比研究

4.10.2.1 年平均风速风力对比分析

在河北沿海选取有代表性的观测站，进行风速风力大小的对比。以黄骅站为沿海代表站，2010—2011 年 1—12 月数据分析的结果显示（表 4.18），沿海站比海洋站风速差在 2 ~ 4 m/s，风力级别差与张巨河站差最小为 1 级，与其他站差 2 级。

表 4.18 年平均风速风力对比分析

地点	黄骅	澄海	张巨河	海事码头
风速 /（m/s）	5.4	8.2	7.1	9.0
风力 / 级	3	5	4	5

4.10.2.2 各季度海陆间风速差异距平分析

从各站风速距平来看，黄骅站有明显的负距平，海事码头站正距平最为明显，张巨河和黄骅站距平相关性更好，澄海和海事码头相关性相对较好。从不同季节来看，冬季黄骅站的负距平最为明显，海事码头秋季的正距平最为明显。

结论：与黄骅站关联最好的是张巨河站，代表站选取张巨河和澄海站为宜。

4.10.2.3 唐山岸区与大浮标站风资料对比分析

通过唐山岸区与大浮标站 6 ~ 8 级风资料对比可知：

大浮标最大风速 < 6 级时，两站最大风速差为 1.3 m/s；大浮标最大风速 =6 级风时，两站最大风速差为 3.7 m/s；大浮标最大风速 =7 级风时，两站最大风速差为 4.7 m/s；大浮标最大风速 =8 级风时，两站最大风速差为 5.7 m/s；大浮标最大风速 > 8 级风时，两站最大风速差为 9.0 m/s。

图 4.30 给出大浮标站主导风向频数玫瑰图分析发现：最大风速 < 6 级风时，大浮标各季度主导风向为偏南；最大风速 ≥ 6 级风时，大浮标各季度主导风向为偏北。

结论：唐山大浮标为河北唯一浮标站，可作为唐山及河北海区代表站。

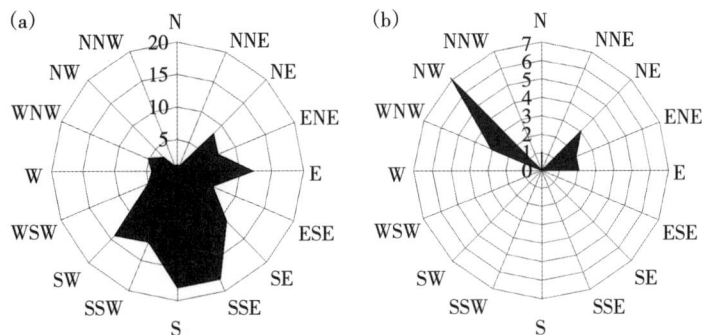

（a）大浮标站 < 6 级风风向　（b）大浮标站 8 级风风向

图 4.30　大浮标站主导风向频数玫瑰示意图

参考文献

[1] 刘铁军，郑崇伟，潘静，等 . 中国周边海域海表风场的季节特征、大风频率和极值风速特征分析 [J].
延边大学学报（自然科学版），2013，39（2）：148-152.

[2] 王慧，杨正龙，许映龙，等 . 2017 年春季海洋天气评述 [J]. 海洋气象学报，2017，37（3）：73-84.

[3] 王海平，王慧，杨正龙，等 . 2017 年夏季海洋天气评述 [J]. 海洋气象学报，2017，37（4）：75-84.

[4] 刘爽，王慧，黄奕武，等 . 2017 年秋季海洋天气评述 [J]. 海洋气象学报，2018，38（1）：69-81.

[5] 徐蜜蜜，徐海明 . 我国近海大风分布特征及成因 [J]. 热带气象学报，2010，26（6）：716-723.

[6] 李庆，马卫民，张学礼 . 中国东南近海秋末冬初一次强冷空气大风过程分析 [J]. 海洋预报，2007，24
（3）：83—89.

[7] 曹越男，刘涛，王慧，等 . 2017 年冬季海洋天气评述 [J]. 海洋气象学报，2018，38（2）：76-86.

[8] 吕爱民，黄彬，王慧，等 . 2018 年春季海洋天气评述 [J]. 海洋气象学报，2018，38（3）：101-111.

[9] 聂高臻，黄彬，曹越男，等 . 2018 年夏季海洋天气评述 [J]. 海洋气象学报，2018，38（4）：103-
114.

[10] 周冠博，吕爱民，黄彬，等 . 2018 年秋季海洋天气评述 [J]. 海洋气象学报，2019，39（1）：95-105.

[11] 王晴，黄彬，聂高臻，等 . 2018 年冬季海洋天气评述 [J]. 海洋气象学报，2019，39（2）：94-105.

[12] 吴曼丽，陈宇，王瀛，等 . 黄渤海北部沿海大风时空变化特征 [J]. 气象与环境学报，2012，28（6）：
65-71.

[13] 周淑玲，单宝臣，盛春岩 . 山东近海温带气旋强南向大风的特征分析 [J]. 海洋通报，2014，33（2）：
132-139.

[14] 杨晓霞，盛春岩，沈建国，等 . 山东沿海偏北大风的天气学模型和物理量特征 [J]. 海洋预报，2014，
31（3）：45-55.

[15] 李超，魏建苏，严文莲，俞剑蔚，彭小燕 . 江苏沿海大风特征及其变化分析 [J]. 气象科学，2013，33
（5）：584-589.

[16] 夏丽花，吴幸毓，陈敏艳 . 台湾海峡致灾大风气候特征分析 [J]. 海峡科学，2017（6）：3-8.

5 我国近海海上大风概念模型

我国各省沿海海上大风的发生发展具有一定的规律性和共性，一些地方台站根据海上大风历史天气个例，总结并建立了海上大风预报天气学概念模型，阐释了不同类型大风发生发展的原因，统计对应的影响系统等信息，确定海上大风的预报技术指标，为开展海上大风预报提供了很好的参考。

5.1 辽宁海上大风天气概念模型

辽宁省气象局通过对 1971—2010 年辽宁沿海 41 个海上大风过程（7 级及以上）天气个例进行历史普查，将海上大风分为 4 种天气型：冷锋后部型、高压后部型、气旋型和台风型，其中气旋型包括江淮气旋、华北气旋、蒙古气旋和东北低压。

5.1.1 冷锋后部型概念模型

冷锋后部型天气形势是形成海上大风的重要天气形势（图 5.1）之一，占过程总数的 28.57%。在此天气形势下，强冷空气堆积产生强气压梯度风，地面迅速加压产生强变压风，冷空气下沉动量下传，是产生大风的主要原因。冷锋后部型海上大风主要发生在春季和冬季。大风发生在冷锋后部高压前沿梯度最大的地方，冷高压强度愈强，大风风速愈大，持续时间也长。

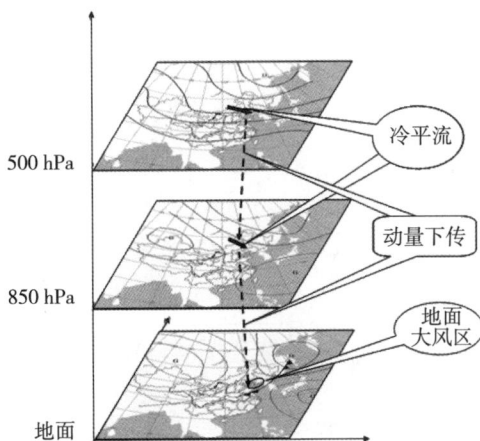

图 5.1 冷锋后部型概念模型示意图

5.1.2　高压后部型概念模型

高压后部型（图 5.2）占过程总数的 9.52%。此类大风多发生在大陆高压频繁入海的春季。春季大陆回暖快，东移变性的冷高压进入日本海或黄海后失去热量得到加强。当高压西部有江淮气旋、华北气旋、蒙古气旋、东北低压或地形槽配合时，地面气压场出现东高西低或南高西低形势，多产生偏南或偏西海上大风。

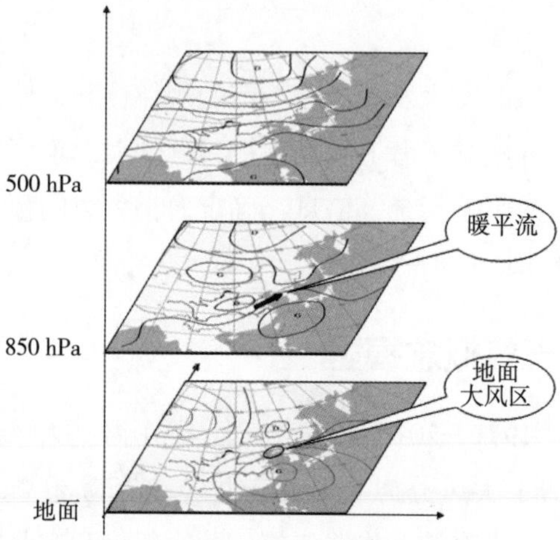

图 5.2　高压后部型概念模型示意图

5.1.3　气旋型概念模型

气旋型（图 5.3）大风即在低压发展加深时一般在低压周围气压梯度最大地区出现的大风，占过程总数的 57.14%。气旋型大风主要包括江淮气旋、华北气旋、蒙古气旋和东北低压，其中江淮气旋、华北气旋、蒙古气旋和东北低压分别占气旋型海上大风的 37.5%、12.5%、37.5% 和 12.5%。

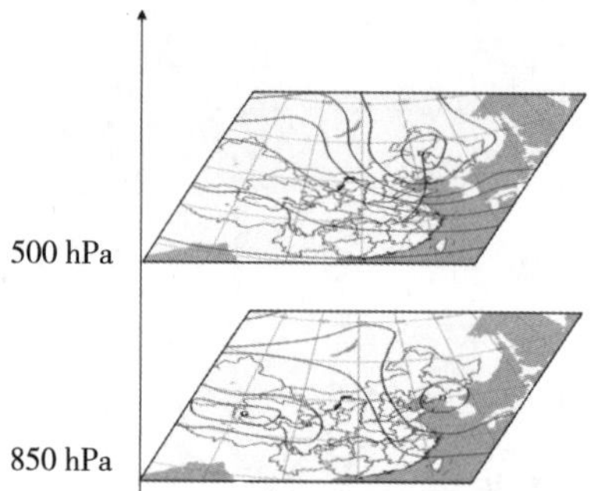

图 5.3　气旋型概念模型示意图

东北低压和蒙古气旋大风主要是由贝加尔湖和蒙古一带产生的低压东移到东北地区时，或在东北当地生成的低压发展加深时，在低压周围出现的大风。如果低压连续地无大变化，大风可持续 3 d 左右。当低压发展成为浓厚冷性低压时，低压后部常有副冷锋生成，而且锋后常出现偏北大风。

5.1.4　台风型概念模型

台风型（图 5.4）占过程总数的 4.76%。台风型大风过程虽然发生次数少，但极具灾害性。台风型海上大风主要包括以下几种情况：台风在中国登陆后直接北上或者再次入海后引发海上大风；台风在朝鲜半岛登陆引发海上大风；热带气旋直接从黄海北部登陆引发海上大风。

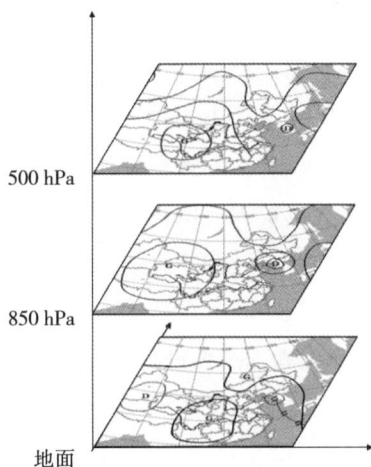

图 5.4　台风型概念模型示意图

5.1.5　海上大风中尺度分析概念模型

海上大风的预报内容包括起风时间、风向、风力和大风持续时间。从中尺度分析角度进行海上大风预报，首先从天气形势分析入手，如有锋面过境、气旋发生发展、出现南高北低或东高西低的气压场形势或台风等可能产生大风的天气系统。

5.1.5.1　高压后部型、冷锋后部型和气旋型

针对高压后部型、冷锋后部型和气旋型（图 5.5）不同的天气系统进行物流量的分析。例如冷锋后部偏北大风，主要是锋后有强冷空气的活动，锋区的大气斜压性加强，环流加速度使冷空气下沉、暖空气上升。低层水平方法向上加速度的方向由冷气团指向暖气团，使冷锋后的偏北风加大。冷空气下沉，动量下传使锋后地面风速加大。另外，冷锋后上空的冷平流使锋后近地面层出现较大的正变压中心，变压风也加大了地面风速。因此要分析地面锋区、正负变压大值区，中低层冷平流、负变温中心、垂直速度，高低空槽和急流等。而大风主要是出现在冷锋后高压前气压梯度力最大的地方。

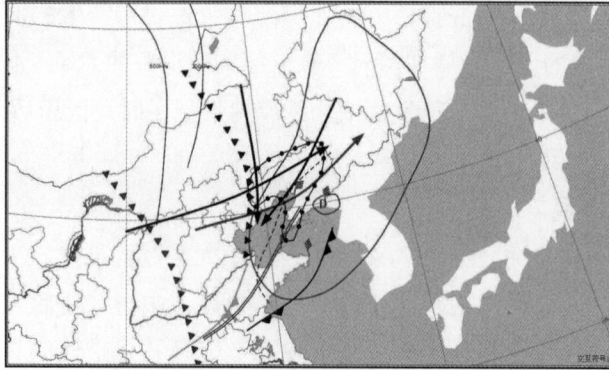

图 5.5　气旋型海上大风中尺度分析模型

5.1.5.2　台风型

由于台风北上进入渤海至黄海北部，会给辽宁沿海带来海上大风天气，而此时大风的预报着眼点是台风的移动路径和台风强度。由于台风中心气压极低，与周围环境场的气压梯度力非常大，加上台风涡旋，对流显著，导致台风外围风速较大，具有很大的阵性。进行中尺度分析时，首先关注台风中心位置，台风移动路径，台风移向的西侧与太平洋副高相邻，气压梯度大，风力也较大，如受到大陆冷高压和副高的共同影响，台风的西北部和东北部风力较大。因此要分析地面变压中心、台风中心，台风变性后的冷锋位置，高低空槽、涡旋中心和急流，以及 500hPa 副高 588 特征线位置（图 5.6）。

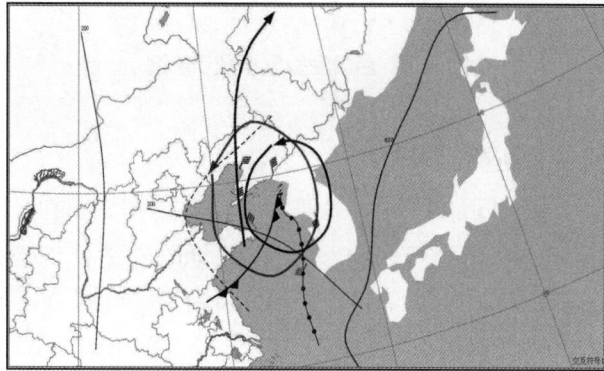

图 5.6　台风型海上大风中尺度分析模型

5.1.6　海上大风预报指标

将北纬 38°～42°、东经 119°～125°作为沿海大风预报的要素关键区（地面、850 hPa、700 hPa），北纬 34°～46°、东经 113°～131°作为沿海大风预报的 500 hPa 关键区。对区内的气象要素进行统计分析，包括位势高度差、气压差、降水量、等高线数、地面变压、变温、温度平流、涡度平流、垂直速度和稳定度等。

气旋型、冷锋后部型、高压后部型、台风型海上大风个例，运用箱式统计法确定物理
量预报阈值（表5.1）。

表 5.1 物理量预报阈值

项目		气旋（低压）型		冷锋后部型	高压后部型	台风型
		北风	南风	北风	南风	北风
要素关键区北纬 38°~42°，东经 119°~125°	500 位势高度差	≥ 18	≥ 23	≥ 26	≥ 24	≥ 22
	999 气压差	≥ 14	≥ 14	≥ 13	≥ 12	≥ 18
	地面 24 h 变压	≥ 10	≤ −14	≥ 15	≤ −10	≥ 14
	地面 6 h 变压	≥ 7	≤ −3	≥ 4	≤ −5	≥ 4
	地面 3 h 变压	≥ 2.5	≤ −3	≥ 3.2	≤ −3	≥ 3
	地面 24 h 变温	≤ −8	≥ 5	≤ −10	≥ 4	≤ −5
	地面 6 h 变温	≤ −4	≥ 3	≤ −4	≥ 2	≤ −2
	温度平流 850 hPa	≤ −10	≥ 30	≤ −5	≥ 20	≤ −5
	温度平流 700 hPa	≤ −20	≥ 15	≤ −30	≥ 2	≤ −25
	垂直速度 850 hPa	≥ 50	≤ −50	≥ 50	≤ −40	≥ 46
	垂直速度 700 hPa	≥ 45	≤ −40	≥ 30	≤ −10	≥ 12
	T–$\log p$ 图	稳定	稳定	稳定	稳定	稳定

综合分析出现海上大风天气过程的要素值及物理量特征，归纳出可用于预报的技术指标。

（1）风速中心的高度：西北风在 800 hPa 以上，偏南风中心在 925 hPa 附近。

（2）高空急流：锋区强，急流中心强，西北风大于 60 m/s，整层西北气流，高空动量
下传。

（3）温度平流中心高度：西北风在 700 hPa，偏南风中心在 925 hPa 附近。

（4）温度平流强度：-230×10^{-5} K/s，偏南风 30 m/s。

5.2 河北海上大风天气概念模型

河北省气象局依据河北沿海大风个例资料，建立河北省沿海地区天气尺度背景下的海
上大风天气概念模型、短时大风天气中尺度天气概念模型及指标，归纳了 3 个模型和 3 级
预报指标。

5.2.1 天气尺度背景下的海上大风天气概念模型

根据 2001—2008 年河北省沿海大风天气形势特点，将天气尺度背景下的海上大风划
分为 3 种形势，海上偏北大风天气模型、海上偏南大风的天气模型以及温带气旋、台风北
上海上偏东大风天气模型。

5.2.1.1　海上偏北大风天气模型

海上偏北大风天气模型见图 5.7。

A. 北路冷空气路径及地面分型：冷空气引导锋区从贝加尔湖以东南下，由东北平原进入渤海北部形成海区东—东北大风形势场，850 hPa 在 40°N 有纬向型锋区维持（5~7个径距），海上最大风速达 28 m/s 以上，平均持续时间 20~21 h，占大风概率的 26%。

B. 西北路冷空气路径及地面分型：冷空气引导锋区从蒙古中部进入华北北部，渤海北部形有利海区北—西北大风的形势场，850 hPa 在 36°~43°N 有东北—西南向锋区维持，海上最大风速达 24 m/s 以上，平均持续时间 18~20 h，占大风概率的 38%。

C. 西路冷空气路径及地面分型：冷空气从新疆—河西走廊，由河北平原进入渤海，850 hPa 在 40°N 有东北—西南向锋区维持，海上最大风速达 20 m/s 以上，平均持续时间 12~14 h，占大风概率的 12%。

具体指标：预报因子对应 3 个量级。

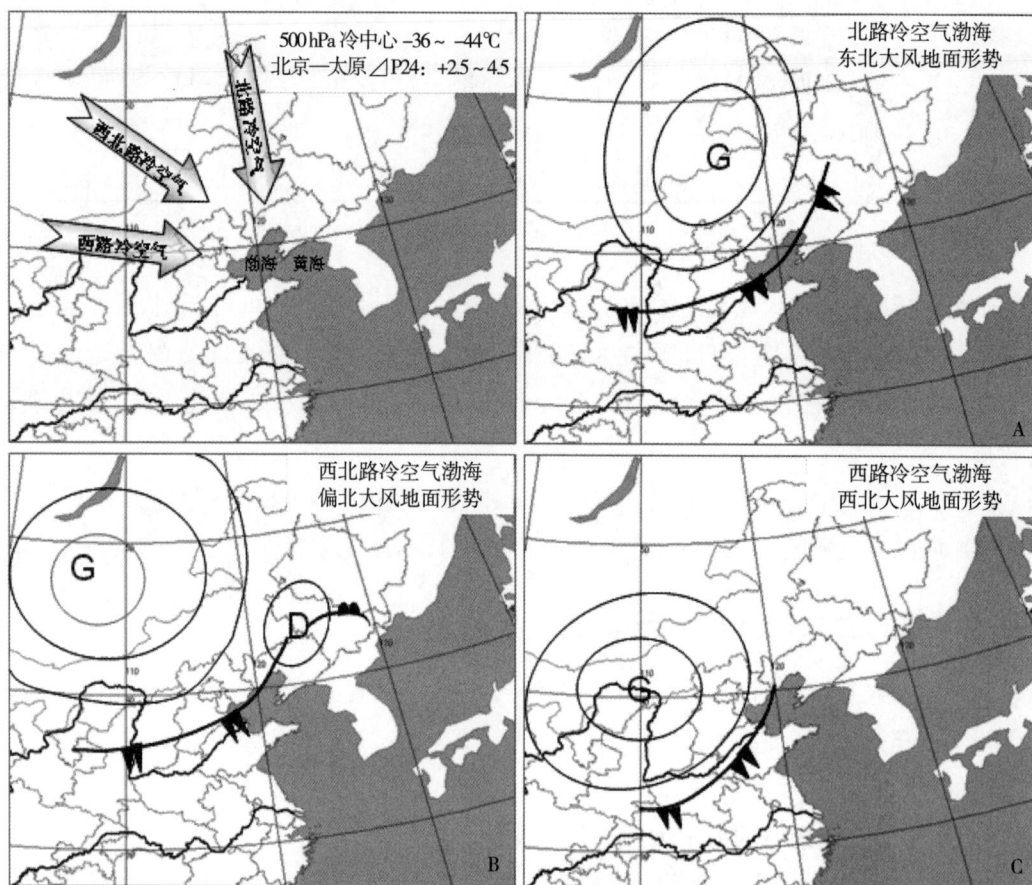

图 5.7　海上偏北大风天气模型

5.2.1.2 海上偏南大风的天气模型

D1. 东北低压，主要由蒙古气旋动态演变而来。当地面低压有高空疏散配合时，槽后冷平流较强与槽前暖平流明显，地面气旋发展东移，同时，在朝鲜半岛至日本海有大陆变性高压维持少动，平均强度 1024 hPa，渤海处于西南风向气压梯度密集区，海上最大风速达 21 m/s 以上，平均持续时间 8～12 h，占大风概率的 13%。是最常见的西南大风地面形势场（图 5.8D1）。

D2. 华北地形槽是指在太行山东侧的华北平原上的低压槽，是浅薄系统。春季出现时因没有降水，加之有时云量小于 3/10 常被称之华北干槽，主要是地形产生的动力减压作用造成的。即当较强的西风越过太行山时，处于背风坡的华北平原，由于中层大气正涡度平流动态增大导致气压迅速下降形成地形槽，当与黄海高压之间形成较大梯度时，导致渤海的西南大风，海上最大风速达 18 m/s 以上，平均持续时间 5～7 h，占大风概率的 5%（图 5.8D2）。

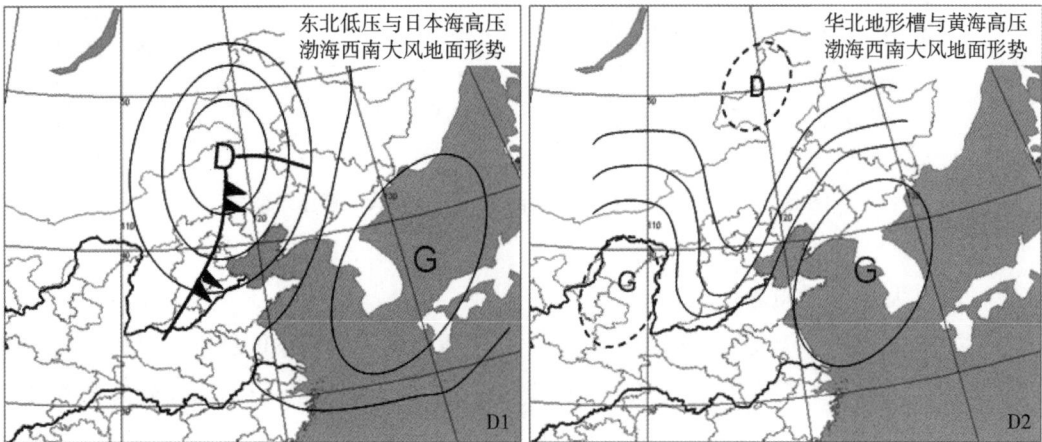

图 5.8　海上偏南大风天气模型示意

5.2.1.3 温带气旋、台风北上海上偏东大风天气模型

E1. 黄河气旋东移与江淮气旋北上型所导致的渤海偏东大风地面形势场比较相似，常见春秋季节，冷暖空气最剧烈交汇区域 38～41°N，117～127°E。例如 2003 年 10 月 10 日和 2007 年 3 月 4 日环渤海地区两次高影响天气，海上最大风速达 36 m/s，平均持续时间 24～28 h，占大风概率的 3%。

参考指标：① 500 hPa 贝加尔湖东侧有冷中心，中心温度 ≤ −30 ℃。② 850 hPa 锋区位于 40～45°N，105～125°E，且冷平流最强在辽宁中南部平原，五纬距等温线 ≥ 4 条，700 hPa 温度（乐亭—赤塔）≥ 20 ℃；地面冷高压东西向分布，高压中心 ≥ 1030 hPa，35～45°N，110～125°E 有倒槽（或减弱的台风低压），负变压中心在唐山到秦皇岛一带

$\Delta P3 \leqslant -3.0$ hPa（图 5.9E1）。

E2. 台风北上型。当台风北上时中心在江苏沿海时渤海处于台风顶部，河北海区由东南风转东风，唐山、秦皇岛遇到天文大潮增水时易出现风暴潮，海上最大风速达 22 m/s，占大风概率的 1%，平均持续时间 6~8 h；随着路径转向东北时，台风中心进入黄海时渤海大部为东北大风，沧州黄骅易产生风暴潮，平均持续时间 6~7 h。负变压中心在大连、营口 $\Delta P3 \leqslant -3.4$ hPa（图 5.9E2）。

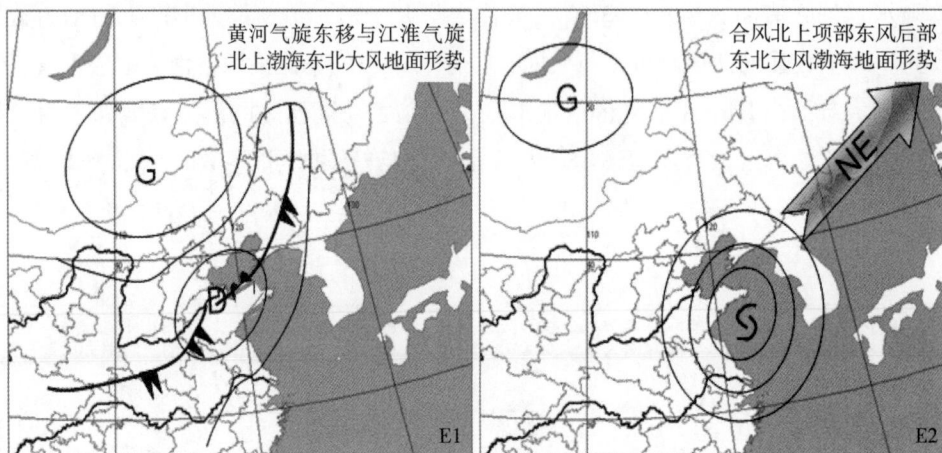

图 5.9　温带气旋、台风北上海上偏东大风天气模型示意图

5.2.2　短时大风天气概念模型

根据 2009—2012 年大风引发 23 个海难个例天气资料，分析不同类型大风天气的中尺度特征及成因，建立了短时大风（强对流引发）天气概念模型及指标。划分为渤海东移型（NW 大风）、渤海南压型（NE 大风）、渤海副高边缘北上型（S 转 N 大风）。

5.2.2.1　渤海东移型（NW 大风）

如图 5.10（a）所示：

（1）形势场。低涡（低槽）位于蒙古东部一线，槽线底部在黄河以南，400 hPa 急流在河套至北京地区，朝鲜半岛—东北南部为暖高压脊。

（2）低层风场。对应高空形势，850~925 hPa 海岸带—海区为径向型次天气尺度或中尺度切变线。

（3）卫星云图。渤海位于大尺度涡旋云系中部，中尺度象元面积 300 km × 400 km，3 h TBB 变化 –52 ℃→ –76 ℃→ –30 ℃；移向 / 移速为 E/50 km；一般情况"低槽型"进入渤海中尺度象元 TBB 值减弱移至东部海岸带后有增强趋势。

（4）雷达回波。带状回波生成于承德—北京一线，进入渤海后回波强度维持在 40~50 dBz，回波顶高 11~12 km，且海区地闪 1~3 h 分布与回波顶高大于 8 km 区域接近一致，负闪密度增加时降水强度增大，正闪密度大值区对应大风冰雹。

（5）海岸带探空物理量。CAPE 为 900～1300 J/kg；K 指数为 28～32 ℃；SI 为 0～ –2 ℃；Wsr0–6 km 为 20～22 m/s。

一般多发于 5—6 月，海区气象灾害天气次序雷电、短时大风、降水。

5.2.2.2 渤海南压型（NE 大风）

如图 5.10（b）所示：

（1）形势场。低涡（低槽）位于东北中部或南部一线，槽线底部在山东半岛以南，400 hPa 急流在锡林浩特至秦皇岛地区，贝加尔湖—乌兰巴托为暖高压脊。

（2）低层风场。对应高空形势，850～925 hPa 海岸带—海区为纬向型次天气尺度或中尺度切变线。

（3）卫星云图。渤海位于大尺度涡旋云系后部，带状中尺度象元面积 200 km × 400 km，3 h TBB 变化 –52 ℃→ –76 ℃→ –78 ℃；移向/移速为 SSE/60 km；一般情况低槽型进入渤海中尺度象元 TBB 值少变移至南部海岸带后有增强趋势。

（4）雷达回波。带状回波生成于阜新—承德一线，进入渤海后回波强度维持在 45～55 dBz，回波顶高 12～13 km，且海区地闪 1～3 h 分布与回波顶高大于 8 km 区域接近一致。

（5）海岸带探空物理量。CAPE 为 800～1350 J/kg；K 指数为 30～33 ℃；SI 为 0～ –3 ℃；Wsr0～6 km 为 21～24 m/s。

一般多发于 7—8 月，海区灾害天气次序强降水、短时大风、雷电。

5.2.2.3 渤海副高边缘北上型（S 转 N 大风）

如图 5.10（c）所示：

（1）形势场。500 hPa 副热带高压 588 线位于日本海至我国黄海—东海西部一线并有西伸北抬趋势，高压中心位于日本九州岛附近；400 hPa 急流在合肥—临沂至大连；赛音山达—呼和浩特移向为弱低值系统。

（2）低层风场。对应高空形势，850～925 hPa 海岸带—海区为经向型中尺度切变线或涡旋并有低空急流；海区持续偏东风 6～8 m/s。

（3）卫星云图。渤海位于副高边缘左侧中尺度对流云系前部，在黄河流域一线块状中尺度对流有发展北移趋势，中尺度象元面积 200 km × 300 km，3 h TBB 变化 –72 ℃→ –86 ℃→ –78 ℃；移向/移速为 NE/60 km；一般情况中尺度云团进入渤海西海岸带—海区 TBB 值增强移至北部海岸带 2～3 h 后有继续增强趋势。同步水汽图比红外云图涡旋状及块状特征更清晰一些。

（4）雷达回波。块状回波生成于沧州—天津南部一线，并呈波动式传播，进入渤海后回波强度维持在 50～55 dBz，回波顶高 9～12 km，且海区地闪 1～3 h 分布与回波顶高大于 8 km 区域接近一致；正闪密度分布小于负闪。

（5）海岸带探空物理量。CAPE 为 1000～1410 J/kg；K 指数为 32～35 ℃；SI 为 –1～–3 ℃；Wsr0～6 km 为 22～26 m/s。

一般多发于 7—8 月，海区灾害天气次序强降水、雷电、短时大风。

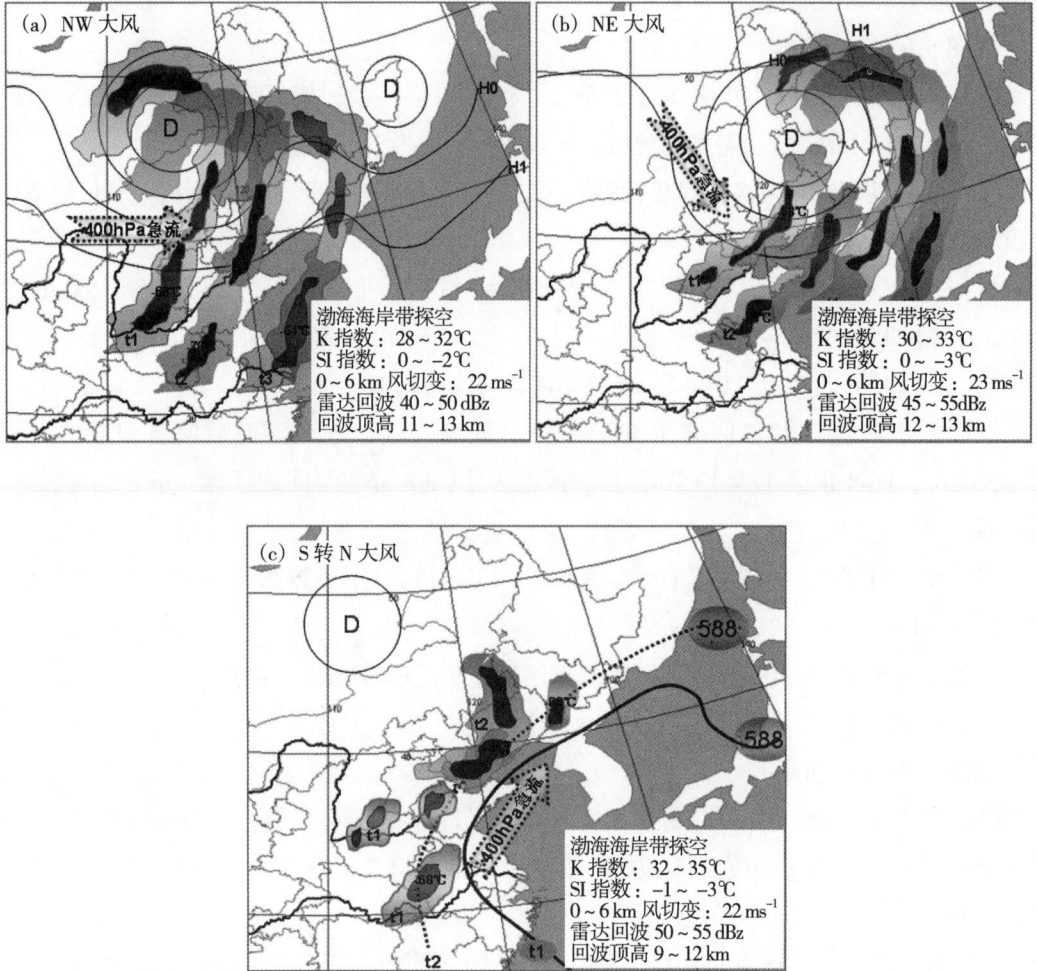

图 5.10　强对流引发海上大风天气概念模型

5.3　天津海上大风概念模型

天津市气象局吴彬贵等根据 1988—2010 年资料，按照高空要素和低空要素的不同分布特征进行海上大风天气学概念模型划分，分为 4 种：N—NW 大风型、NE 大风型、冷空气和气旋组合型大风、台风型大风。

以上天气划分方法首先要考虑低空要素值的位置、中心值以及范围：①地面高压中心。②地面低压中心。③渤海湾的气压梯度。④渤海的气压梯度。⑤$\Delta P3$ 正变压中心。

⑥1000 hPa 散度、冷平流。

其次还要参考高空要素的位置、中心值以及范围：①冷中心。②冷平流。③辐合、辐散等。

5.3.1   N—NW 大风天气概念模型

N—NW 大风天气概念模型见图 5.11 所示。

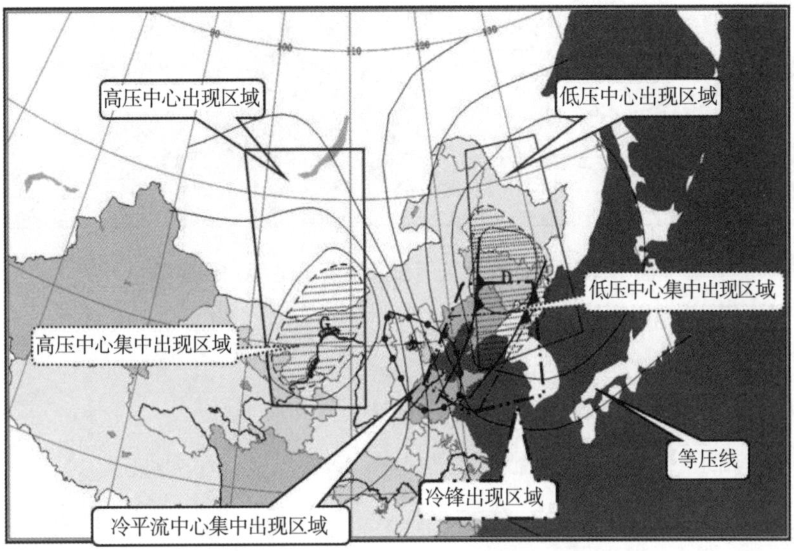

图 5.11   N—NW 大风天气概念模型示意图

5.3.2   NE 大风天气概念模型

NE 大风天气概念模型如图 5.12、图 5.13 所示。

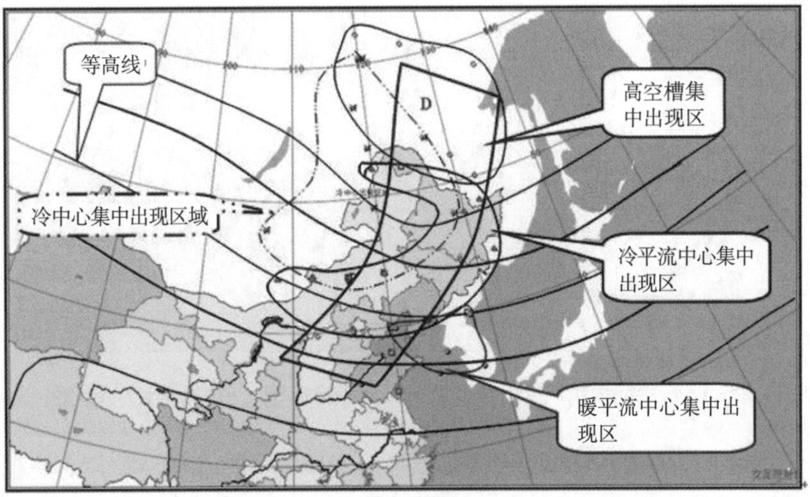

图 5.12   NE 大风天气概念模型（500 hPa 图）示意图

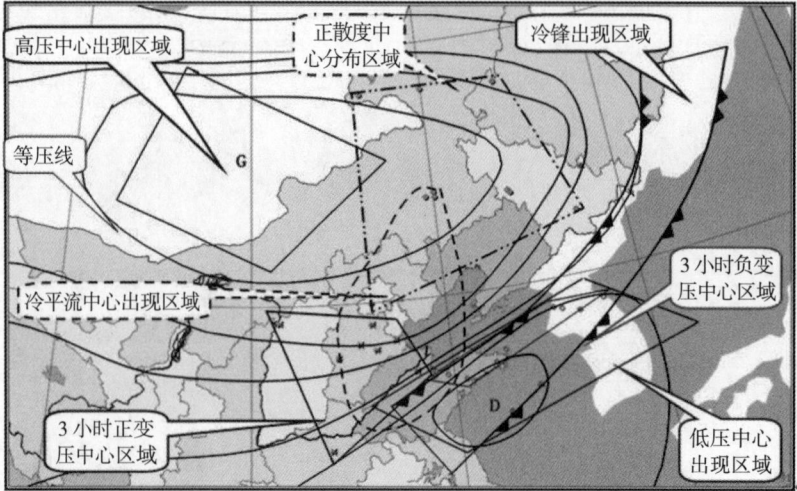

图 5.13　NE 大风天气概念模型（地面）示意图

5.3.3　冷空气和气旋组合型大风天气概念模型

冷空气和气旋组合型大风天气概念模型见图 5.14 ~ 图 5.16 所示。

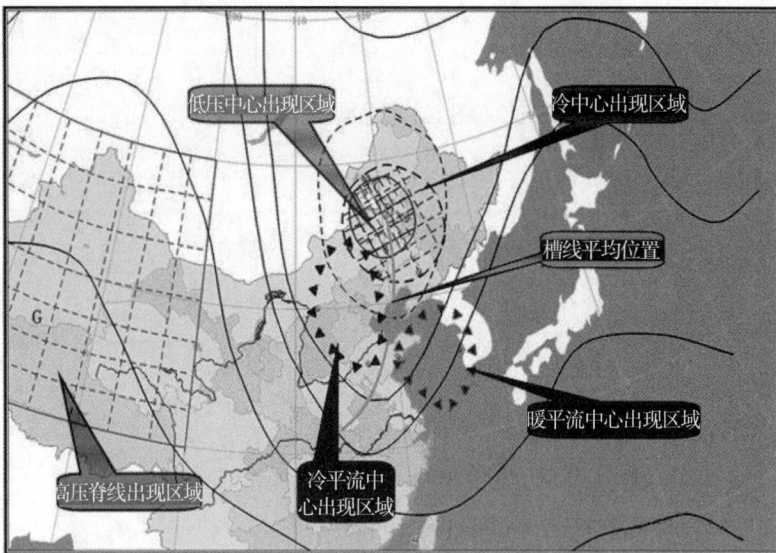

图 5.14　冷空气和气旋组合型大风天气概念模型（500 hPa）示意图

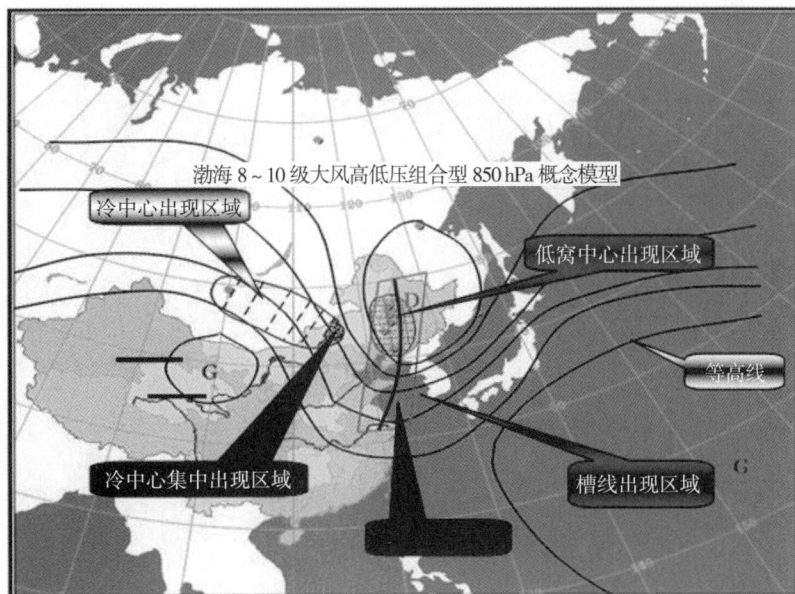

图 5.15 冷空气和气旋组合型大风天气概念模型（850 hPa）示意图

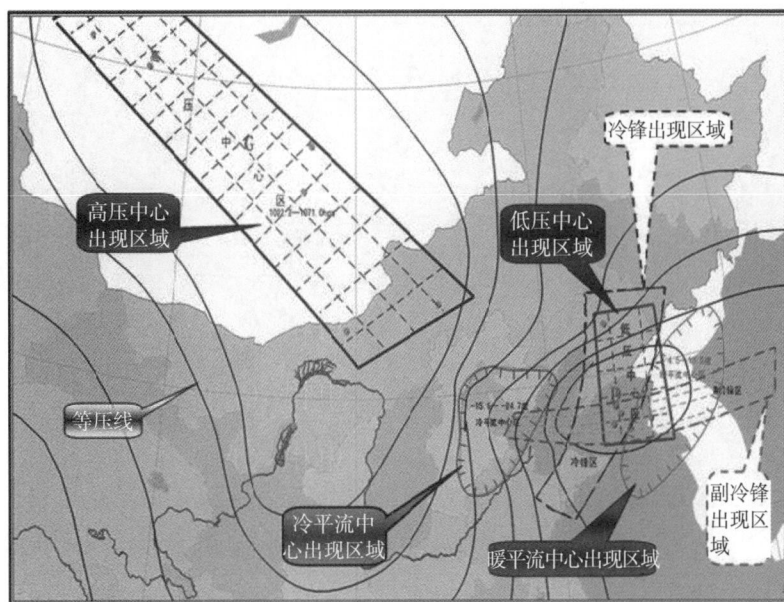

图 5.16 冷空气和气旋组合型大风天气概念模型（地面）示意图

5.3.4 台风大风天气概念模型

台风大风天气概念模型见图 5.17 ~ 图 5.19 所示。

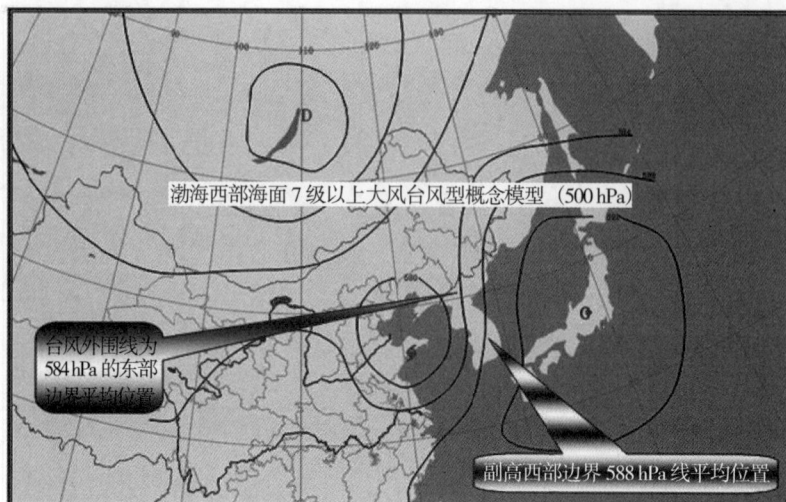

图 5.17　冷空气和气旋组合型大风天气概念模型（500 hPa）示意图

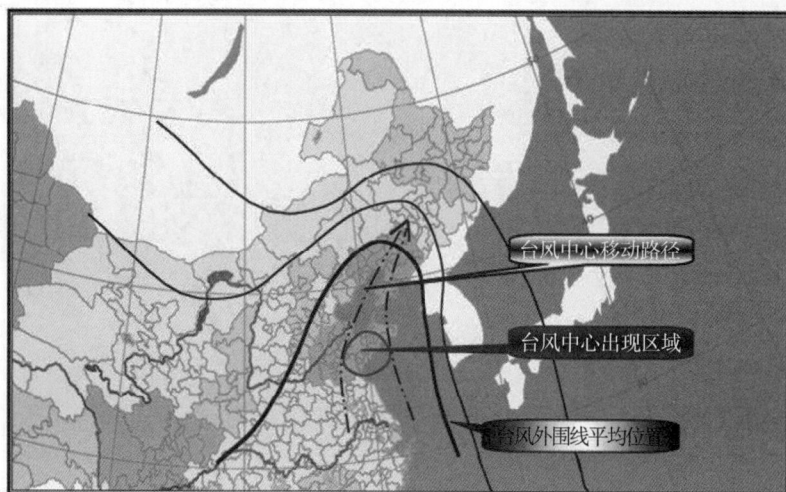

图 5.18　冷空气和气旋组合型大风天气概念模型（地面）示意图

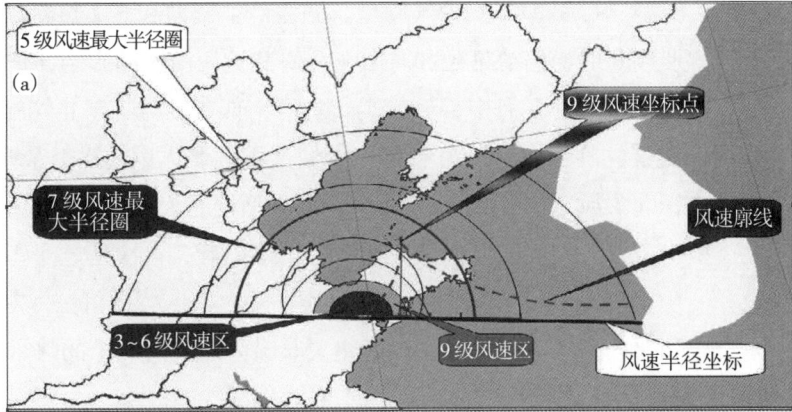

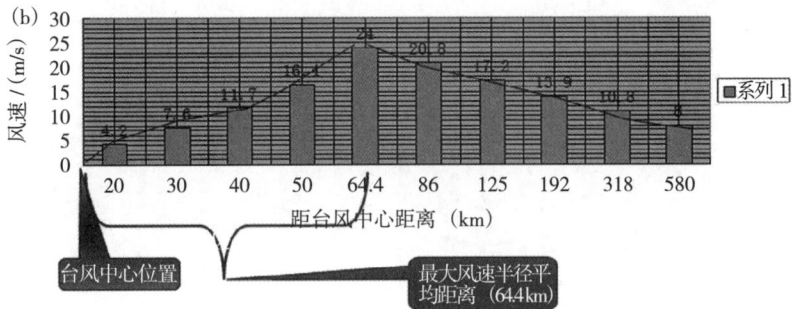

（a）大风圈，（b）风速值与距离

图 5.19　台风风场分布平均状态

5.3.5　天津沿海大风指标

综合分析出现海上大风天气过程的要素值及物理量特征，归纳出可用于预报的技术指标。

锋区和急流中心：偏东风和偏南风在 40°N 以北，偏东风在东北有 40 m/s 急流中心；西北风锋区和急流中心在河套及以东，中心接近 60 m/s。

850 hPa 以下风和锋区强度：偏南风为暖脊控制，偏南风在 16～20 m/s；偏东风等温线 5 根等温线（5 个纬距），东北风大（16～22 m/s），风速中心在 925 hPa；西北风风大（22 m/s），但风与等温线交角小，冷平流小。

地面：气压梯度都在 5～6 根（5 个纬距）。变压：偏东风正变压最大，且有中心（在 6 hPa 以上）；西北风无中心（在 3 hPa 以上）；偏南风为负变压（−3 hPa 以下）。

5.4　山东海上大风天气概念模型

山东省气象局杨晓霞等对 2009—2010 年山东沿海 2 站及以上代表测站（两个海域）出现 7 级（含 7 级）以上偏北大风的天气系统进行分析研究，共选出 33 例，对其进行分类归型，共分为四大类型：冷锋型、温带气旋型、回流冷空气型和北上热带气旋型。

根据温带气旋的形成源地、移动路径和对山东沿海和近海海域的影响，把温带气旋又分成了4种类型：渤海气旋类、黄海中部气旋类、黄海南部气旋类、东北气旋类。

从大类型来说，温带气旋在山东沿海和邻近海域产生偏北大风的次数最多，2 a 中有19次，占57.6%。冷锋北大风有13次，占39.4%；回流型偏北大风只有1次，占3.0%。

在温带气旋类型中，渤海气旋最多，其次是黄海中部气旋，再次是黄海南部气旋和东北气旋。

在夏季山东沿海和邻近海区造成偏北大风的主要是沿海或近海北上的热带气旋。

5.4.1 冷锋型偏北大风的环流特征

冷锋型有较强的冷平流，中低层为较强的下沉运动，低层辐散，有高空动量下传，大风主要是快速南下的冷空气和下沉运动造成的辐散风及高空动量下传的共同作用（图5.20）。

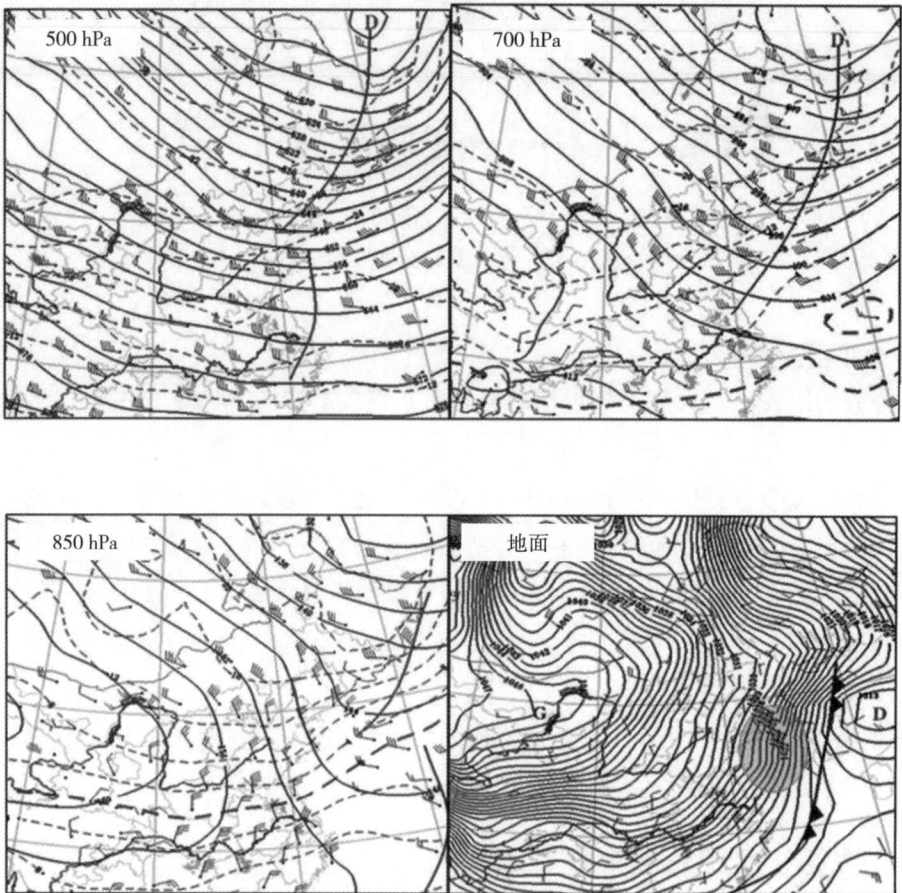

图 5.20 冷锋偏北大风的个例环流特征

5.4.2 温带气旋型环流特征

温带气旋在山东沿海和近海产生偏北大风的次数最多，其次是冷锋，北上热带气旋和回流冷空气型较少。在温带气旋类型中，渤海气旋最多，其次是黄海中部气旋，黄海南部气旋和东北气旋较少。夏季北上的热带气旋在山东沿海造成偏北大风的次数每年分布不均匀（图 5.21 ~ 图 5.24）。

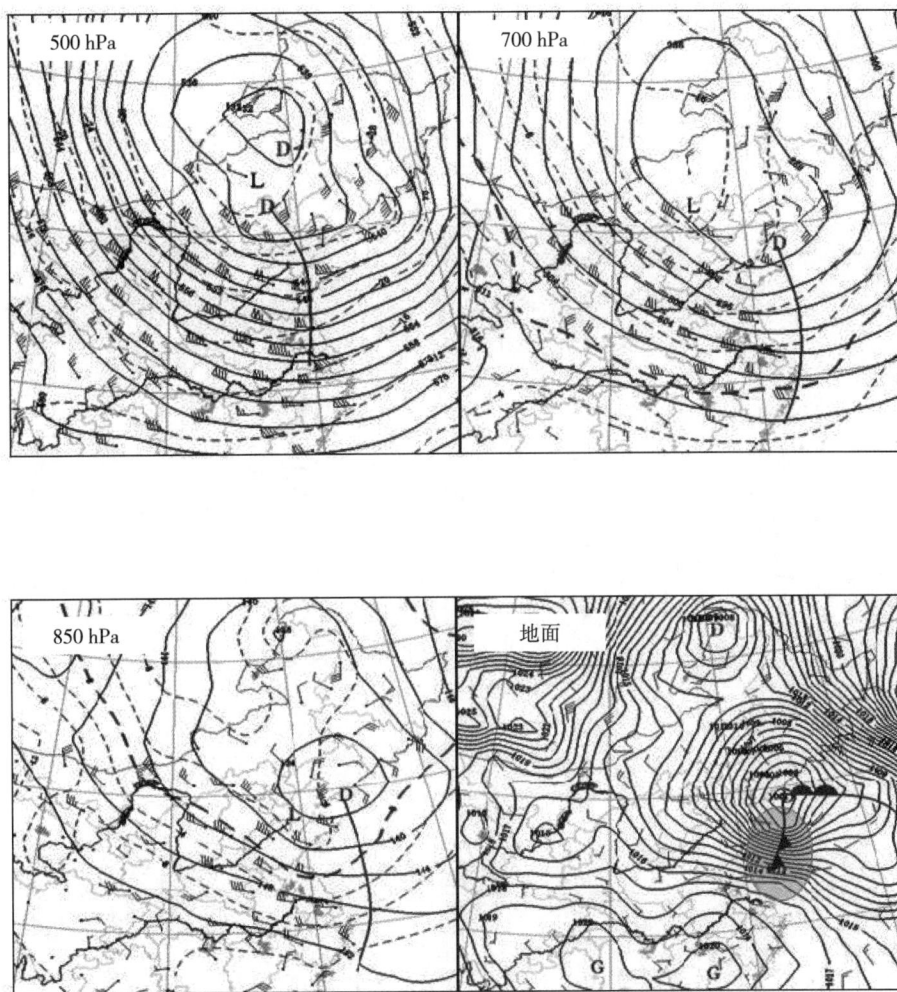

图 5.21　渤海气旋型偏北大风的个例环流特征

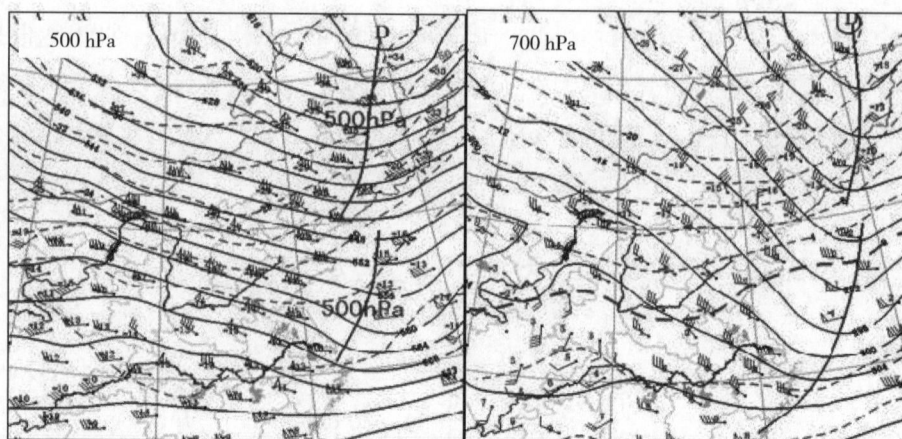

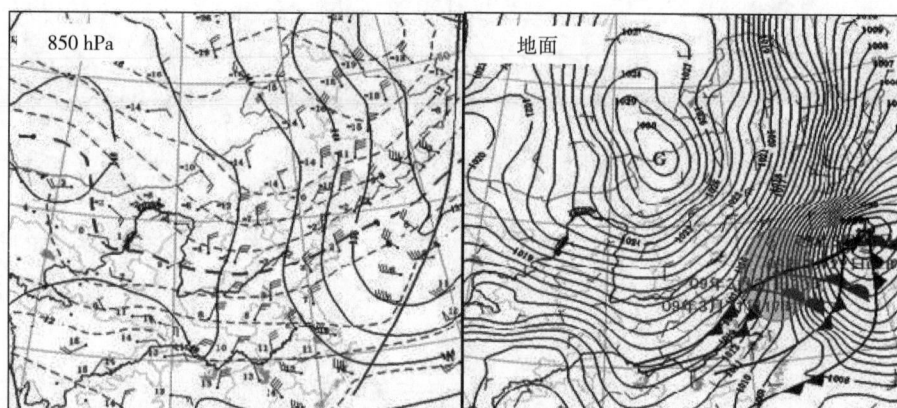

图 5.22　黄海中部气旋型个例环流特征

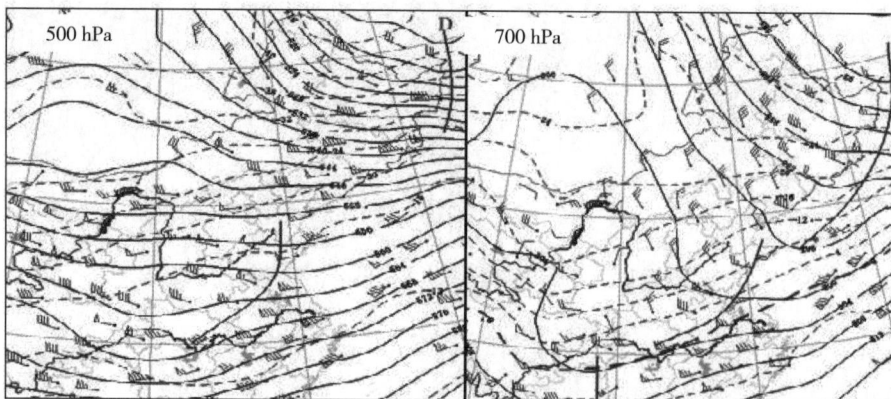

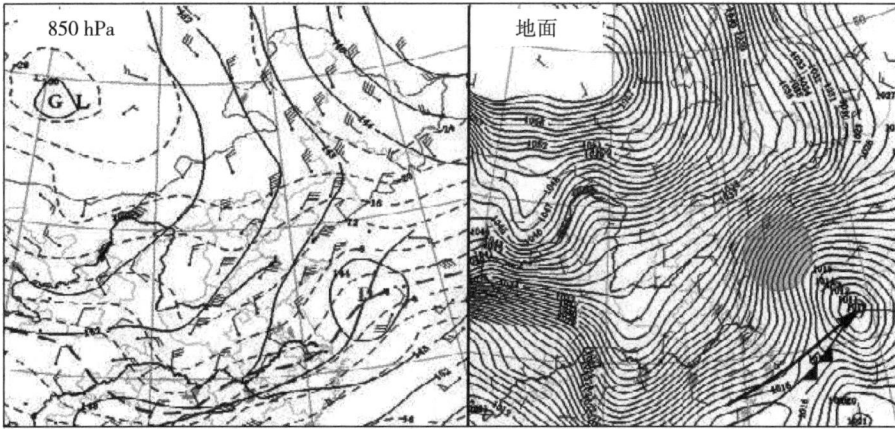

图 5.23 黄海南部气旋型个例环流特征

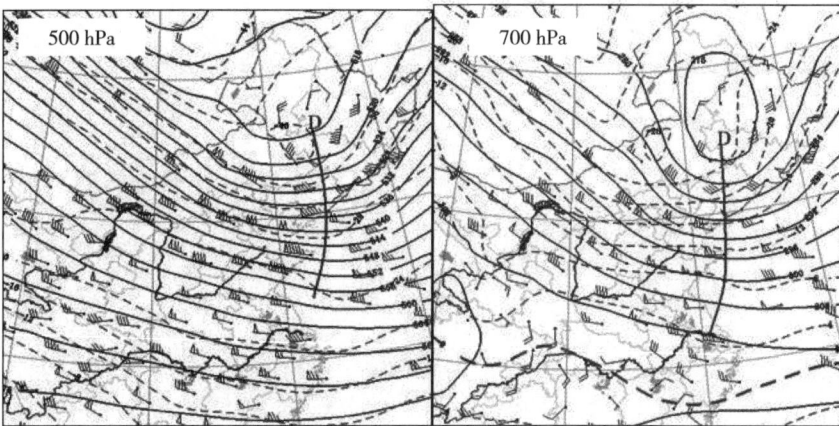

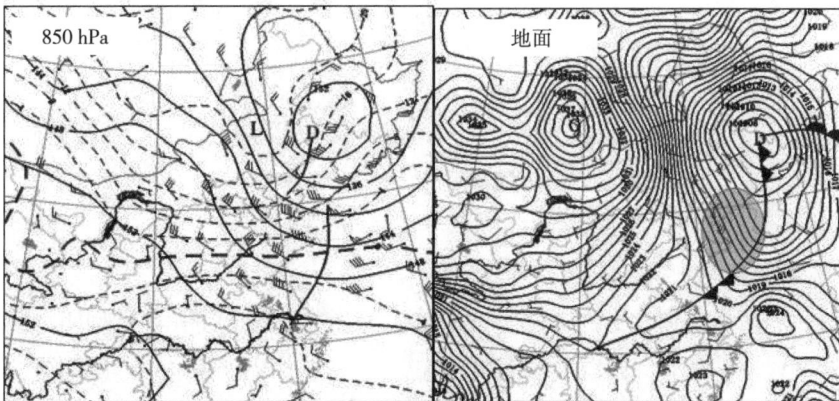

图 5.24 黄海南部气旋型个例环流特征

5.4.3 回流冷空气型

回流型大风高空为上升、近地面层为下沉，大风主要是低层快速南下的冷空气的水平运动（图 5.25）。

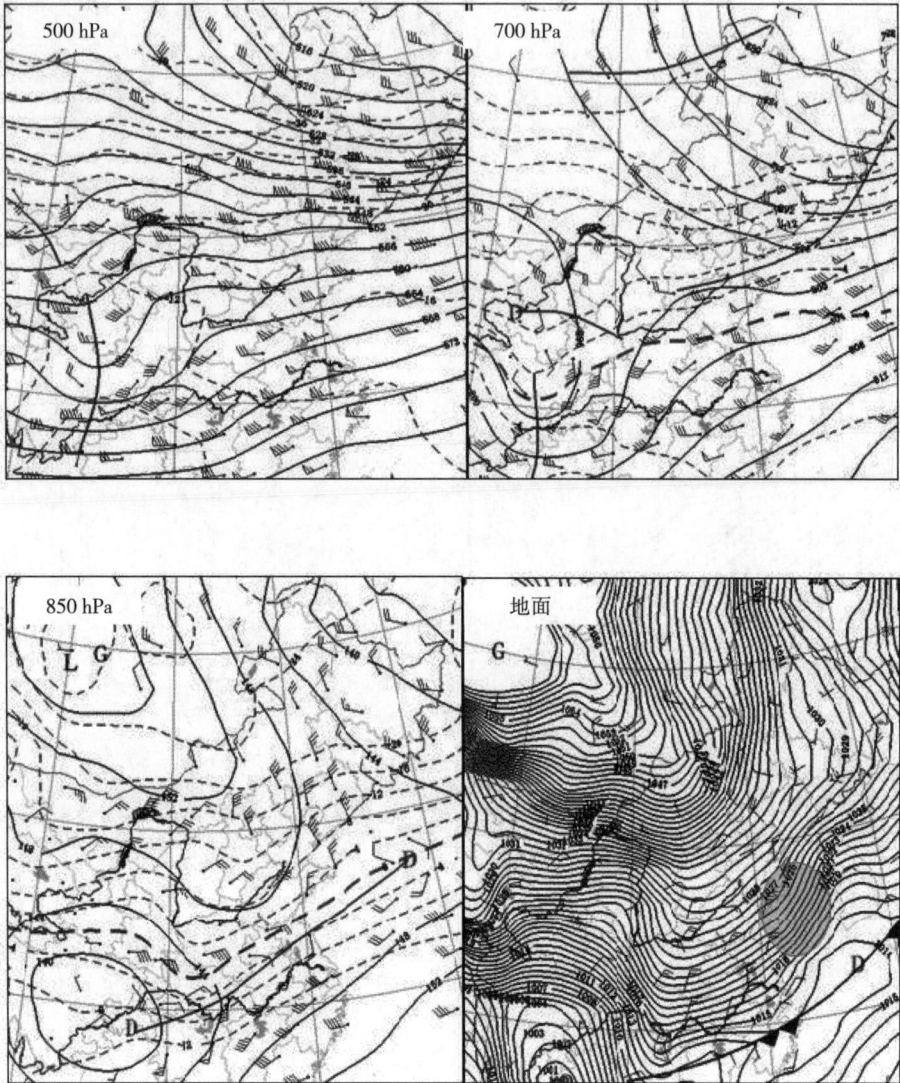

图 5.25　回流冷空气型个例环流特征

5.4.4　北上热带气旋型

热带气旋北上产生的偏北大风，在高空物理量的分布上与上述几种类型明显不同，偏北大风主要在 700 hPa 以下，低层为负涡度平流，高层为正涡度平流，整层都为较强的正涡度和较强的上升运动。在垂直运动场上与渤海气旋和黄海南部气旋型相类似。大风主要是由低层热带气旋中心附近的旋度风和向气旋中心的辐合运动而产生（图 5.26）。

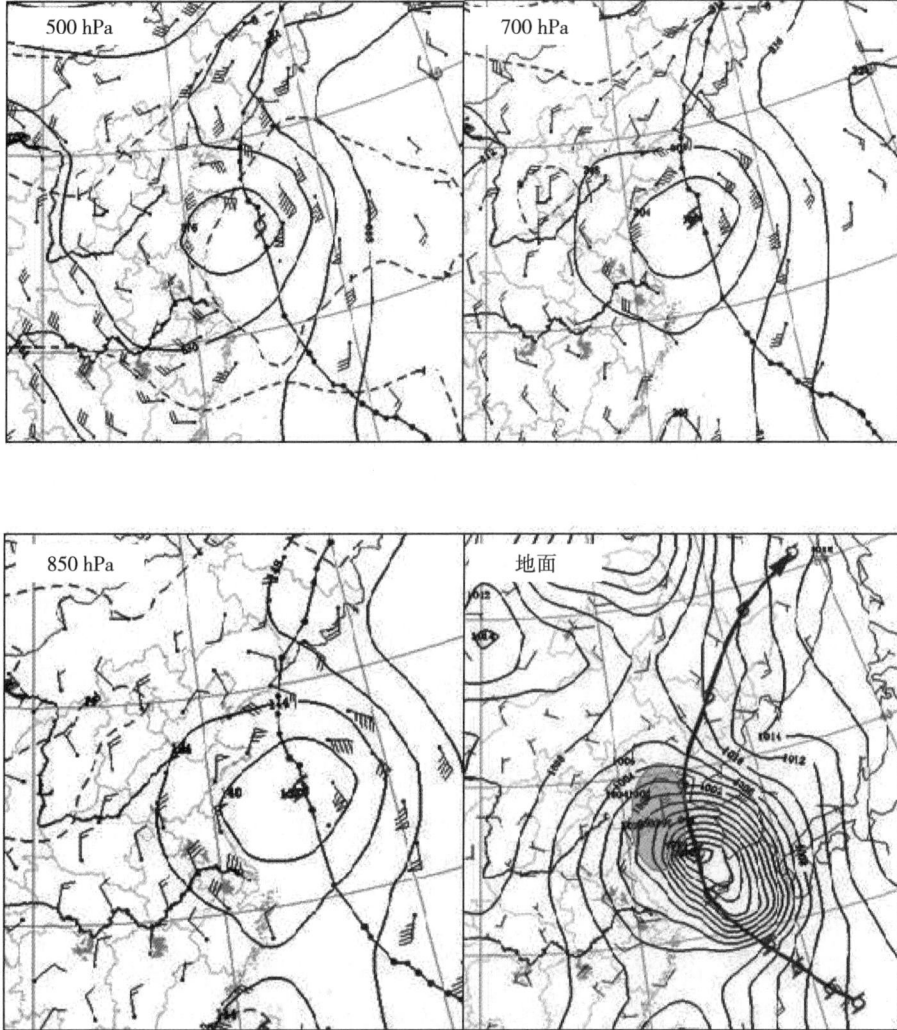

图 5.26　北上热带气旋型个例环流特征

5.4.5　山东沿海偏北大风指标

综合分析出现海上大风天气过程的要素值及物理量特征，归纳出可用于预报的技术指标。

（1）850 hPa 上的锋区强度平均值为 20 ℃ /10 纬度。

（2）冷锋后地面冷高压中心强度平均 1034 hPa。

（3）锋前海区的低压强度平均为 1006 hPa。

（4）高压中心与低压中心的气压差为 27 hPa。

（5）地面大风区的气压梯度阈值为 12 ~ 23 hPa/10 经度，平均值为 18 hPa/10 经度。

（6）成山头 850 hPa 风速平均值 18 m/s。

（7）成山头 850 hPa 24 h 降温幅度在 −24 ~ −2 ℃，平均 −10.6 ℃。

179

5.5　浙江海上大风天气概念模型

浙江省气象局在 2012 年版《浙江天气手册》中归纳了浙江沿海海上大风的预报模式。划分为冬季浙北偏北大风预报模式、冬季浙中南沿海偏北大风预报模式和春季浙北沿海大风预报模式，夏季主要为热带气旋带来的大风天气。

5.5.1　冬季浙北偏北大风预报模式

冬季浙北偏北大风预报模式又分为冷空气型大风和低压型大风两种。

5.5.1.1　冷空气大风

以西安和北京为分界点，将冷空气影响浙江的路径分为 3 种，西路冷空气、中路冷空气、东路冷空气。冷空气主体途经西安附近或西安以南东移南下影响浙江的称为西路冷空气；冷空气途经西安和北京之间东移南下的称为中路冷空气；冷空气从北京附近或北京以东地区扩散南下的称为东路冷空气，有的地方又称为北路冷空气。

（1）西路冷空气

西路冷空气源地一般来自冰岛附近洋面，经斯塔的纳维亚半岛、西西伯利亚到达我国新疆地区，经河西走廊、青海西藏高原东南侧南下，对我国西北、西南及江南各地区影响较大，但降温幅度不大。该路冷空气在浙江沿海及东海海域多产生偏北大风。形成之初冷高压中心强度一般在 1040 ~ 1060 hPa，少数会达到 1070 hPa，冷空气经过长途跋涉，高压中心强度逐渐降低，开始影响浙江沿海及东海海域时，强度一般在 1020 ~ 1040 hPa，少数会达到 1060 hPa。西路冷空气影响浙江省的情况较少，约占 14%。

（2）中路冷空气

中路冷空气源地比较复杂，可以来源于前述影响我国的冷空气源地 3 个中的任何一个，或者从不同的冷空气源地出发，后在萨颜岭以南区域汇聚。该路冷空气经萨颜岭、蒙古中部进入中蒙边境后，经河套地区东移南下，直达长江中下游和江南地区。循这条路径下来的冷空气，在长江以北产生的寒潮天气以偏北大风和降温为主，到江南以后，则因南支锋区波动活跃可能发展伴有雨雪天气。该路冷空气在浙江沿海常产生北到东北大风。影响浙江省的冷空气路径大多以中路为主，约占 74%。图 5.27 ~ 图 5.29 为 3 种冷空气路径的基本形态。

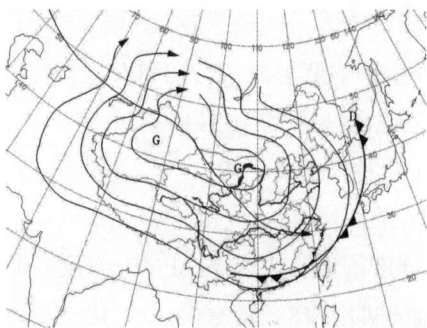

图 5.27　西路冷空气移动路径及一般地面天气模式

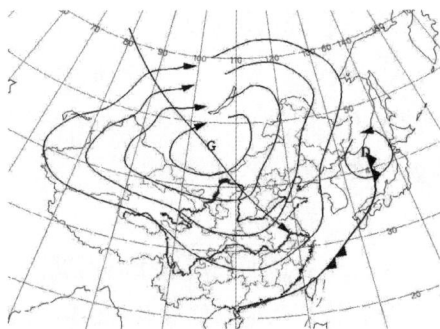

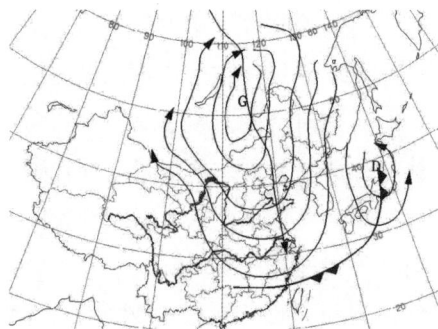

图 5.28 中路冷空气移动路径及一般地面天气模式 图 5.29 东路冷空气移动路径及一般地面天气模式

（3）东路冷空气

东路冷空气源地一般来自新地岛以东洋面，影响浙江省的情况最少，约占 12%。循这条路径下来的冷空气，常使渤海、黄海、黄河下游及长江下游出现东北大风。与东路冷空气相伴随的回流，常使华北、华东出现恶劣天气。该路冷空气从贝加尔湖以东南下，经蒙古东部、东北平原进入渤海，经渤海侵入华北，再从黄河下游向南可达两湖盆地。

按产生大风的环流划分，大风环流分为 9 种环流型。

中路型包括二槽一脊型（乌东到贝湖高压脊型、横槽型）、一槽一脊型（横槽型、乌西高压脊型）、平直环流型。

西路型包括一脊一槽型（西北气流型、新疆高压型）。

东路型包括二槽一脊型（横槽型、东亚低槽加深脊型）。

5.5.1.2 低压大风

冬汛期间，北支气流在黄渤海地区比较稳定，南支西南气流中也会有低槽东移，当江淮或东海海域产生低压东移，往往引起浙北沿海海面偏北大风。历年重大海损事故的发生，绝大多数都与低气压发生、发展有关。

根据产生各类低压的形势背景分析，在具有较好的环境流场（冷暖空气恰当强度，较好的交绥位置）和特定的地理位置时，才有利于低压的产生和发展。黄渤海低压的发展，引导冷空气加速南下，引起沿海西北大风；而南支低压生成前，沿海天气恶劣，常出现雾中带雨并伴有偏东风，此即渔民所说的"雨雾东风"的情况，在预报着眼点上与黄渤海低压不同。通过普查归纳成低压大风主要可分为以下两个大型 7 个分型：

黄渤海低压包括 L 型、倒 V 型。

南支低压包括单纯西风南支锋区型、强西风南支型、强副热带高压型、高压脊型、反位相型、西阻横槽辐合型、蒙古低槽型。

5.5.2 冬季浙中南沿海偏北大风预报模式

冬季造成浙中南沿海偏北强风的主要天气系统有 3 类。

第一类：冷空气南下或黄渤海低压发展引导冷空气南下，约占 68%。

第二类：冷空气与南方气旋（包括东海波动）相结合，约占 27%。

第三类：单纯南支气流下的低压发生、发展，约占 5%。

影响浙中南沿海出现偏北强风的大尺度环流背景有 3 种情况：

第一种情况是乌拉尔山附近到我国沿海范围内为二槽一脊。

第二种情况是乌拉尔山附近到我国沿海范围内为一槽一脊。

第三种情况是北支环流较平直，但南支有锋区存在，诱导地面气旋发生、发展。

在这 3 种大的形势下，按照不同流场的槽脊系统分布特征和南支锋区状况，划分成以下强风预报模式。

二槽一脊型包括乌拉尔山以东高压脊型、贝加尔湖高压脊型（低槽类、横槽类、黄渤海低压类）。

一槽一脊型包括西阻型、西北气流型。

单纯南支锋区型包括强锋区类、弱锋区类。

5.5.3 春季浙北沿海大风预报模式

春季（4—6 月）8 级以上大风过程按风向分为 3 类，偏北、偏南和偏东。其中偏北大风出现的概率最高，约占 60%，其次是偏南大风，偏东大风出现的概率最少。各风向出现的平均次数分别为，偏北风 5.7 次，偏南风 3.0 次，偏东风 0.9 次。

祝启桓等曾对各类大风影响系统出现频率进行统计，产生春季大风的天气系统主要有，冷空气、东海低压、黄海低压、长江口低压、江淮低压（槽）、华北槽、江西槽和高压后部等。冷空气主要造成浙北沿海偏北大风，约占 29%；东海低压主要造成偏北和偏东大风，约占 16%；江淮低压（槽）主要造成偏南大风，有时也可产生偏东大风，约占 23%；黄海低压、长江口低压、高压后部差不多各占 10%；华北槽和江西槽个例极少。

5.5.3.1 偏北大风

春季造成偏北大风的影响系统主要是冷空气和低气压（包括黄海低压、东海低压、长江口低压）。预报模式和指标采用地面分类、高空分型的方法。地面分类是以锋面进入某一特定地区为分类依据，如图 5.30 所示，共分 3 类。

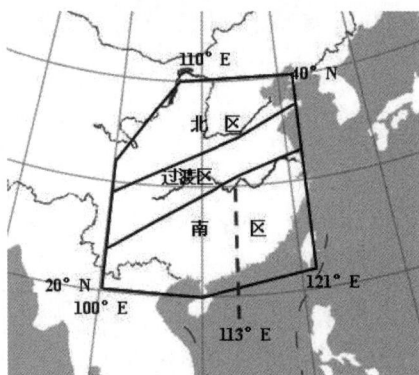

图 5.30 偏北大风地面分类

（1）北区锋类：冷锋进入北区，但锋面西段要过 110°E，而南区和过渡区无锋面。

（2）南区锋类：南区有锋面，但锋面东段要过 113°E，北区和过渡区无锋面。

（3）结合锋类：典型的是北区有冷锋，南区同时有锋面。还包括以下 3 种情况：①冷锋进入北区，同时过渡区有锋面。②过渡区和南区同时有锋面。③过渡区有 2 条锋面。

根据地面锋面位置进行分类以后，按不同类别，结合 700 hPa 环流特征分型。3 类共分 9 型。

（1）北区锋类包括北区型。

（2）结合锋类包括北槽型、北槽南涡型、东槽型、东高型、北高南涡型。

（3）南区锋类包括切变线低涡型、北槽南涡型、东槽型。

5.5.3.2　偏南大风

造成偏南大风的主要天气系统要求入海高压稳定，或副热带高压增强西伸，同时华西或华北有强烈的 $-\Delta P24$ 区东移或南压，形成浙北沿海有较大的南风梯度。入海高压稳定，反映在 700 hPa 上往往是沿海东边低槽稳定，或山东高压中心稳定；造成华西或华北 $-\Delta P24$ 区东移或南压的原因常有动力降压（低涡前部）和平流降压（暖平流和 $+\Delta T24$ 区的输送）两种。

根据地面高压中心所在位置，分成北高类、南高类和副高类（图 5.31）。

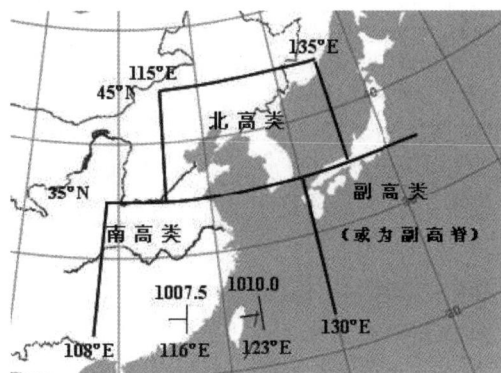

图 5.31　偏南大风分类示意

（1）北高类：地面主要高压中心位于 35°～45°N、115°～135°E 区内，或日本海高压楔控制沿海。

（2）南高类：地面主要高压中心位于 24°～35°N、108°～130°E 区内。

（3）副高类：1010 hPa 等压线在 25°N 上西伸到 130°E 或以西，1007.5 hPa 线在 25°N 上西伸到 116°E 或以西。同时 700 hPa 上 316dagpm 线在 20°N 上西伸到 123°E 或以西。

在地面分类的基础上，又按 700 hPa 形势特征划分为 3 类 6 型。

（1）北高类包括涡型、高切型。

(2) 南高类包括南脊东移型、西北气流型、强辐合型。

(3) 副高类包括副高型。

5.5.3.3 偏东大风

造成偏东大风的影响系统主要是东海低压、长江口低压、江淮低压（槽）、江西槽、高压后部有时也可产生偏东大风。

地面上一般是在 30°N 以北的黄海高压比较稳定（或有加强），而同时在江西省境内有倒槽发展，并向东移动，进入东海以后发展成东海低压，使浙北沿海的南北向气压梯度加大，造成偏东大风。在 700 hPa 反应为南支锋区明显，华西有低涡向东移动，并在动力条件作用下得以发展，而其北侧的高压脊仍继续稳定。

偏东大风虽在 4—6 月大风中仅约占 10%，但容易使海上产生风大浪大，以及雨雾等恶劣天气，对航行危害甚大，故预报中须时刻警惕。

根据 700 hPa 形势特征划分为沿海槽脊型和贯通切变型。

5.5.4 浙江沿海大风指标

5.5.4.1 浙北沿海海面偏南大风预报经验

（1）850 hPa 入海高压脊明显，脊的北端在 40°N 以北，则有利于偏南大风的产生。当脊线到达沿海后 18~36 h 内有偏南大风出现。

（2）当华西有低槽东伸时，ΔP 上海—南昌 ≥ 4 hPa 或 ΔP 上海—汉口 ≥ 5 hPa 时，一般未来 24 h 后将有偏南大风。

（3）当入海高压北部有 $+\Delta P24$ 区南下，入海高压将加强，有利于偏南大风产生。

（4）高低层为一致偏南风时，或衡山、庐山、黄山（天目山）等高山站出现偏南大风时，预示有偏南大风产生。

（5）当沿海气压梯度不大时，如相应的 $\Delta P24$ 梯度较大（东正、西负）则仍可能出现偏南大风。

（6）当 $-\Delta P24$ 中心或轴线过沿海时，则偏南大风趋于减弱。

5.5.4.2 浙北沿海海面偏北大风减弱预报经验

（1）高空锋区未完全南下，华西 700 hPa 高压脊未过 110°E 以东，大风警报不宜解除。

（2）700 hPa、850 hPa 的 $+\Delta T24$ 零线未过沿海，大风警报不宜解除。

（3）700 hPa 33°N 以北，暖平流零线到 110°E 附近时，约 24 h 后风力减弱。

（4）700 hPa 冷温度槽尚未入海，大风不易减弱到 6 级以下。

（5）850 hPa 槽线未过境时，偏北大风不易减弱，甚至要增强。

（6）700 hPa 35°N 以南的西风槽到 130°E 附近时，约 24 h 后（槽过 140°E）就无大风。

（7）沿海上空有冷平流，同时偏北风在 12 m/s 以上时，即使地面气压梯度已很小，因白天日变化作用，大风仍不易减弱到 6 级以下。

（8）（天目山）、黄山站偏北风较大，白天日变化作用，风力不宜减弱。

（9）（天目山）、黄山站风速减弱到 8 m/s 以下时，24 h 后风力将减弱到 6 级以下。

（10）地面图上，淮河流域上游有分裂高压中心，强度在 1025～1035 hPa 时，24 h 后高压中心东移到沿海，风力将减弱到 6 级以下。

（11）地面 $+\Delta P24$ 中心或正区轴线入海，偏北大风强度趋于减弱；$-\Delta P24$ 零线移到浙北沿海附近时，风力将减弱到 6 级以下。

（12）低压后部阴雨天气未转好，偏北大风不易减弱。

（13）等压线与华东沿海海岸线平行，偏北大风不易迅速减弱。

（14）当沿海气压梯度不大时，如对应的 $\Delta P24$ 梯度（西正东负）较大时，仍可能有偏北大风。

（15）浙北沿海东面气压梯度未疏散，大风不易减弱。如果是西北风，可用嵊泗与济州岛的气压差变化，如果是东北风，可用嵊泗与冲绳的气压差变化进行判断。

5.6 广东海上大风的主要环流形势

《广东省天气预报手册》介绍了引发海面强风的主要环流形势及天气系统。

5.6.1 海面强风的主要环流形势特征

根据分析，海面多发强风的主要环流特征如下：500 hPa 乌拉尔山附近或贝加尔湖到巴尔喀什湖之间常常维持稳定的长波脊（包括阻塞高压形势），东亚地区为一横槽或低槽，中纬度地区多短波槽东移，青藏高原东部阶梯槽在东移过程中常在 120°～130°E 地区加深，有利于冷空气不断南下影响广东省沿海地区，使海面强风日数明显偏多，风力偏大；另一种形势为移动性两槽一脊型，即巴尔喀什湖到贝加尔湖地区为高压脊，两侧为低槽，此形势循环出现，也使海面强风日数偏多。

相反，海面少发强风的主要环流特征如下：500 hPa 中高纬度环流比较平直，多移动性一槽一脊，或者中高纬度在俄罗斯远东到我国的东北、华北地区为高压脊或阻塞形势，东槽不明显，100°E 以西到乌拉尔山附近为低槽或小波动；另一种为一槽一脊形势，东槽较深，槽底在 25°N 以南地区，冷空气从西路南下，仅利于粤西、北部湾北部海面出现偏北强风，而粤东海面强风偏少。

值得指出的是，500 hPa 东槽槽底的位置与广东海面强风有密切的关系。当槽底在 28°～30°N 东移入海时，冷空气路径多属中路或偏东路，有利于东海面出现强风；当西风槽底在 25°N 或以南东移入海时，则冷空气从西路影响广东沿海，粤西、北部湾北部海面有较大的偏北风，而粤东海面的偏北风并不大。

5.6.2 产生海面强风的 3 种典型大气环流型

5.6.2.1 阻塞高压型

高空在乌拉尔山附近或以东为一阻塞高压脊，河套到西南地区有较深的低槽，槽底到达 25°N 附近或以南地区。地面在河套附近到华北地区以较明显的气旋东移加深；冷高压中心在新疆或蒙古西部，高压脊沿河套西部伸向四川省、云南省、贵州省一带，冷空气从西路南下影响广东沿海，北部湾北部海面、粤西海面首先出现偏北强风；随着冷高压脊东移，粤中、粤东海面相继出现强风。另外，当大陆为冷高压脊控制，高空在青藏高原有小槽东移，对应地面出现正变压和负变温，则有利于冷空气从西路补充，使北部湾北部和粤西海面偏北风增大。可见，这是一种对应西路冷空气南下的海面强风环流形势，这种形势地面多伴有华北气旋。1959 年 12 月 19 日，北部湾海面强风事故就是在这种阻塞高压型下，冷空气快速南下造成的，见图 5.32。18 日 08 时，乌拉尔山附近为阻塞高压脊，贝加尔湖附近为一横槽。

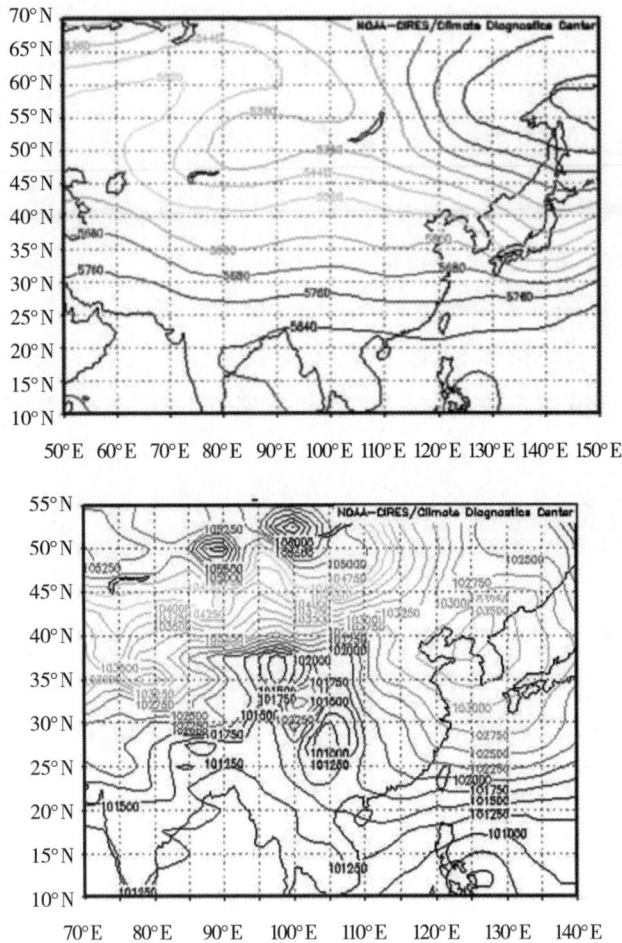

图 5.32　1959 年 12 月 18 日 08 时 500 hPa 和地面形势

地面在蒙古西部和新疆一带为 $P > 1060$ hPa 的冷高压，冷锋在河套北部。在高空槽后的西北气流作用下，河套锋面消失，19 日 20 时北部湾海面和粤西海面首先出现 7 ~ 8

级阵风、9 级偏北大风，并维持了 30h。

5.6.2.2 两槽一脊型

当高空中高纬度有两槽一脊东移或阻塞高压形势破坏，使东槽加深。在蒙古东部、我国华北北部到东北地区有明显的气旋发展东移；冷高压中心在蒙古西北部到河套西北部一带，中心气压在 1045 hPa 以上，冷空气经河套地区、两湖盆地南下影响广东省中部和东北地区，广东海面均受到较大影响，并出现较强的北到东北强风。这种环流形势大多与中路冷空气南下造成海面强风相对应。1993 年 3 月 28 日，广东海面出现 9 级强风过程是两槽一脊型下产生的（图 5.33）。27 日 08 时 500 hPa 中高纬度二槽一脊，中低纬度有小波东传，东槽明显发展；27 日地面东北气旋波发展，28 日 08 时冷空气主体已补充到南岭山脉附近，但先后分东西二股南下，从变压可知，东股冷空气势力较强。冷空气先东后西，但强冷空气的主体从偏中路径南下，28 日 20 时海面起风，过程海面最大风力达 9 级，最大阵风 30 m/s。

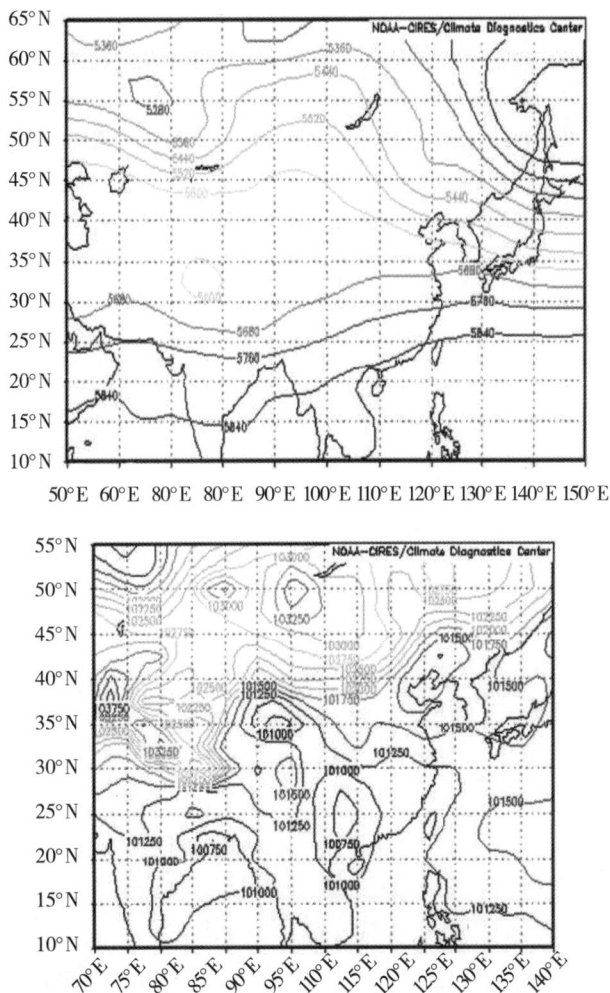

图 5.33 1993 年 3 月 27 日 08 时 500 hPa 和地面形势

5.6.2.3　小槽东移发展型

高空为短波槽东移，东槽较浅；华南低层为西南气流。地面长江下游到淮河流域地区常有气旋波生成，然后移入东海或黄海南部并继续东移，蒙古冷高压从河套以东路径南下，东海面出现东北到东风；若冷空气较强时，可影响到中和粤西海面。另外，除明显锋面南下的东北冷空气外，还有扩散补充型以及东海气旋东移，江南高压东移入海等，均能使粤东海面出现东北到偏东强风。华东气旋型大多与东路冷空气南下，海面出现强风的环流形势相对应，这种形势地面多伴有华东气旋。1992 年 2 月 19 日 20 时开始起风的广东海面强风过程属于小槽东移发展型，见图 5.34。2 月 17—18 日，中纬度有小槽在青藏高原及其东侧一带活动，并逐渐东移，19 日 08 时起，小槽在东移的过程中明显发展。

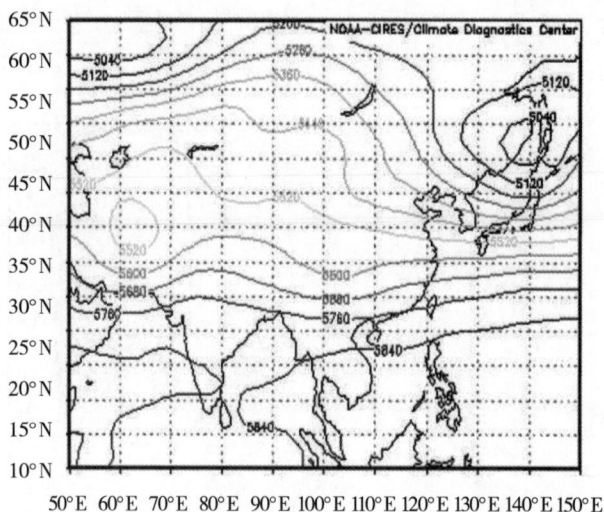

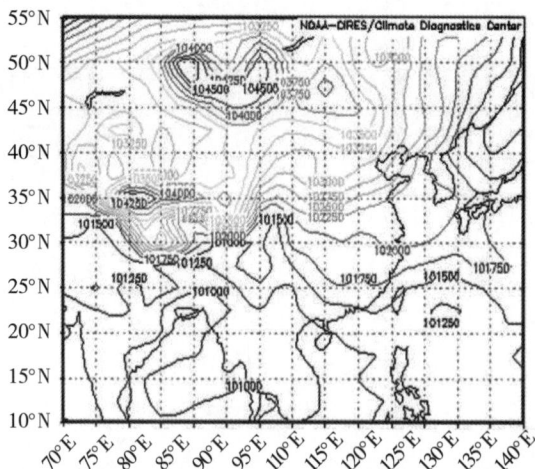

图 5.34　1992 年 2 月 18 日 08 时 500 hPa 形势

17—18日地面一股冷空气在华南和南海北部海面，但强度较弱，另一股冷空气的前锋在黄河到长江流域，强度较强，19日华中的冷锋锋消，冷空气从中路补充南下，但主体仍然较北。该过程海面没有出现8级风，原因如下：500 hPa温度场和位势场的配合不好，槽线偏北；850 hPa切变线和锋区偏北；南海静止锋一直维持而且位置较南，广东沿海的气压梯度因此不大；地面的形势虽然有利，但冷高压的主体偏北。台湾海峡的风很大，造成两艘轮船在台湾海峡北部遇险，其中19日下午1.8万t的货轮受损，夜间7000 t的客轮遭到吹袭，船上的货物和汽车互碰，造成较大的经济损失。

上述3种典型的高空天气形势引导的冷空气，其路径有时会因各高度层上的天气系统的配置和地理位置的不同而发生变化，在业务预报中需要仔细分析和灵活掌握，判断冷空气南下的路径，除了参考高空槽的东西位置外，更重要的是应从地面冷高压的地理位置、高压脊南伸的特点、变压和偏北风的分布等方面综合判断。

在判断冷空气可能造成海面强风的风级大小时，大多根据相关海面及其北侧的南北气压差判断偏北风的风级，根据准东西方向的气压差判断偏东风的风级。

5.6.3 海上大风预报指标

林良勋等综合分析出现海上大风天气过程的要素值及物理量特征，归纳出可用于预报的技术指标如表5.2。

表5.2 3种气压分型广东各海面各预报风级的预报判别因子阈值   hPa

类型	海面及风向	6级（6~7级）风判别因子	7级（7~8级）风判别因子	8级及以上风判别因子
中高型	中西部海面 偏北风因子	①$4 < \Delta P_{w5w6} \leq 7$ ②点W6风向偏北	①$7 < \Delta P_{+5w6} < 9.5$ ②点We风向偏	$\Delta P_{5w6} \geq 9.5$
	东部海面 东北风因子	如果$\Delta P_{+5w6} \geq 7$ 则$4.8 \leq \Delta P_{e3e6} \leq 7$ 否则$3 \leq \Delta P_{e3e6} \leq 7$	$7 < \Delta P_{e3e6} < 8.5$	$\Delta P_{e3e6} \geq 8.5$
	中部海面 偏东风因子	①$\Delta P_{w5w6} < 3.7$ ②$2.2 \leq \Delta P_{e5c5} < 4.5$	①$\Delta P_{w5w6} < 3.7$ ②$\Delta P_{e5c5} \geq 4.5$（含7级以上）	
	西部海面 偏东风因子	①$\Delta P_{w5w6} < 3.7$ ②$\Delta P_{e5w5} \geq 3$（含6级以上）		
东高型	中西部海面 偏北风因子	$5 < \Delta P_{w5w6} \leq 7$	$\Delta P_{\pi5w6} > 7$（含7级以上）	
	东部海面 东北风因子	$3 \leq \Delta P_{e3e6} \leq 7$	$7 < \Delta P_{e3e6} < 8.5$	$\Delta P_{e3e6} \geq 8.5$
	中部海面	①$\Delta P_{r5w6} < 3.7$	①$\Delta P_{r5w6} < 3.7$	

续表

类型	海面及风向	6级（6~7级）风判别因子	7级（7~8级）风判别因子	8级及以上风判别因子
东高型	偏东风因子	② $2.2 \leq \Delta P_{e5c5} < 4.5$	② $\Delta P_{eses} \geq 4.5$（含7级以上）	
	西部海面	① $\Delta P_{5w6} < 3.7$		
	偏东风因子	② $\Delta P_{e5ws} \geq 3$（含6级以上）		
西高型	中西部海面	① $4 < \Delta P_{w5w6} \leq 7$	① $7 < \Delta P_{w5w6} < 9.5$	$\Delta P_{5r6} \geq 9.5$
	偏北风因子	②点 W6 风向偏北	②点 W6 风向偏北	
	东部海面	$4 \leq \Delta P_{3e6} \leq 7$	$\Delta P_{e3e6} > 7$（含7级以上）	
	东北风因子			
	中西部海面	无偏东风		
	偏东风因子			

参考文献

[1] 孙欣，陈力强，吴曼丽，等.辽宁省高影响天气预报技术 [M].沈阳：辽宁科学技术出版社，2016.

[2] 李延江，陈小雷，景华，等.渤海强对流天气监测及概念模型初建 [J].海洋预报，2013，30（4）：45–56.

[3] 杨晓霞，盛春岩，沈建国，等.山东沿海偏北大风的天气学模型和物理量特征 [J].海洋预报，2014，31（3）：45–55.

6 海上大风预报方法与技术

各沿海省份对海面大风的分析和预报积累了较丰富的经验和方法。尤其近几年，沿海各气象台站对海面大风气候规律的研究取得了大进展，海上观测资料更加丰富准确，为更有针对性地开展海面大风预报提供了可靠的数据。常用的海上大风预报方法有天气学分析方法、集合预报方法、集成预报方法、统计学方法、动力诊断方法、数值预报方法等。在海上大风的实际预报业务中，一般分为 5 个步骤：①了解天气背景。②掌握天气实况。③进行大形势场（天气尺度）分析。④具体预报要素诊断分析。⑤检验做过的预报。

6.1 天气学分析方法

天气学分析主要是从环流形势和影响系统进行分析。首先分析大气环流形势，即径向型或纬向型；其次分析各天气系统的分布与配置，即槽脊位置、温压场配置及高低压系统等；然后确定海上大风的影响系统类型，即冷空气型（冷高压）、温带气旋型、热带气旋型、强对流型等；最后针对不同类型的影响系统进行详细分析。

例如，暴发性气旋产生海上大风的过程，需要分析：①有利的中、低层斜压环境。②适当的水汽条件与低空急流存在。③高空急流出口区北侧的强辐散环境。④大气层结位势不稳定。⑤东亚大陆地形造成东亚沿岸的强斜压区。而冷空气型海上大风，要分析冷空气的路径、位置及强度，配合气压场判断大风区域；气旋型大风需分析气旋的类型、路径及是否与冷空气结合来判断大风落区。

以 2010 年 10 月 25—27 日一次南方沿海冷空气大风过程为例进行天气学分析，下面的个例分析包含了其中一部分内容，并不全面，仅做举例分析。物理量的诊断方法将在 6.4 节中进行介绍。

首先要了解气候背景，每年 10 月下旬，东南沿海往往会出现一次 10 级强冷空气大风，冬季每隔 3～7 d 出现一次冷空气大风。冷空气大风过程持续时间平均为 2.7 d，3—4 月、10—11 月为强冷空气多发月，沿海冬季 10 级以上偏北大风往往出现在这几个月。

然后进行实况分析，2010 年 10 月中旬，冷空气主体一直偏东（图 6.1），以东路路径南下，同时在菲律宾以东洋面到南海一带存在 1013 号台风"鲇鱼"。秋季冷空气活动开始增强，而赤道附近洋面海表温度依然较高，有利于台风生成或加强，致使冷空气与台风相互作用和影响，产生海上大风天气过程。10月21日冷高压中心为东北地区，其前沿的台风位于台湾岛以南海面上，在华南沿海和东海已经出现7级偏北大风。

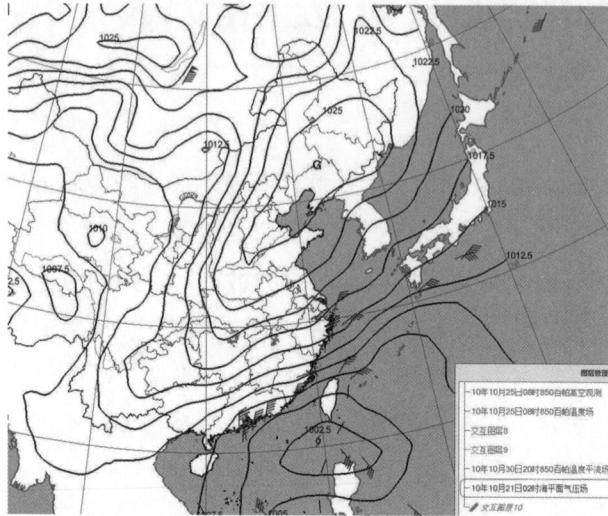

图 6.1　2010 年 10 月 21 日 02 时海平面气压场、风场、台风中心位置

从 500 hPa 大的环流形势场（图 6.2）来看，2010 年 10 月 24 日 08 时东亚地区中高纬度呈经向环流，东亚大槽位于内蒙古东部，未来继续向东移动，引导冷空气东移，高空槽将加深。位于新疆西部的高空槽也将东移。台风中心已经位于福建中部。

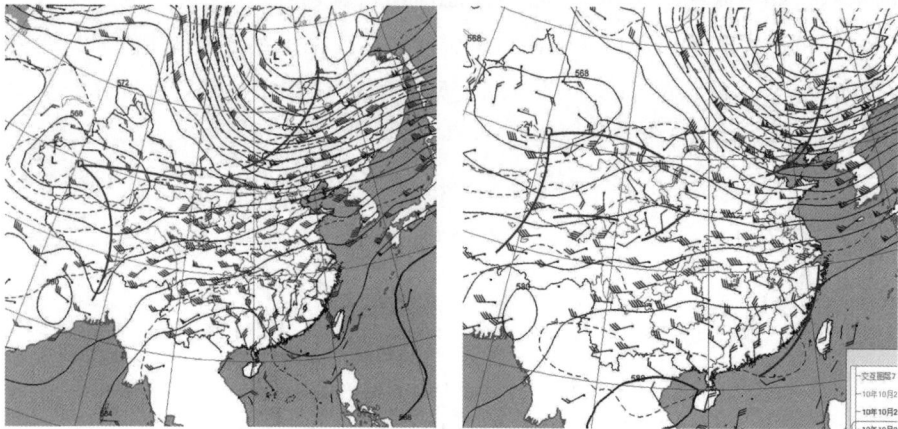

虚线为等温线，实线为等高线

图 6.2　2010 年 10 月 24 日 08 时、25 日 08 时 500 hPa 观测场

10月25日08时（图6.3），300 hPa中纬度锋区位于40°N渤海上空，有利于地面天气系统的发生发展。700 hPa东亚大槽开始进入日本海，槽后冷平流很强（风速大、等温线密集，风向与等温线夹角接近90°），冷空气开始影响渤海、黄海海域。

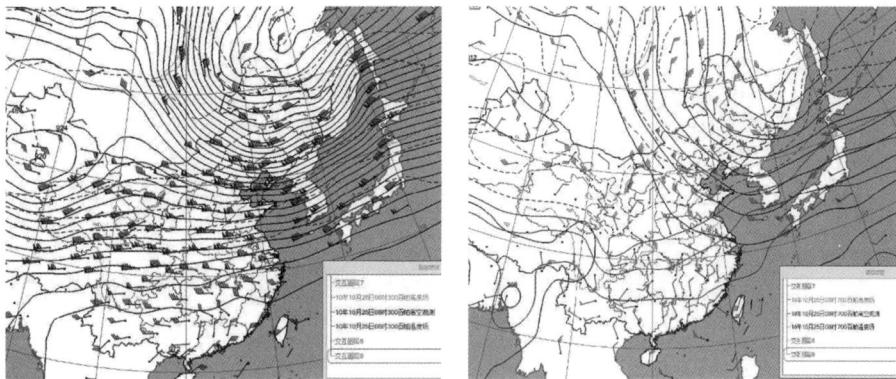

虚线为等温线，实线为等高线

图6.3 2010年10月25日08时300 hPa、700 hPa观测场

从2010年10月24—27日08时850等温线和风观测场来观察冷空气移动路径（图6.4）。24日冷空气位于黄河流域至东北地区，两个温度冷槽分别位于西北地区和东北地区，冷空气开始影响渤海海域。25日冷空气迅速南下至长江流域以北地区，冷空气影响渤海、黄海海域。26日冷空气到达江南，影响东海海域。27日冷空气到达华南沿海，影响东海、南海海域。

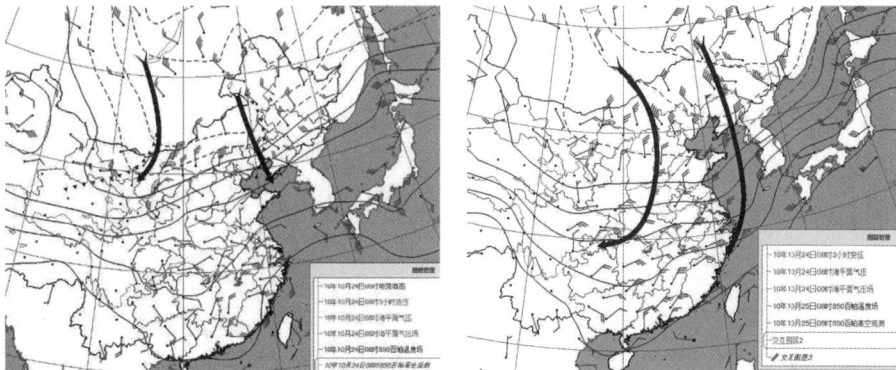

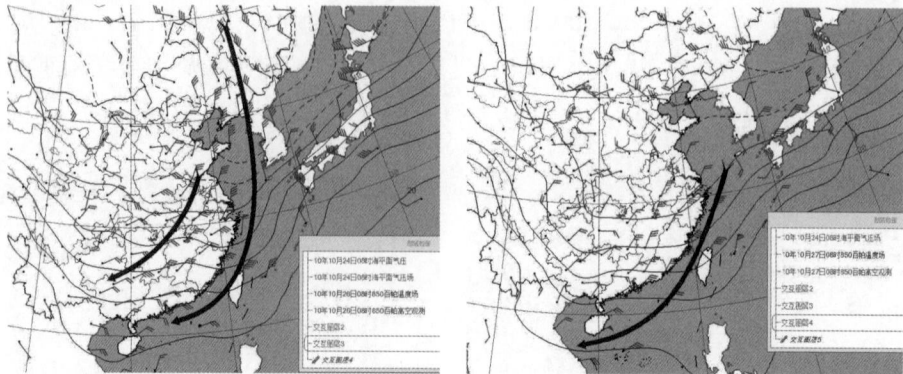

图6.4 2010年10月24—27日08时850等温线、风场及冷空气路径

另外，从地面变温观测值不仅可以分析冷空气的移动路径，还可以判断冷空气的强度。如图6.5所示，海面缺少气温观测值，但也可以看出6级以上大风的分布与6℃以上降温区域的对应关系。

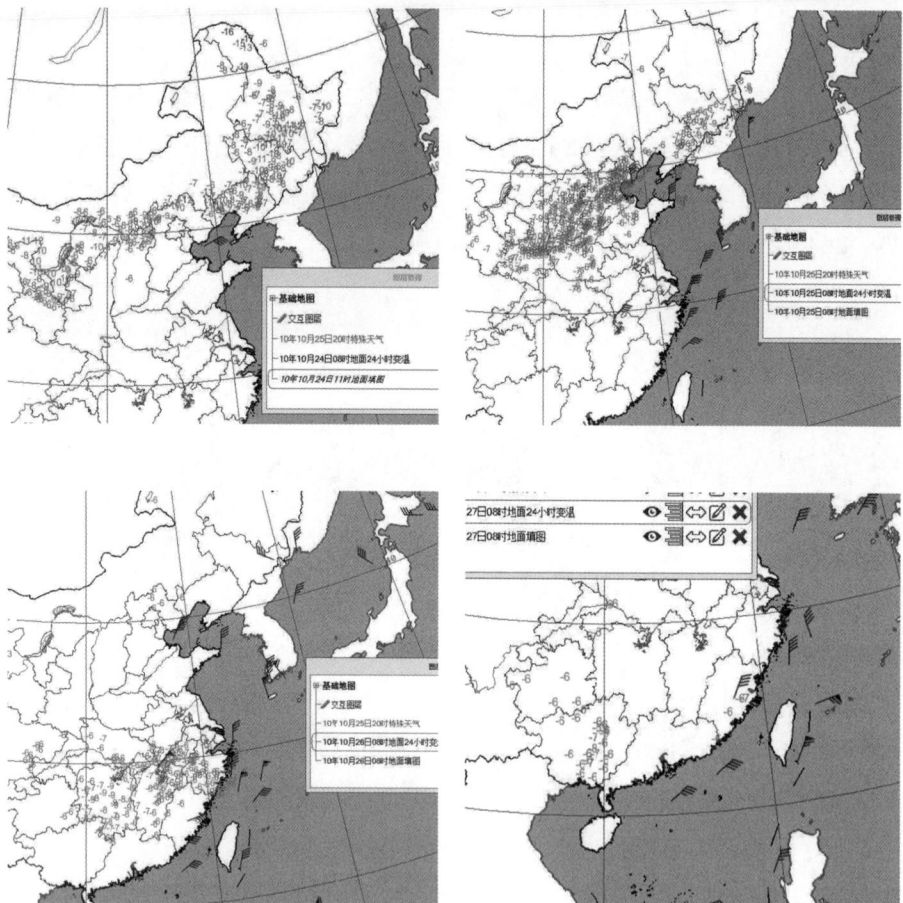

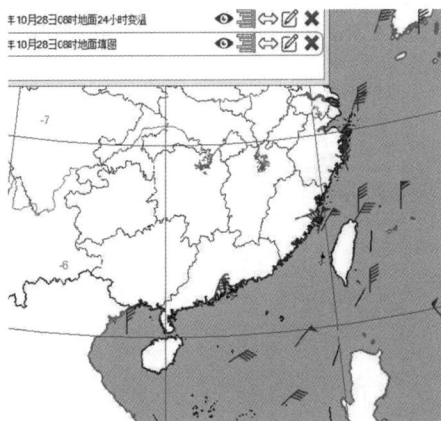

图 6.5　2010 年 10 月 24—28 日 08 时地面 24 h 负变温值（≥ 6 ℃）及大风

　　图 6.6 是地面气压场，可以看到冷高压的中心强度、位置，以及冷锋的位置及移动方向，海上偏北大风主要分布在冷锋附近及后部气压梯度大的区域，风向与等压线接近平行。在进行天气学分析以后，可综合分析各系统的叠加作用，结合当地的经验指标确定大风量级、落区及起止时间。

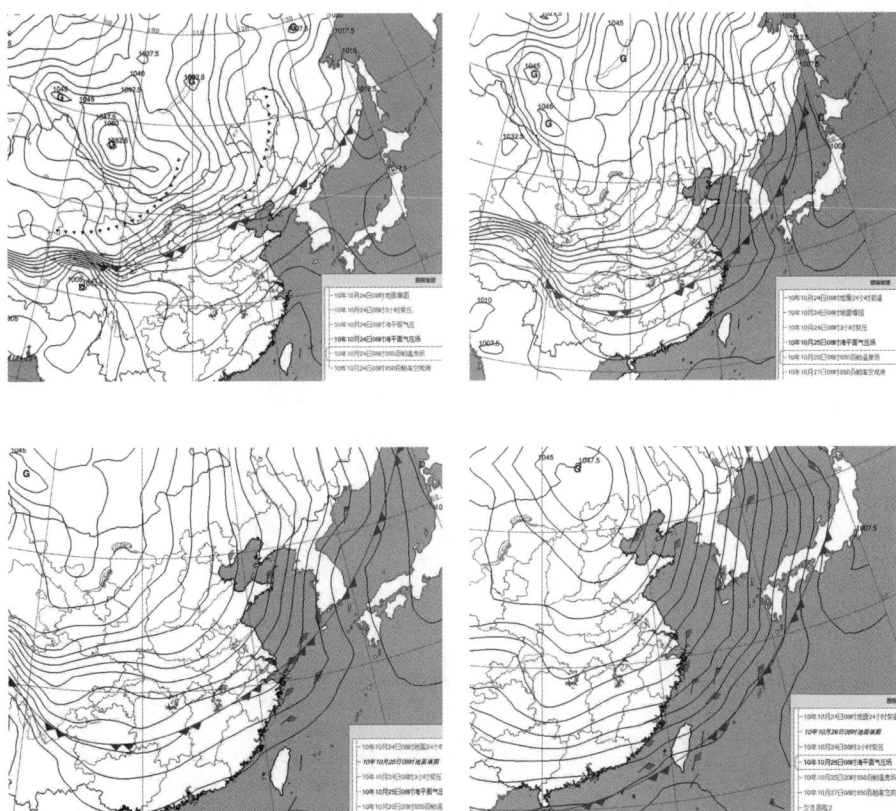

图 6.6　2010 年 10 月 24—26 日 08 时地面气压场、锋面及大风

变压幅度能反映空气的移动和强度，与大风有一定的对应关系。图 6.7 显示了地面 3 h 变压与大海上大风的分布，仅显示了变压幅度 ≥ 2 hPa 的观测数值。

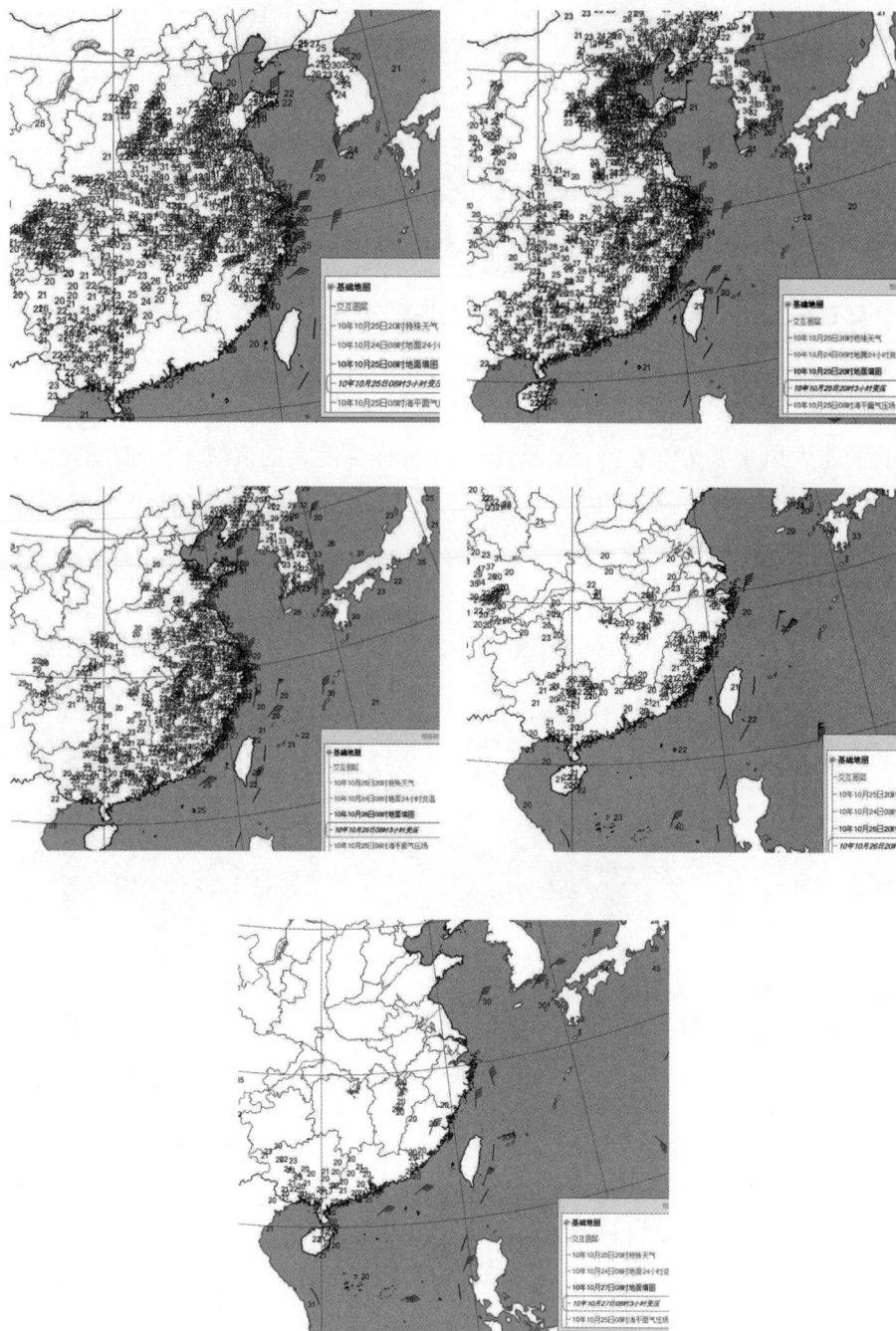

图 6.7　2010 年 10 月 25—27 日 08—20 时地面 3 h 变压（≥ 2 hPa）和大风

总结这次海上大风过程天气特点：

（1）这股强冷空气来源于西路和东路两股冷空气的合并，致使冷空气在东移南下过程中，强度稳定维持，造成大范围的大风和低温雨雪天气。

（2）冷空气影响时，有海上低压（热带气旋）共同影响，沿海风力更大，持续时间更长。

（3）高空槽的演变（配合温度槽）、温度平流、变温、变压、锋面等可以帮助确定冷空气的路径、强度、移动速度。

6.2 数值预报方法

大气的演变过程非常复杂，但大气运动遵循一定的物理规律，受流体力学和热力学方程组的支配。因此数值预报是目前最常用、最有效、最快捷、最有发展潜力的方法。海上大风预报的制作同样需要基于数值预报产品。

没有数值模式，准确的中期天气过程预报几乎是无法业务化的；没有数值模式，精细短期天气预报业务几乎是不可想象的；没有数值模式，极端天气预报能力几乎不可能实现。

中尺度数值预报进入业务应用后，彻底改变了早期的数值预报主要是针对大尺度天气形势的局面，使得具体气象要素的预报有了很大的可用性。中尺度预报与集合预报的发展为极端天气预报能力的大幅提高赢得了机遇。

6.2.1 数值预报产品

目前业务中使用较为广泛的数值预报模式有欧洲中期预报中心（ECMWF 全球模式）、美国大气海洋局（GFS，HRRR）、日本气象局数值预报系统 JMA、中国气象局（T639，GRAPES–meso，GRAPES–TC）等。图 6.8 ~ 图 6.11 为 EC 模式输出产品。

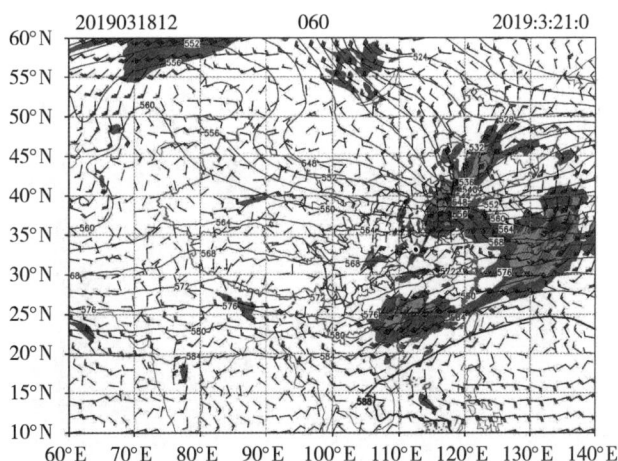

图 6.8　EC 模式 500 hPa 位势高度和 850 hPa 风场预报

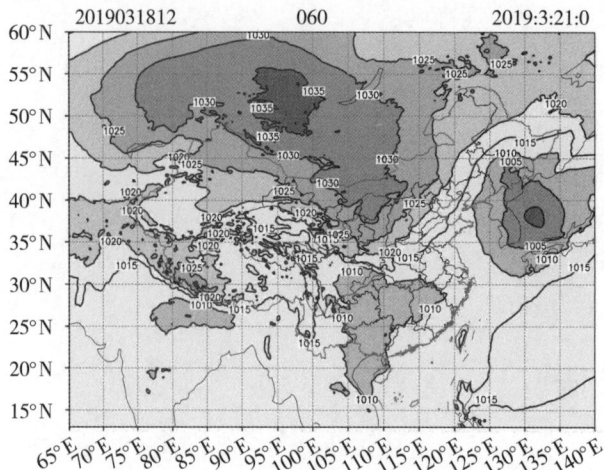

图 6.9　EC 模式海平面气压场预报

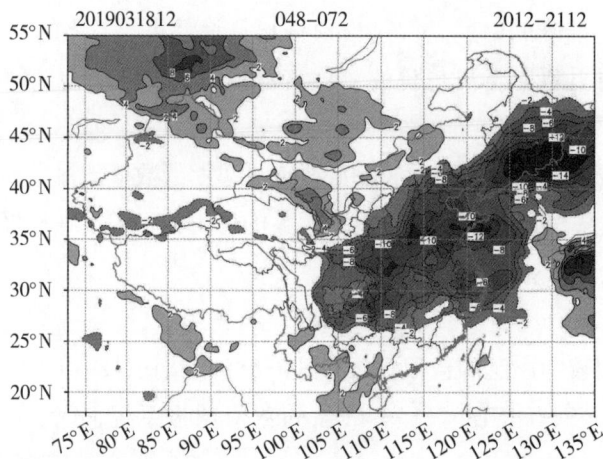

图 6.10　EC 模式 850 hPa 24 h 变温预报

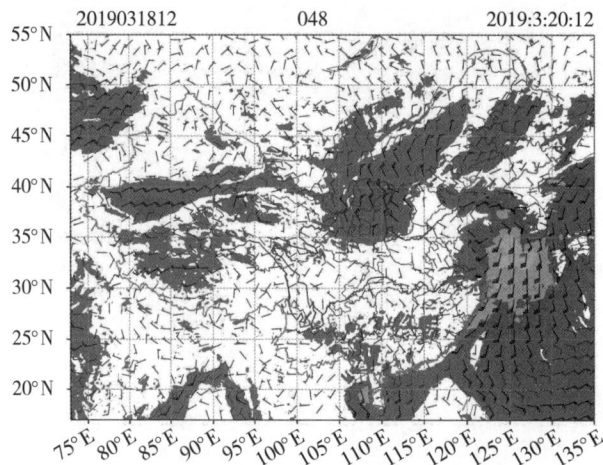

图 6.11　EC 模式 10 m 风场预报

不同模式设计存在差别，在应用时需要注意模式特点。

天气尺度模式：大气环流形势场预报效果最好，多用于分析产生海上大风的天气系统演变。

中尺度模式：区别于形势预报，更侧重物理过程，以大风起止时间、级别、方向及落区等为关注点；且侧重短临预报，发布海上大风预警信息等。

对流尺度模式：不为追求整体表现，重在关注对流系统的生消，如预报海上对流性大风、阵风等。

6.2.2　数值预报产品释用

海上大风预报离不开数值预报，但是数值预报具有局限性。描述大气运动和演变的方程组非常复杂，高度非线性，很难得到大气运动方程组的解析解，数值预报的实现依赖于观测精度、数值计算方法、物理化学认知、计算条件等。数值天气预报还具有不确定性，主要由有限的模式分辨率产生，是离散网格点代替连续时间和空间变化的计算方法带来的误差。因此，预报员在制作海上大风预报时，需要了解数值模式特点，对数值预报产品进行解释应用，提高使用效率。

数值预报产品解释应用是指利用统计、动力、人工智能等技术方法，综合预报经验，对数值预报的结果进行分析、订正，从而给出更为精确的客观要素预报结果或者特殊服务需求的预报产品。

（1）系统误差订正，提高数值预报的预报效果。

（2）要素场订正。中外的释用实践表明，释用技术对于温度、风、湿度、云等预报有较好的订正效果，在实际预报中发挥了很大的作用。

常见的数值预报产品解释应用的方法。模式直接输出法 DMO、统计释用（MOS，PP 法，卡尔曼滤波，SVM）、人工智能法（相似法，动力释用法，神经网络法）、天气学方法释用等。

天气学法是最早的数值预报产品释用方法。主要是预报员对模式形势场预报通过自己对模式预报的了解进行订正后，在形势场预报的基础上作出要素预报，基本上还是把数值预报的形势场当天气图来看；也有通过模式物理量场深入分析，并总结出适合不同地区、不同要素的预报参考指标，进行预报。

模式检验评估释用方法。通过客观的统计方法、动力诊断或主观判断方式，对模式的预报结果与实况观测（或相应替代产品）进行适当的空间和时间匹配，对预报效果进行全面评价。有助于模式的不断改进和提高。了解模式的性能，多模式分析比较，对模式预报结果进行修正。图 6.12 是数值预报风与实况风的对比。

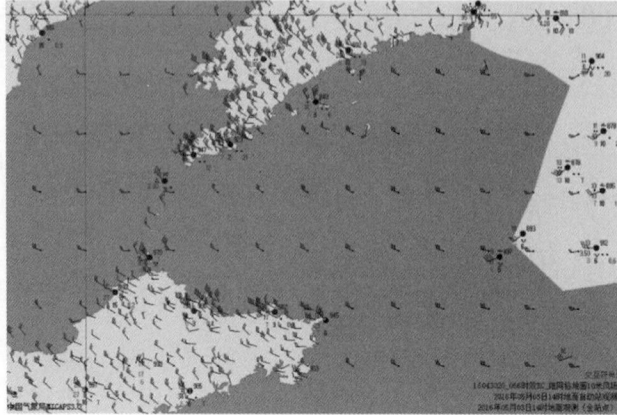

图 6.12　数值预报风与实况风的对比

例如，进行平均风实况与 10 m 预报场比对、瞬时极大风实况与 10 m 阵风预报比对，找出模式预报结果的误差，进行订正，然后再应用。

辽宁省气象台对沿岸海区大风要素预报进行检验，检验方法如下：

检验时段：2014 年 10 月 1 日至 2015 年 1 月 4 日。

实况资料：自动站（1 h 间隔）资料。

检验时次：0—23 时，3 h 1 次。

大风界限：6 级（10.8 m/s）即检验 ≥ 6 级大风。

参与检验模式：t639、ecwmf、japan、wrf。

主要分析的时次：11 时、14 时。

检验的项目有风速相关系数、风速预报准确率、风速预报空漏报率、风向预报绝对误差等。检验结果显示 ecwmf 预报效果最好，japan 模式风速预报绝对误差最大。

6.3　集合预报方法

单单一个可能的预报值已不能再满足我们的需要。除了这一个可能的预报值以外，我们更要知道这个预报值的可信度有多大（即所谓"可预报性"的预报）以及所有可能出现的未来状态有哪些。同传统的"单一"的决定论的数值预报不同，集合预报是从"一群"相关不多的初值出发而得到"一群"预报值的方法。

集合预报在实际业务中，尤其是用于提高对高影响天气的预警，发挥了很好的作用，因而已经成为各国数值预报业务的重要组成部分。集合预报可以给出对预报可信度与误差范围的估计，增加了预报产品的应用价值。通常对全球天气尺度的预报比较强调初值的扰动，而对中尺度系统的预报则强调模式的扰动。

第一，通过集合平均提高预报质量。其提高之处在于集合平均有过滤掉预报中不确定成分而保留下集合成员中一致的部分的倾向。

第二，提供预报的可预报性。如果集合预报成员之间差别很大，那么很明显至少其中有些预报是错误的，而如果成员之间有很好的一致性，那么就有更多的理由相信所作的预报。

第三，为概率预报提供定量基础。

目前，集合预报技术发展迅速，提供更多有价值的信息，可参考的海上大风集合预报产品越来越多。在中央气象台天气业务内网 http://10.1.64.146/npt/product/iframe/50331 中提供了可参考的集合预报产品。业务中经常使用的有预报不确定性信息、极端天气预报，高影响天气分析、格点化要素预报及台风海洋预报类等。具体的产品有海平面气压梯度集合平均、地面 10 m 风集合平均和风速离散度、各级别大风概率预报、地面 10m 最大风速、风速集合平均、10 m 风速 EFI、10 m 阵风 EFI、10 m 风概率订正产品、极端天气产品大风、浪高概率等。

6.3.1 概率预报产品

天气事件发生概率集合预报（图 6.13）可方便地确定某一天气现象发生的概率。概率预报对于某个特定预报对象，可以从集合所有的成员预报中算出其发生的相对频率。概率分布包含了该集合预报系统所能提供的所有信息，最大程度地包含了实际大气可能发生的种种情况。所以，概率预报应该是表达集合预报的最全面的方法之一。现有的一些研究表明，基于集合预报的概率预报较单值预报气候概率预报以及基于单一模式单一预报的 MOS 预报更准确。在台风预报、暴发性气旋预报以及雷暴预报中，概率预报都优于单一预报。概率预报对于分叉而出现多平衡态的天气状态也能很好地表达出来。

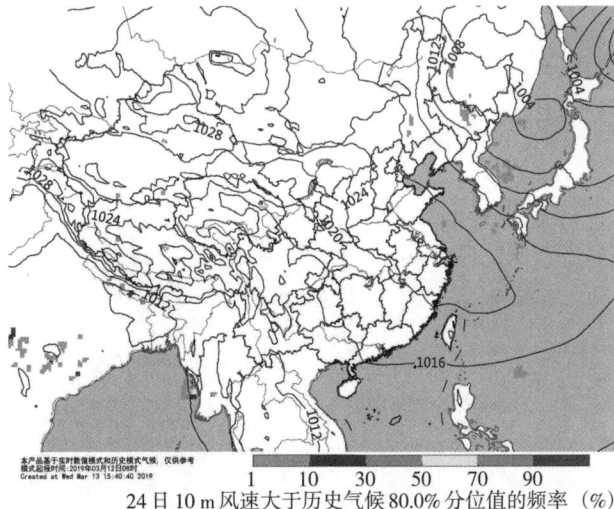

24 日 10 m 风速大于历史气候 80.0% 分位值的频率（%）

图 6.13 10 m 最大风极端事件概率预报

6.3.2 极端天气预报产品

对极端事件指数预报产品增加了对极端事件的预报能力。图 6.14 是 10 m 阵风 EFI 指数预报。

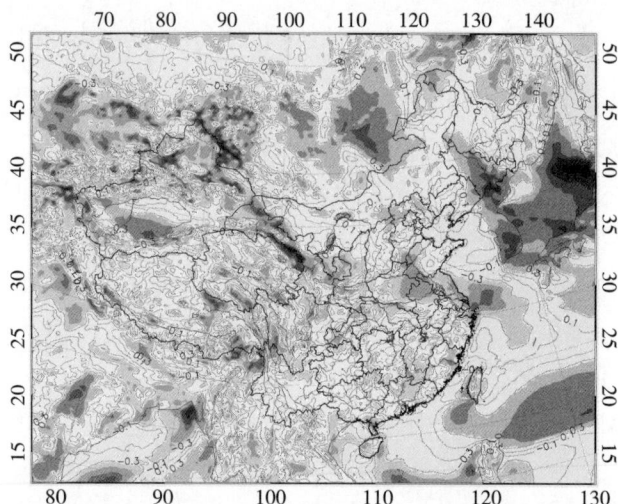

图 6.14　10 m 阵风 EFI 指数预报

6.3.3 集合平均和离散度产品

集合平均或集合中值预报一般情况下，由于计算平均的过程中能把不可能预报的随机信息过滤掉，集合平均预报通常比单个预报，甚至比用更高分辨率模式所产生的单个预报准确。但要注意在大气不稳定而可能出现分叉而且多平衡态的情况下，平均意义上的预报往往无能为力甚至误导。另外，平均预报仅提供了未来大气状态的一种可能性，而没有包括所有的可能性，所以仍然没有跳出决定论预报的范畴。总之，集合平均预报是集合预报最初级的应用。集合预报平均值的技巧高于控制预报和其他集合预报成员的预报技巧。一周以后，均值的预报技巧甚至超过确定性的业务预报模式的技巧（图 6.15）。

图 6.15　500 hPa 高度场集合平均和离散度预报

集合预报中成员间的离散度应该反映真实大气的可预报性或预报的可信度。离散度愈小，可预报性愈高，预报可信度愈大；反之，可预报性愈低，预报可信度愈小。所以，在一个理想的集合预报系统中，离散度同成员预报的平均准确率之间应该有一种反比例关系。这可称为"离散度-准确率关系"，它可用相关系数来度量。

6.3.4 邮票图

图6.16是500 hPa高度邮票示意图。

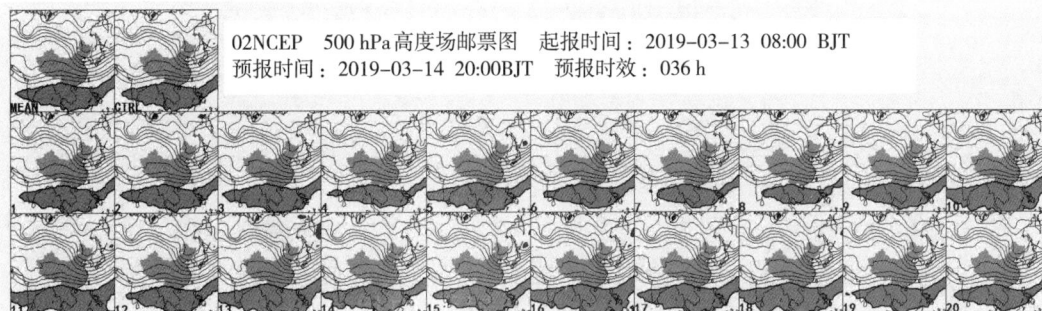

图6.16 500 hPa高度场邮票示意图

6.3.5 面条图

图6.17是500 hPa高度场面条示意图。

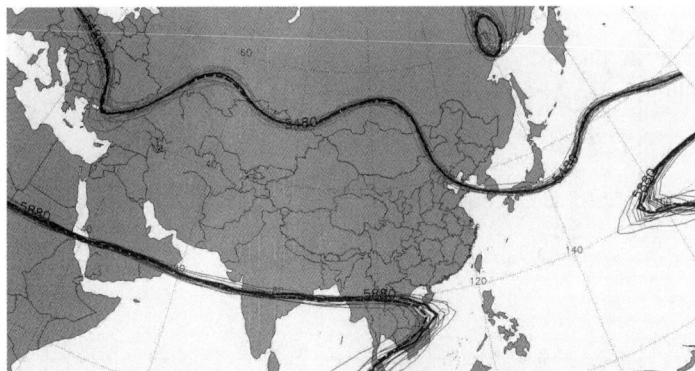

图6.17 500 hPa高度场面条示意图

6.3.6 单点要素时间序列图

图6.18是大连站要素预报。

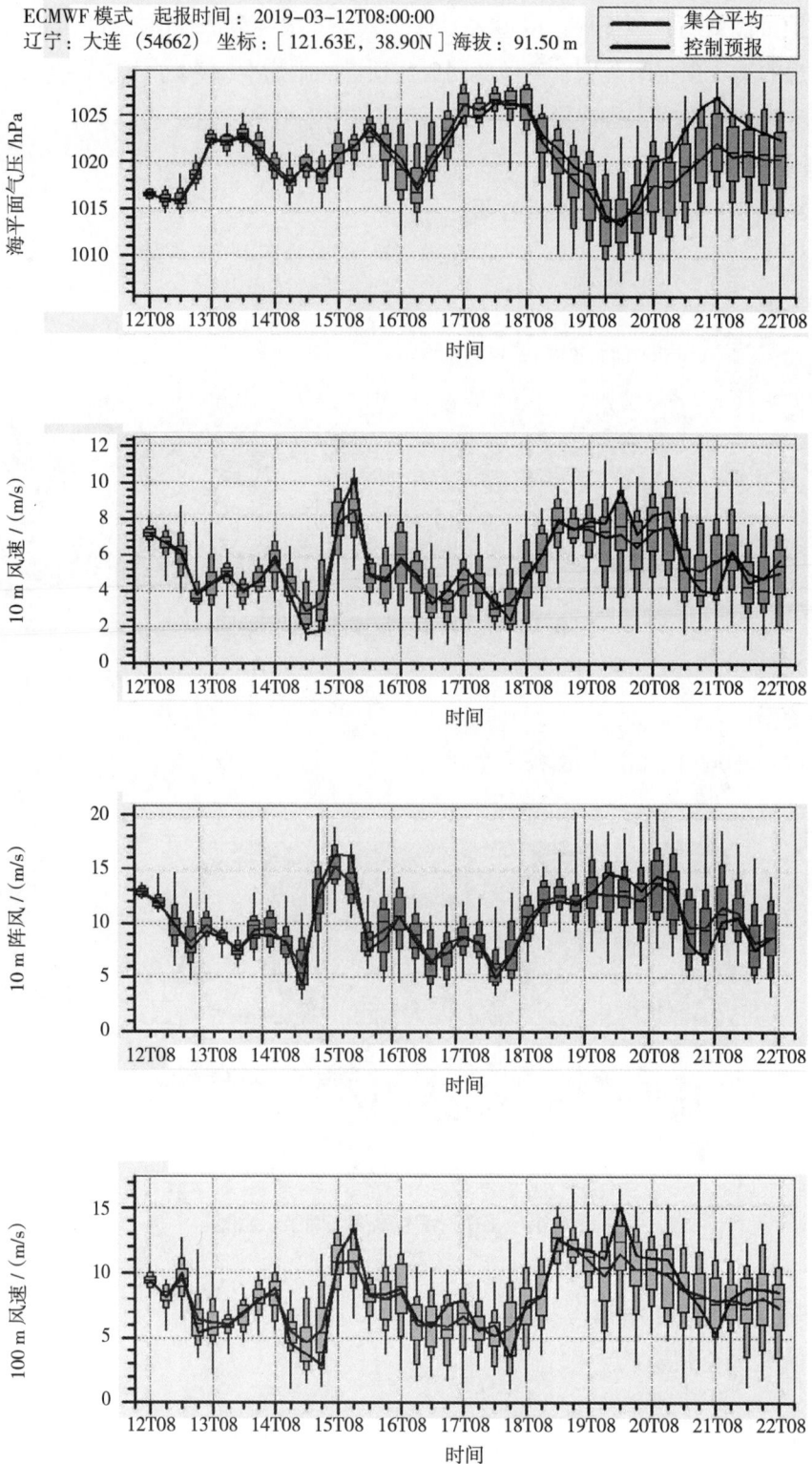

图 6.18　大连站要素预报

6.4 动力诊断方法

诊断分析方法是现代天气学研究和业务工作中的常用方法，是加深认识天气系统及其发生、发展过程的一种重要途径，是当前天气工作者必须掌握的基本技能。它用各种实测资料，结合适当的热力学和动力学方程，对所关心的物理量或有关的诊断方程中的各项进行计算，对天气演变过程中伴随的各种物理过程或某一物理过程中起作用的各个方面作出定量的估计和解释。它可应用于大气科学中的各个领域，如气候诊断分析，大气环流模式和天气预报模式的诊断分析以及物理量场的诊断分析等。

在作海上大风天气分析和预报过程中有一些物理量是十分重要的，如涡度、散度、温度平流、垂直速度以及各种能量场等，需要分析其空间分布特征以及它们和海上大风天气系统发生、发展的关系等。

在作海上大风预报时应分析三方面的影响：

（1）强气压梯度、3 h 变压的作用。

（2）强锋区上空气质量（强高空风）传导作用。

（3）地形狭管效应。

其次还可对各地总结的海上大风预报技术指标进行诊断分析。

经验表明，在大气不稳定条件下，特别是有强对流天气出现时，往往伴有强烈的阵风产生，一般情况下判断影响大风强度因子：

500 hPa：槽脊位置、温度场与高度场配置（冷暖平流）。

200 hPa：急流中心、急流进出口位置。

925 hPa：温度场与高度场配置（锋生、锋消）。

地面气压场：气压梯度。

中小天气尺度系统：考虑非地转分量引起变压风（阵风）。

其他：地形、洋流。

6.5 统计学方法

MOS 预报：经过统计分析，将数值预报的历史因子值与预报要素的历史实况建立统计关系，形成预报方程（要求模式稳定）。

PP 预报：与 MOS 预报相反，将预报因子的客观分析历史实况值与预报要素的历史实况建立统计关系，形成预报方程（要求模式准确）。

概率预报：经过统计分析，挑选出多个与大风相关较好的因子作为最优因子组合，建立大风概率预报方程的方法。

指标法：经过对指标站统计分析，建立海上大风预报指标的方法。

海陆大风多点对比分析：利用常规天气图资料以及一些加密观测资料，按不同风向、不同季节推选出大风样本进行多点的海陆对比分析。

6.6 概率预报方法

挑选出多个与强东北季风相关程度较高的因子作最优因子组合，分月份、分时次共设计了 24 条概率预报方程，从而建立起冬春季强东北季风概率预报方法。

例如，毛绍荣等在《广东沿海强东北季风的概率预报方法》文中介绍的方法。

选取海上大风的影响因子：

地面高压中心的位置、中心气压值、中心最低气温。

850 hPa 高压中心的位置、中心高度值、中心最低气温。

高压中心值与汕头、深圳、阳江的气压差除以其距离作为气压差梯度因子。

把基本因子集中各因子分月分时次的统计最低值作为入选及格线（减少漏报）以大于 50% 概率作为起报条件（减少空报）。建立预报方程：

$$F_{(m)}^{(t)}=K_0(aA_{(m)}+bB_{(m)}+cC_{(m)}+(K_1\nabla(\Delta P))_{(m)}^{(t)}+(K_2P)_{(m)}^{(t)}+(K_3T)_{(m)}^{(t)}+(K_4\frac{1}{1+\Delta L})_{(m)}^{(t)})$$

6.7 其他预报方法

6.7.1 基于人工神经网络技术的大风客观预报系统

对数值预报产品进行订正，采用的方法主要是统计方法（如 MOS 方法等），但一般统计方法的主要不足是难以确定研究问题的数学关系，对因子少又呈非线性变化时，采用一般的统计方法往往是不能解决问题。人工神经网络在医学、模式识别和非线性问题的应用方面，取得了可喜的成绩。中尺度模式预报的风力与实况风之间是一种复杂的关系，用人工神经网络进行建模，比用一般的统计方法更能解决问题。

MM5 中尺度数值预报模式对东海大风有一定的预报能力，但由于受海上观测资料的限制，使得预报的风力有一定误差，沿海站比海岛站偏差大些，特别是 ≥ 9 级大风，数值模式很少能预报出来。因而，在当前通过其他方法和手段提高海上风力预报精度，仍需要大量研究。浙江省气象台通过利用人工神经网络技术，对中尺度数值预报模式的海上风力预报精度进行研究，取得了较好的业务效果。

6.7.1.1 风力预报的人工神经网络建模

选取 2002 年 11 月到 2008 年 12 月每日 08 时和 20 时二次制作的 72 h 内每 6 h 间隔预报和实况风，对 MM5 中尺度模式 20 km 格距输出层，根据气象站的地理位置求得 10 m 高的 u、v 分量和风向 Φ，以 14 个沿海和海岛气象站（嵊泗、定海、大陈、洞头、玉环、石浦、平潭、崇武、台南、彭佳屿、宫古、石桓、冲绳岛、屋久岛）的实况风速 V 和风向 Φ'，求得：

$$u'=V\sin(\Phi')$$

$$v'=V\cos(\Phi')$$

由预报样本 u、v 的集合组成风速人工神经网络的输入层，实况 u'、v' 的集合组成风速人工神经网络的输出层。

风向和风速的人工神经网络结构采用 BP 人工神经网络。根据一些人工神经网络研究的结果表明，人工神经网络的不同隐层数和隐层节点数对人工神经网络的预报能力有相当的影响。同时注意网络的过度拟合，过度拟合会使网络过分注重数据"细微"特征，从而影响其抓住局部规律，导致预报效果下降，为此选择不同迭代次数和各种隐层数和隐层节点进行大量试验。

人工神经网络结构分别采用一个隐层和两个隐层，对两种不同隐层结构分别采用 2 节点、3 节点和 4 节点进行试验与对比，其他方面均相同，网络输出层采用线性（图6.19）。

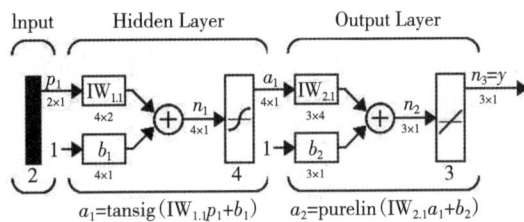

图 6.19　大风预报人工神经网络结构

6.7.1.2　风力人工神经网络预报模型的检验

用总样本的 3/4 作为人工神经网络的训练和学习，其他 1/4 的样本作为测试和检验。对各种隐层数和隐层节点的人工神经网络测试和检验 14 个沿海和海岛气象站，这里选取嵊泗站为例（表 6.1）。

表 6.1　嵊泗两种网络结构不同隐层节点和不同时效的风速拟合和检验　　　%

网络节点数	3~3（2层）		4~4（2层）		5~5（2层）		2（1层）		3（1层）		4（1层）	
	拟合	检验	拟合	检验	拟合	检验	拟合	检验	拟合	检验	拟合	检验
12 h	72.0	72.1	72.3	72.5	72.5	73.1	67.0	73.0	62.0	75.0	67.0	72.0
24 h	72.1	65.8	72.4	66.7	72.8	67.8	59.0	69.0	55.0	69.0	58.0	70.0
36 h	60.0	62.7	60.1	64.3	61.1	65.1	64.0	63.0	63.0	64.0	56.0	65.0
48 h	52.3	55.3	52.7	55.6	53.6	56.4	66.0	52.0	63.0	56.0	61.0	54.0
60 h	51.0	48.7	51.2	50.9	51.9	51.6	45.0	50.0	45.0	52.0	40.0	52.0
72 h	36.0	45.2	36.3	47.5	38.1	48.8	41.0	46.0	39.0	45.0	36.0	47.0

由以上对两种不同结构多种隐层节点的人工神经网络拟合和检验表明：采用两层隐层结构的人工神经网络模拟风速的能力较强，但用样本检验风速的预测精度不如采用一层隐层的人工神经网络；对同一隐层不同隐层节点数的网络，随隐层节点数的增多，网络的模拟能力加强，但预测能力不一定增强，到一定程度后反而下降。

分析上述原因，主要是风速人工神经网络的输入层因子只有两个，采用复杂的人工神经网络结构，可以提高预报与实况风之间的关系描述，但过分拟合的人工神经网络的预报能力明显下降，因而只有通过试验才能找到合适的人工神经网络结构。

考虑到建立的风速人工神经网络主要目的是改进中尺度数值模式的风速预报精度，因而试验结果表明，采用一层隐层，隐层节点数选为 3 个节点的人工神经网络是较好的网络。比较不同地理位置气象站的风速人工神经网络拟合和检验结果，东海东部的屋久岛、宫古和冲绳岛的风速人工神经网络预报精度改善最明显，海岛站的定海、嵊泗其次，沿海的玉环、平潭效果要差一些。其原因是风速人工神经网络受数值模式预报精度和测站测风代表性两个因素的作用，模式预报误差小的，经过人工神经网络订正后精度提高的大，反之则小；测站风速代表性差的，其风速人工神经网络的拟合和预测较差。

经过对 14 个站分别采用两种隐层不同隐层节点数的人工神经网络的大量试验表明，人工神经网络采用一层隐层，3 个隐层节点数的人工神经网络拟合和预测能力较强。

6.7.1.3 人工神经网络风力预报模型实际应用

应用训练好的一个隐层 3 种隐层节点数的 3 种风速人工神经网络，对 2005 年 1 月 1 日至 10 月 30 日每天 08 时和 20 时两次 72 h 内 6 h 间隔的预报应用，为了比较训练得到的风速人工神经网络与 MM5 中尺度数值预报模式风速预报差异，分别采用相同的风速评分标准。以预报风速和实际风速的绝对值 Δv 的大小来确定分数，具体规定为：

(1) $\Delta v \leq 1$ m/s　　　100 分

(2) $1 < \Delta v \leq 2$ m/s　　80 分

(3) $2 < \Delta v \leq 3$ m/s　　60 分

(4) $3 < \Delta v \leq 4$ m/s　　50 分

(5) $\Delta v > 4$ m/s　　　　0 分

选取 14 个测站中的屋久岛、冲绳岛、宫古、定海、坎门、平潭和彭佳屿，具体给出他们 3 种风速人工神经网络预报模型与 MM5 模式预报的评分结果。

经过人工神经网络订正后的预报普遍有提高，一般预报精度提高 10%，但风速预报提高的程度有区别，对原来模式预报精度不是理想的测站，经过人工神经网络订正后有比较大的提高。

由 3 种不同隐层节点数的人工神经网络预报水平看，预报水平差异很小，说明建立的人工神经网络比较稳定，这对实际应用很有意义，只有稳定的人工神经网络才能应用于日常业务。

6.7.1.4 实况平均风与阵风关系的人工神经网络建模

MM5 中尺度数值预报模式，不能预报瞬时极大风速。而对海上渔业和其他海上作业，≥ 8 级的瞬时极大风（阵风）危害很大。在工程上已有研究人员对平均风与阵风的关系进行一些研究，取得了一些有价值的研究成果。他们的研究基本是在陆上的风进行研究的，对海上还很少，但他们的研究也说明了平均风与阵风的关系十分复杂，因而可以应用人工神经网络加以研究。

为了使建立的人工神经网络有比较好的稳定性，选取资料比较完整，资料时间较长的嵊泗和大陈 1 天 4 次平均风速与极大风速资料。

根据浙江气候特点，将浙江大风影响天气系统分为 3 类，分别为秋冬季大风系统（11 月至翌年 2 月）、初春系统（3—5 月）、夏秋季系统（6—10 月），然后将这 2 个站的资料按照这 3 类系统进行划分。

用 1 天 4 次的平均风速作为输入层，相对应的极大风速为输出层，用总样本的 3/4 作为人工神经网络的训练和学习，其他 1/4 样本作测试和检验。要得到比较理想的人工神经网络，只有通过大量的试验比较，才能获得最佳的网络结构和预报效果。经过对人工神经网络几种不同隐层的试验比较，结果表明 1 个隐层 10 个神经元效果较好。这里选用 tan-sigmoid 为隐层的变换函数，输出层用 lineartransfer 作为变换函数，学习函数选用 LVQ，网络的初始权重由随机函数产生，最终的结果见表 6.2 所示。

表 6.2 不同大风影响天气系统的训练与预测的极大风速和实况极大风速相关系数 %

	嵊泗	大陈
秋冬季系统（训练）	90	90
秋冬季系统（预报）	89	90
初春系统（训练）	88	88
初春系统（预报）	88	87
夏秋系统（训练）	91	90
夏秋系统（预报）	90	89

由表 6.2 可知，初春系统预报效果略较差，预报相关系数最高为 88%，略少于夏季系统和秋冬季系统的 90%，这个反映了春季系统变化快特点，在实际业务预报中也比较难以把握。夏季系统和秋冬季系统的预报相关系数都高达 89% ~ 90%，有较好的预报效果，实况与预报的相关系数最高可达 90%。

可见人工神经网络模型能够很好地抓住平均风速与极大风速之间的关系。具体分级预报结果见表 6.3 所示。可以看出预报准确率随着风力等级的提高呈下降趋势，这是由于随着风力等级的提高，其相应的训练样本数量迅速减少，导致神经网络不能很好地抓住这些样本的演变规律，预报效果受到影响，这也是目前统计方法难以克服的缺陷。对于嵊泗和大陈两个站，6～9级极大风预报准确率较高，基本在70%附近。从浙江省气象台极大风速业务预报情况来看，实际出现大风等级越高，天气系统也就越明显，预报相对容易，而对于有无大风（≥7级）的临界情况，预报容易出现空报或漏报，从这2个站的试报情况看，6～9级的预报准确率较好，有较好的参考价值。

表 6.3　秋冬季极大风分级预报准确率

项目	嵊泗					大陈				
	6~7级	7~8级	8~9级	9~10级	10~11级	6~7级	7~8级	8~9级	9~10级	10~11级
报对	374	351	227	78	16	125	170	107	16	2
漏报	82	74	50	39	9	32	34	26	10	2
空报	73	80	55	20	10	31	31	14	11	3
准确率/（%）	70.6	69.5	68.3	56.9	45.7	66.5	72.3	71.8	43.2	28.5

MM5中尺度数值预报模式对东海大风有一定的预报能力，但由于受海上观测资料的限制，使得预报的风力有一定的误差。因而需要在海上非常规观测资料同化处理应用方面进行研究，但这方面的研究受卫星观测技术和数值模式同化处理技术两方面制约。因而，在近期通过其他方法和手段提高海上风力预报精度，仍然是值得研究的，而利用人工神经网络技术改进中尺度数值预报模式的海上风力精度是比较有效的方法。

通过对预报的平均风和实况平均风建立的人工神经网络，对风速预报精度有一定的提高，而对风向的预报精度相对要差一些，这主要是风向受地形影响十分明显，从实际应用说明，经过人工神经网络订正后的风向在风向的主导风向偏差较小，因而也是有使用价值的。

通过实况平均风和阵风建立的人工神经网络，可以由数值模式得到的平均风，获得阵风的预报，在实际业务使用中有意义，但有一定的空报。

BP人工神经网络是目前比较成熟有效的方法之一，随着人工神经网络技术的发展，人工神经网络的拟合和预报能力将会进一步提高，因而以后可以应用更加先进的人工神经网络提高海上大风的预报水平。

6.7.1.5　实际预报个例

系统能够较好地预报出每3h间隔内浙江沿海的阵风。

例1：2009年1月12日浙江沿海的8级偏北大风过程。2009年1月9日20时起报的12日08时的阵风预报与实况如图6.20所示，系统提前60h预报出浙江沿海大风。

例2：2009年2月13日早晨开始的偏南8级大风，2009年2月10日20时起报的13日02时阵风预报与实况如图6.21所示，系统提前54h预报出浙江沿海大风。

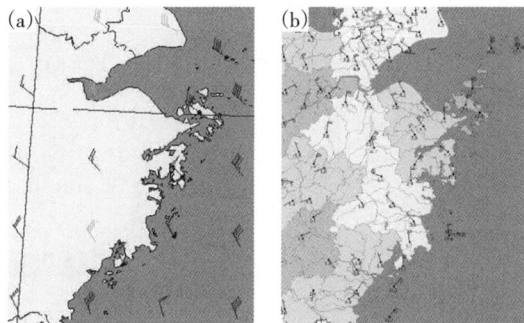

图6.20 2009年1月9日20时起报的12日08时的阵风预报（a）与实况（b）

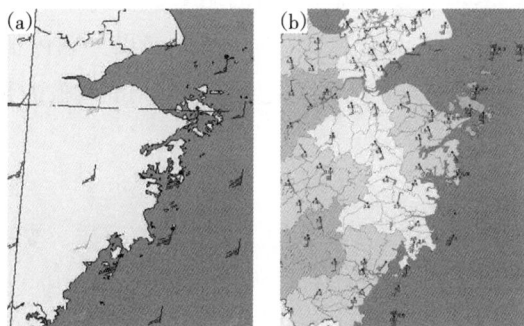

图6.21 2009年2月10日20时起报的13日02时阵风预报（a）与实况（b）

6.7.2 模式集成海上大风预报方法

辽宁省气象台采用前期动态误差订正法对模式预报进行订正。计算不同模式不同方案海风预报的准确率。根据准确率确定每个模式预报的权重生成渤海和黄海北部海上大风9 km网格预报产品，72 h实效，3~12 h间隔。制作思路为对 WRF\EC\T639\JAPAN 数值模式预报产品与沿海地区代表站实况进行对比，求出各模式的平均误差、绝对误差和距平相关系数；利用前5 d平均误差，对多模式产品进行订正，根据距平相关系数，确定各模式权重，对订正后的产品进行集成，生成9 km格点的精细化预报产品。图6.22为大风要素预报流程。

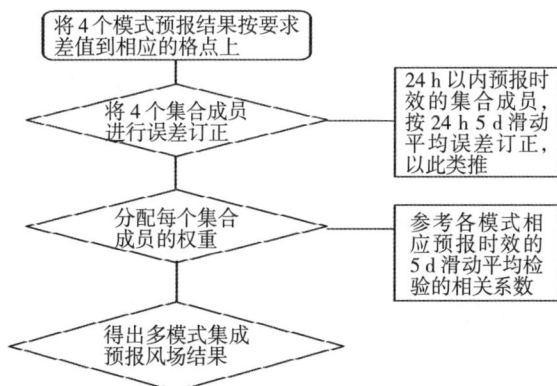

图6.22 大风要素预报流程

6.7.2.1 处理数据

将各个模式的数值产品,按要求应用双线性插值方法插到相应的站点上。u 和 v 风场各自插值。预报的范围参照 WRF9 km 的模式的预报区域:

经度:112°E   135°E   欧洲经度格点:209～301

纬度:35°N   54°N   欧洲纬度格点:25～101

分辨率:参照 WRF9 km 的模式,分辨率 9 km,各个点经纬度坐标以欧洲预报为标准点,各个点向欧洲格点上插值。

6.7.2.2 误差订正

应用误差检验部分结果,对各模式插值后的结果进行误差订正。

订正方法是将 5 d 滑动平均误差的 u 风和 v 风的结果分别订正到相应的时效预报上,24 h 以内时效的预报误差参照 24 h 的平均误差,24～36 h 时效的预报误差参照 36 h 的平均误差,以此类推。

6.7.2.3 确定权重

参考各模式相应预报时效的 5 d 滑动平均检验的相关系数,按相关系数的比例来确定,所有模式的权重和为 1。将 4 个模式预报结果按要求插值到相应的格点上,将 4 个集合成员进行误差订正,24 h 以内预报时效的集成成员,按 24 h 5 天滑动平均误差订正,以此类推分配每个集成成员的权重,得出多模式集成预报风场结果参考各模式相应预报时效的 5 d 滑动平均检验的相关系数

6.7.2.4 集成结果

将各模式的结果乘以权重,相加得出最后的集成预报风场的结果。输出 72 h 以内的 3 h 1 次的预报产品,格式为 micaps 的 11 类格式。

从 2013 年 8 月至 2014 年 6 月风场的 24～72 h 集成预报的平均误差(风速和风向)来看,72 h 以内的误差是没有明显差异的,4 个模式相比,WRF 模式的预报能力较差,EC 模式的预报效果是相对较好的,但是预报能力也不稳定。集成预报结果效果比较稳定。从风速的检验看,经过集成订正后误差整体效果与其他模式相比是最好的,整体的预报平均误差都在 2 m/s 以下,其他模式的预报结果不稳定,有些月份整体预报效果不理想。从风向的预报效果看,订正后的效果没有明显改善,在冬半年的预报效果普遍都不理想,集成预报的结果与其他模式相比没有明显的优势(图 6.23)。

6.7.3 格点概率预报

辽宁省气象台根据总结定量预报指标,采用 PP 法建立格点预报方程。

6.7.3.1 资料来源

辽宁沿海台站 42 个历史大风个例。

6.7.3.2 预报因子

24 h 变压 ≥ 10,6 h 变压 ≥ 3,24 h 变温 ≥ 4,6 h 变温 ≥ 2,850 垂直速度 ≥ 0.4,

700 垂直速度 ≥ 0.1，850 温度平流 ≥ 5.0，700 温度平流 ≥ 15.0；所有变量判断时均取代数值。

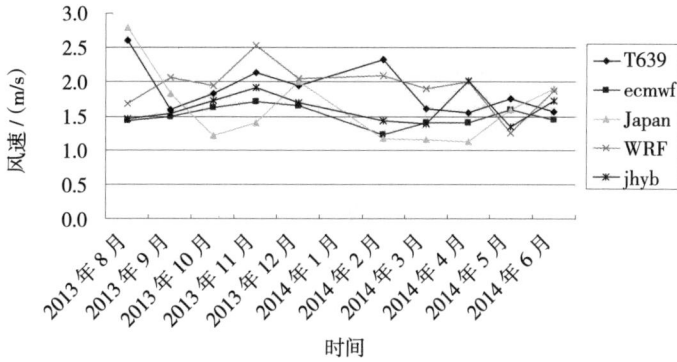

24 h 风速预报平均误差

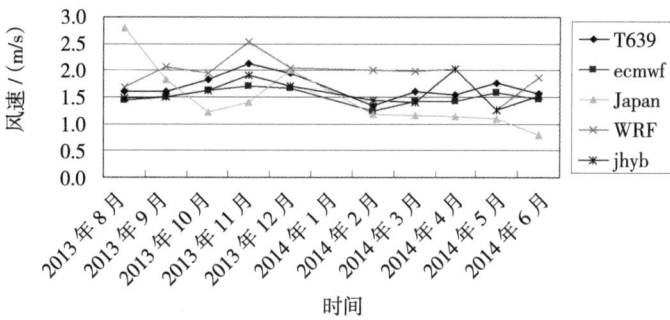

48 h 风速预报平均误差

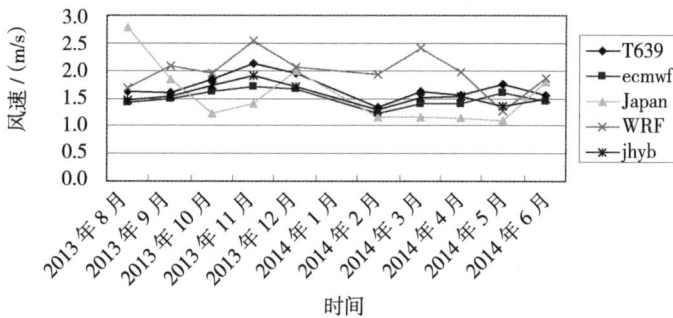

72 h 风速预报平均误差

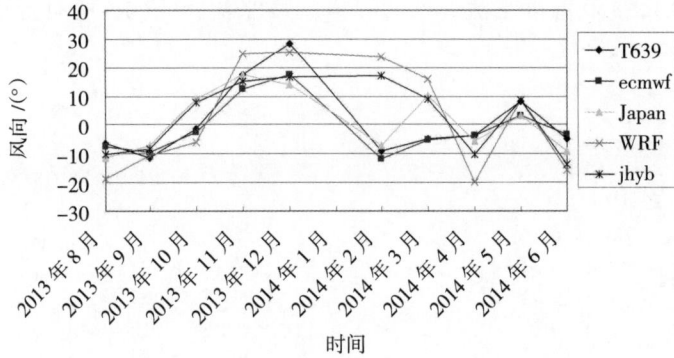

24 h 风向预报平均误差

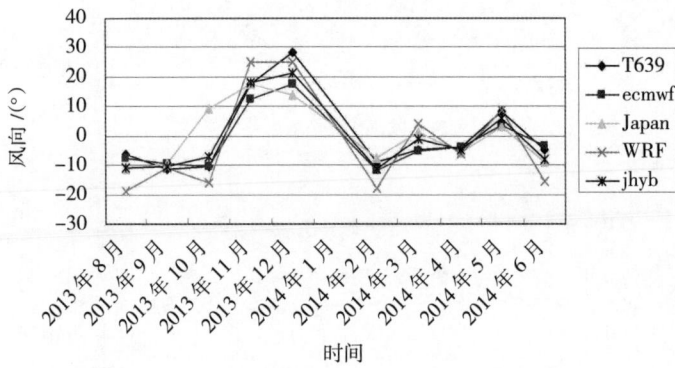

48 h 风向预报平均误差

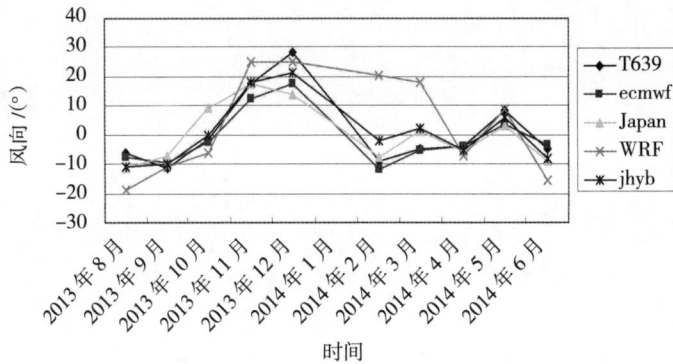

72 h 风向预报平均误差

图6.23 多模式集成海风预报检验

6.7.3.3 预报方程

普查41个大风个例判断8个预报因子的权重系数。

$$P=(23/226)P1+(31/226)P2+(24/226)P3+(28/226)P4+(26/226)P5+(33/226)P6+(32/226)P7+(29/226)P8$$

其中，P1、P2、P3、P4、P5、P6、P7、P8分别代表24 h变压、6 h变压、24 h变温、6 h变温、850垂直速度、700垂直速度、850温度平流、700温度平流。

对EC细网格的基本要素预报产品进行计算，得出各物理量数据，按照上述方程进行计算和判断，得出辽宁沿海大风的概率预报结果。

6.7.3.4　预报检验

$$检验公式：准确率 P=(A+B)/(A+B+C+D)$$

式中，A为大风预报概率 ≥ 60%，实况出现6级以上大风的次数；B为大风预报概率 < 60%，实况没有出现6级以上大风的次数；C为大风预报概率 ≥ 60%，实况没有出现6级以上大风的次数；D为大风预报概率 < 60%，实况出现6级以上大风的次数。

对2014年1月1日至3月31日期间，20时起报的24 h大风概率预报结果进行检验，检验范围是辽宁省61个代表站，检验使用的实况资料是自动站2 min风速，检验结果是预报准确率为73.2%，其中，A=41，B=3172，C=1148，D=31。

6.7.4　阵风预报方法

胡波等《几种不同方法在舟山海岛阵风预报试验中的对比分析》中提到了阵风预报方法，图6.24给出了基于天气分类回归方法的阵风预报业务系统框图。

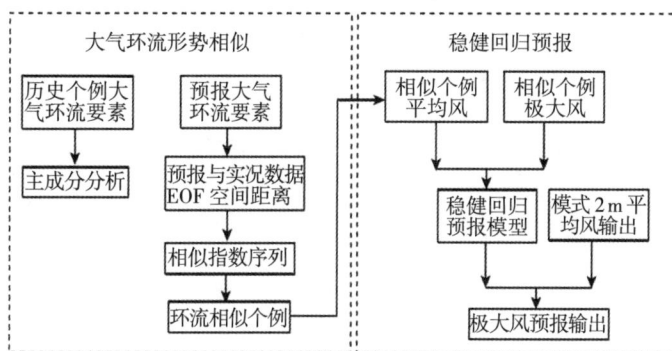

图6.24　基于天气分类回归方法的阵风预报业务系统框图

参考文献

[1] 吕美仲，彭永清 . 动力气象学教程 [M]. 北京：气象出版社，1989.

[2] 吴曼丽，王瀛，袁子鹏，等 . 基于自动站资料的海上风客观预报方法 [J]. 气象与环境学报，2013，29（1）：84–88.

[3] 盛春岩，吴曼丽 . 黄渤海高影响天气预报中的关键技术研究 [M]. 北京：气象出版社，2017.

[4] 孙欣，陈力强，吴曼丽，等，辽宁省高影响天气预报技术 [M]. 沈阳：辽宁科学技术出版社，2016.

[5] 胡波，杜惠良，俞燎霓 . 几种不同方法在舟山海岛阵风预报试验中的对比分析 [J]. 海洋预报，2015，32（3）：43–50.

7 海上大风专业气象预报服务

海上大风的专业气象预报服务，一方面是为航海与海上工程预报预警危险天气和海况，以求避险，比如气象导航；另一方面是为海上工程项目预报施工窗口期，即预报有限风速时段，以便顺利安全施工。

7.1 气象导航的概念

在航海发展的早期，人类对气象海洋环境知之甚少，无法事先了解航海途中将遭遇到的天气和海况，航海的成功与失败主要凭运气与航海人员的个人经验。因此，航海被认为是勇敢者的冒险活动。随着科学技术的发展和航海经验的积累，使得人类对海洋环境的认识和预测成为可能。同时航运业的迅速发展和竞争的加剧，海上运输的安全和经济效益成为现代航海的目标。于是，如何针对航海途中海洋环境的实况及其变化趋势，选择一条最佳航线，以避离不利的天气和海况，充分利用有利的气象和水文条件，保证航海的安全，提高经济效益成为航海界的主要课题。

理想的最佳航线应该是既安全、经济，又能满足航行要求的航线。实际上，这些条件往往不能同时满足。所谓的最佳航线是在对各种条件的综合考虑、判断后所确定的一条相对最优的航线。根据具体的情况，最佳航线可分为最短航时的航线、最省燃料的航线、最舒适的航线等。

最短航时的航线是通过缩短航海时间获得燃料等费用的节约的航线，多为一般货船所采用。最少燃料消耗量的航线是在一定的航海时间内最节能的航线。对于特定班轮，在保证班期的前提下，多采用此节能航线。最舒适的航线是尽量减少风浪的影响，使航行条件安全、舒适，多为客船和游船所采用。

气象导航技术正是伴随着气象学、海洋学、计算机和通信技术的发展，为了实现航海的安全性和经济性这一目标而诞生的。

所谓船舶气象导航就是根据长、中、短期天气和海况预报及大洋气候资料，结合船舶性能、装载情况以及航行要求等为船舶制定最佳航线的过程。由于船舶的型号不同，装载不同，目的地不同，因此每一条船需要专门定制航线指导，由此而得到的航线称为气象航线。

除了气象航线，在航海实践中，还有大圆航线和气候航线等。大圆航线是地球上两点之间航程最短的航线（图 7.1）。

图 7.1　大圆航线示意图

大圆航线的定义为在地球表面上各航路起点与目的地点间的最短连线。即地球表面二点与球心构成的平面与地球圆形表面相交形成的大圆圈的一部分。大圆航线主要作为航线设计的基础，即明确初始航行方向。基于大圆航线，通过气候航线分析和进一步地气象航线分析，再依据船舶特征与载重，逐步调整到合适的定制航线。

气候航线是根据大洋气候资料，结合航海经验而制定的各大洋的季节性航线。在《世界大洋航路》《航行指南》等航海资料中所提供的航线，就是这种气候航线。对于天气过程相对稳定，无显著异常现象的季节和区域，气候航线的价值得到了体现，在相当长的一段时期内，对大洋航行起到了指导作用，成为广为接受的习惯航线。气候航线是建立在气候资料的统计基础之上的，即各气象要素长期的观测资料经统计整理而制成的各种图表，包括月平均风向、风速频率图，月平均海平面气压图、风暴平均路径图等，它们代表了特定海区某一季节的平均天气状况。由于平均天气状况与实际天气状况是有差异的，有时差异可能很大，因此，气候航线主要为船舶气象航线确立了背景航线，对船舶的定制航线要基于气候航线的背景，依据气象信息进行调整，进而获得更具指导意义的气象航线。

气候航线的定线方法，常用比较法，而在应用时，又分为有潮海区和无潮海区两类。

7.1.1　有潮海区最佳气候航线的确定

在有潮区域，如果出发地点在 A 点或 B 点，目的地为 C 点。为了到达 C 点，确定从 A 点或 B 点出发的时间及合适的船速，需要编制一些表格，在这些表中列出了在各种船速下，相对目的地 C 点附近满水到来时刻（满水即海水高潮位，船舶可靠岸，低潮位则海水过浅，船舶不能接近码头，无法卸货），每隔 1 h 船从上述 A 或 B 点出发的航行数据。并根据潮汐性质取间隔时间为 12 h（半日潮）或 24 h（全日潮）进行调制。

7.1.2　无潮海区最佳气候航线的确定

在无潮海区选择最佳航线，要研究水文气象参数对船速的影响。对 A 点（起始点）和 C 点（目的点）之间最佳航路的计算是在整理，分析有关风、浪、流状况的数据基础之上进行的。

可将海域划分为 $1° \times 1°$ 的方格区，在海域面积不大的情况，可划分为 $0.5° \times 0.5°$ 的方格区，对每个方格，从气候资料中抄入关于风、浪、流的月平均数据。然后，在平面图上的标准航路左右画出若干条任意航线，在其中每条航线上估算船在浪中的失速和海流的影响。最后，再通过比较确认，哪条航路所要求花费的航路时间最短，它就是该船的最佳航线。这一方法对存在定常流的海区能给出较为满意的结果。

与大圆航线和气候航线相比，气象航线充分考虑了航线上未来的各种天气过程和风、浪、涌、流等因素的演变，更好地利用有利的天气和海况，最大限度地避开灾害性的天气区，在很大程度上弥补了大圆航线和气候航线的局限性，因此气象航线要优于气候航线和大圆航线。但是，气象航线对天气和海况预报的时效和精度要求较高。在目前的情况下，气象和海洋部门只能提供较准确的 $5 \sim 10$ d 的中期预报，无法满足 10 d 以上大洋航线的要求。因此，在实际导航工作中，大圆航线、气候航线仍然是拟定气象航线时的重要参考。通常是利用大圆航线或者气候航线作为基础航线，在其两侧展开搜索，寻找安全又经济的气象航线。此外，在天气海况预报时效差或根本做不出预报的海域，就更需要参照气候航线了。

7.2 风对船舶航行的影响

风作用于船体上产生风压力，会使船舶向下风漂移，偏离计划航线。漂移速度与风速、风舷角、船速、船舶水上受风面积和船舶形状等因素有关。风还会使船舶产生偏转，破坏稳性。船舶在风中的偏转规律主要取决于风力中心、船舶重心和船舶水线下的水阻力。风对船速的影响，一般来说，顺风增速，顶风减速。此外，风对船舶的影响还会通过风引起的海浪、海流、海冰等而间接地表现出来。

7.2.1 船舶所受风力

当船在运动状态时，在船上测得的风向和风速，有别于海上的真风向和真风速，称为"感觉风"。感觉风对于船舷和船的上层建筑会产生压力，其大小决定于风速、风向及上层建筑的面积和形状。

感觉风的压力随船体离开海面的高度增加而加强。感觉风压的方向，或沿船的中线面（顶风和顺风），或与其构成某一角度（侧风）。在感觉风作用下，船有可能偏离计划航向（图 7.2）。

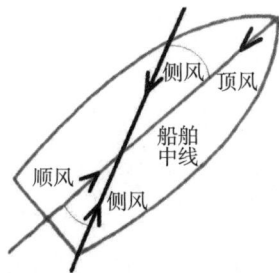

图 7.2 船舶"感觉风"的压力方向

船保持其中线面与真航向平行，实际上是在自身的推进器和感觉风的作用下，沿着偏移航向行驶的，并且在一般情况下，移动方向与感觉风方向不相一致。当感觉风方向与船的中线面垂直时，它的偏移特别显著。船的偏移值决定于感觉风的方向和速度、船的速度和结构特征以及船的负荷和甲板货物性质等，并可在较大的范围内变化。

7.2.2 风速对船速的影响

理论和实践均指出，对上层建筑不太臃肿和马力强大的现代海轮来说，由于风的阻力作用而产生的船的失速量值约占全部失速率的 1/3。

风对船速的影响，一般情况下，顶风减速，顺风增速。当风速小于 20 km/h，顶风约减速 5%，顺风约增速 2%，其他情况介于两者之间。当风速较大时，风引起的中、大浪对船速影响很大，无论顺、逆风均使船速减小。当船速与风速相当时，既影响船速又影响航向，导致船舶发生偏荡运动。

例如：一艘航速为 20 km 的船舶遇到舷角 60° 的 7 级风，且有 4 m 高的大浪，船速将下降 20% 左右，降至 16 km，同时为了防止船体受海浪的冲击等，船长可能有必要下令降低主机转速，使船速更慢。

一般而言，当风舷角相同时，客船受风影响最大，货船次之，油船最小，风对同样吨位的满载集装箱船比满载油船作用大得多。总之，风对船舶运动的影响主要视船的类型、装载情况、船舷高度、上层建筑面积以及形状等因素确定。

7.2.3 海浪的影响

海浪是海水运动的主要形式之一，同时也是影响船舶运动的重要因素。船舶在海浪的作用下可以导致摇摆、偏荡、砰击、上浪和失速等现象。海浪沿船舷移动，会产生对船的补充压力——浪压，形成船的浪偏移。在一般情况下，浪偏移的量值很小，可以忽略不计，但在波长与船长相当或超过船长时，它能使偏移值增大。

船在浪中航行，由于沿船体水下部分的表面，水的压力场和速度场发生变化，从而形成附加阻力，这就是所谓的浪阻力。浪阻力是一个变量，其增强或减弱取决于船的运动速度是否有利以及船体的线型变化，水对船运动的全阻力是黏滞阻力和浪阻力两者叠加的结果。

浪的附加阻力与一系列因子有关，其中有船速、浪的传播速度、浪相对船中线面的方位角、浪高、波长与船长之比等。船在波浪中航行时，其动力设备的部分功率要消耗于克服空气（风）和水的阻力，这就导致船舶失速。船在浪中失速决定于船的特征函数（吃水、吨位、船型和船的技术速度）、风、浪高、波长、波向和船向之间的夹角等。

理论和实践所指出，对上层建筑不太臃肿和马力强大的现代海轮来说，海水全阻力，主要是海浪引起的附加阻力作用下产生的失速，约占全部失速量的 2/3。

观测还表明，涌浪比风浪引起的失速小。此外，在某些情况下，为了减轻船的纵摇和横摇，预防船底在触及波谷时受到冲击，预防船首埋入水中，预防甲板和上层建筑上水，以及避免螺旋桨在船尾露出水面时加速等，船长根据海况、船的适航数据、动力设备特征以及经验可命令降低航速。

船在顶浪中航行，受到浪对船部的冲击，冲击力与船在航行中产生的质量加速度和浪速的乘积有关，显然，船体受浪作用的面积越大，所产生的浪的冲击力也越强。

在风暴浪条件下，浪的冲击力可超过 20 t/m^2，即使现代化船只也难以经受得住如此巨大的冲击力，因为它不仅能引起甲板设备失灵，而且还会造成船体重大破坏。

船的纵摇（图 7.3）会引起甲板上浪和船首埋入浪中。甲板上浪给船的航运工作带来更大的困难，并可造成对人们生命的威胁，特别是当甲板和上层建筑结冰时更加危险。

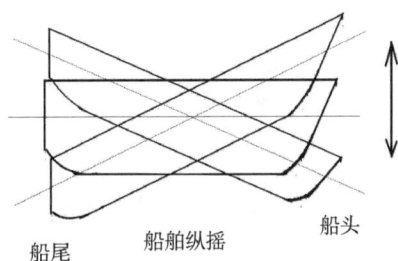

图 7.3　船舶的纵摇

船在顺浪中航行时，其尾部可能遇到浪的背风面的周期性的砰击，该力和浪向船冲击的加速度成正比。如果船出现在比它跑得快的破碎浪的底部时，有可能发生船艇部淹浸。当船出现在浪峰上时，往往会导致"飞车"，从而损坏船舵，使发动机受到磨损，并削弱了船体构架的牢度。当船被浪抬升时，船被抛向一边，螺旋桨和舵受到强烈砰击，结果舵效失灵，船体可能向波浪倾倒。

顺风顺浪航行时，如船遭遇强烈的混合摇摆（纵摇和垂荡），大量海水也会涌上甲板。

在横浪状态下，船将经受激烈而巨大的横摇。强烈横摇常伴生船体大幅度的横倾，尤其在甲板被大量海水淹浸的情况下，船的稳性往往受到破坏，当稳性变至临界值以下时，船就会倾覆和沉没。

在共振摇摆条件下，船体各个部分受到的动力负荷会更大，船体变形、断裂的可能性也更大。

7.2.4　海流的影响

海流是海水具有稳定流向、流速的水平流动，主要是受大气环流的影响，同时还受海底地貌、海岸和岛屿等因素的影响。

海流主要影响船舶的航速和航迹。船舶受洋流的作用相对海底的运动是流速与船速的两者合成，其影响大小视海流本身的大小和不同舷角而异。顺流增加船速，逆流降低船速，横流主要影响航迹，其他舷角既影响航迹又影响航速。当流向和船向相交成某个角度时，则船速与流的方位角余弦值成正比。

海流对船速的影响，一般是以投影到船舶首尾线（船舶中线）上的流速矢量大小为准，若此方向上流速分量大于 0.5 km，就要考虑对船舶运动的影响。

气象导航中经常利用有利的顺流条件以达到增加船速的目的。

船在海流的作用下会偏离真航向，形成流偏角，它与船速、流速及流的方位角有关。船在风和流的作用下，将产生综合偏离效应，它是风偏移值和流偏移值的代数和，在公海和大洋中航行，在不存在危险地理条件下，偏移不会威胁船舶航行安全，但如果航行区域有海滩和暗礁存在，偏移则可能是危险的，当偏移值较大时，船有可能搁浅。

7.2.5 雾的影响

雾是影响海上能见度的主要因子之一。在雾中航行，稍有不慎，就会发生偏航、触礁、搁浅或碰撞的危险。

当能见度只有几米时，海上目力测向发生困难。在这种条件下，为了及时发现和错开相向而行的船，或者通过岛屿、浅滩、暗礁等航海情况复杂的地区，往往不得不把船速降到安全的程度。

船在雾中航行，不但会大幅度地降低航行速度，而且还可能发生船舶碰撞。但是对全年都有可能发生雾的海域来说，跨洋航线的选择要想完全避开雾区是不可能的。另外，海洋上这些大雾区往往又是大的渔场所在地，渔汛期间，渔船云集，加之雾的频繁出现，这就使得航行条件更加恶化。

尽管气象导航的推荐航线考虑到了这一因素，但是欲求完全避离雾区是不现实的，所以即使采用了气象导航也要有短时的雾航准备。

7.2.6 海冰的影响

7.2.6.1 海水飞沫结冰

由于飞溅来的水滴在船体上产生冻结，它是由一定的水文气象条件引起的，其中主要受气温、水温、风向和风速的影响。当气温下降到海水冰点以下时，打到船上的水滴首先会结成"玻璃状冰"，而后附着在甲板设备和货物上，且随时间推移，冰层越结越厚。

根据风、浪状况，船的速度和外形，船表面的结冰往往是不对称的。当船顶浪航行时，在其前部形成更多的冰。由于冰沿船的纵向分布不均，使船向船首部过分纵倾，引起船尾部抬升和推进器空转，从而使船舶操纵更加复杂化。

当船顺浪航行时，其尾部结冰更强烈，因而引起船向船尾部纵倾。

在横向风状态下，冰在船舷和上层建筑的迎风一侧出现更多，冰沿船的横向分布不均，会导致船向一侧重力倾斜危险的发生。

7.2.6.2 降雨淡水结冰

船在降水区域航行，由于空中水分凝聚物的温度大大高于船体上部设备的温度，当它们一旦降落到船上时，很快就发生船舶结冰，这种结冰现象往往是自上而下发展起来的。

比较上述两种形式的结冰及其生成原因，由海水飞沫结冰在船上形成的冰量比淡水结冰形成的冰量大得多。

根据某些天气气候条件，船舶结冰发生在近岸水域较多，并且危险性比外海可能更大些。在极地海域和中、高纬的某些海区，存在大量的固定冰盖和浮冰块，冰区通航条件则更为困难。当冰的密集度达到 4~5 级，而密蔽冰块的厚度大于 0.5 m 时，一般就要求助于破冰船领航开道。

在冰区领航中，不但需要考虑船的技术特性，而且还要考虑各种流冰参数对船队的影响，这些参数有，浮冰密集度、厚度、多冰山性、破裂性、冰龄、冰块形状和大小等。由于浮冰的不断撞击和挤压，船体往往会受到重大的损坏，甚至破裂、下沉。

7.2.7 其他因子的影响

7.2.7.1 津浪

对停在港内的船来说，还有另一种危险现象——津浪。津浪是由大地震引起的长浪，往往从大洋彼岸迅速传到此岸，它在近岸地区，能量集中，速度加快，浪高可达 17~18 m，转变为一堵巨大而几乎垂直的水墙，甚至把停在近岸带或港内的船抛到岸上。

7.2.7.2 洋底地震

对于航行在海上的船来说，比津浪更危险的是洋底地震，尤其在震中附近。

洋底地震，穿过 3~4 km 水层，传播到洋面，给船舶以剧烈冲击，将会带来各种损害。强度为 6 级的海底地震，不但能从基座上掀下锅炉、机器，破坏甲板上层建筑和船体，甚至能把船抛出水面，导致船的沉没。

7.2.7.3 热带气旋

每年在世界大洋的某些热带地区都会生成和发展一些强烈的热带气旋，伴有狂风、恶浪和暴雨，造成许多海上灾难。它在太平洋西北部称为台风，在印度洋称为热带气旋和风暴，在大西洋称为飓风，在澳大利亚西北部称为威力。

7.3 船舶条件下的航线天气分析与预报

航线天气预报，又称船舶补充天气预报，是指船舶驾驶员在专业气象机构发布的海洋天气预报的基础上，结合本船观测资料、船所在海区的地理条件和航行要求等，自行制作本船前方航线上更有针对性的天气预报。与一般的海洋天气预报不同，航线天气预报必须考虑船舶的运动，以及船舶本身的性能和此次运输特点，并针对该船的具体航线进行天气分析和预报。现在，随着天气和海况预报精度的提高和通信技术的发达，航行中的船舶已经能够通过多种途径获取可靠的天气、海况预报产品，这为船舶驾驶员针对本船具体的航线自行进行天气分析和预报提供了可能和便利。但是海上天气变化对船舶航行有直接和间接的双重影响，总效果比较复杂，完全的船舶驾驶员自行预报预测，有其局限性。

总之，航线天气分析与预报能力的提高，有助于船舶驾驶员在不断变化的天气海况下，及时、正确作出决策和采取措施，以保证航行安全和提高效益。另一方面，对于已经采用专业机构气象导航服务的船舶，更好地掌握海上天气预报技术，也有助于驾驶员正确理解导航意图，采用优化方案，使全航程达到最优的效果。

7.3.1 航线天气预报的步骤

7.3.1.1 收集资料

（1）接收气象传真图，包括地面分析图、地面预报图、波浪分析图、波浪预报图，尽可能加收高空图、卫星云图、海流图等资料。在有热带气旋影响时，应注意收集热带气旋警报图。冬季高纬航行时，还应接受相应海区的冰况图。

（2）接收海岸电台发布的海洋气象报告和各广播电台发布的海洋天气预报。

（3）做好本船的气象观测记录。

（4）收集本船的船舶资料，各类船舶性能曲线，船速、稳性、吃水差，船舶装载、货物种类等资料，船舶航行实测反馈资料。

（5）收集航海资料，各类海图、引航图、水路志（日本、英国、美国版），航行警告（实时的和非实时的），不同航线、不同种类船和实际航行航线的统计资料，航海专业书籍。

7.3.1.2 分析天气形势和当前船位处的天气、海况

利用地面分析图或气象报告，分析目前海区大范围环流背景特点，了解各系统之间的配置情况，重点确定直接影响本船的天气系统，并分析其移动、发展、演变的情况。

根据天气形势分析的结果，确定当前船舶处于影响本船的天气系统的何部位，根据天气系的天气模型及周围测站的实况资料，确定当前本船处的天气；利用海浪分析图判断本船处的浪向与浪高。并将天气海况分析的结果与船定时观测的记录进行对比。

7.3.1.3 作出形势预报

综合运用地面分析图、地面预报图和热带气旋警报图，结合外推法或其他方法，确定未来 12 h 或 24 h 甚至更长时间，影响本船前方推算航线的主要天气系统，以及本船将处于天气系统的哪个部位。其中要特别注意船舶相对于天气系统的运动态势。另外也要关注周围其他系统的发展演变情况，以及它们与影响本船的系统之间的位置关系等。

7.3.1.4 作出要素预报

运用天气模式、简易预报规则、本人经验等，并考虑地方性因子，做出本船航线前方的天空状况、天气现象、风、浪、能见度等要素的预报，并参考海域天气预报结论适当修正。

如果预计前方航线将遭受恶劣天气影响，则在综合考虑各方面因素后，做出是否变更航线的决定。

需要注意的是，在航行过程中，应及时收集最新的资料，如每 6 h 收 1 张最新地面图，

并根据最新资料，按上述步骤，对前面作出的航线天气预报进行必要的修正，直至到达目的港。目前，航线预报法多用于航线上未来 12 h、24 h 内的短期预报，可以预见，随着 10 d 左右的中期天气预报水平的大幅度提高，以及长时间段的海浪预报结果的改善，对 10 d 以上跨洋航行的船舶进行预报时效更长的航线天气预报是可以实现的。

7.3.2 航线天气预报的示例

下面介绍以地面分析图、海浪分析图、地面预报图、海浪预报图为基础进行 12 h、24 h 航线天气分析与预报的操作过程。

例：2008 年 12 月 15 日 0000UTC，某船位于 38°N、170°E，计划航向 W，航速 20 km，分析和预报船舶在该航线上 12 月 15 日 0000UTC、1200UTC 和 16 日 0000UTC 的天气和海况。

7.3.2.1 汇总气象传真图

将日本 JMH 台播发的 2008 年 12 月 14 日 0000UTC、0600UTC、1200UTC、1800TC 的 ASAS 图、15 日 0000UTC 的 ASAS 图、AWPN 图、FSAS24 图和 FWPN 图整理汇集在一起，其中 15 日 0000UTC 的几张图是天气海况分析和预报所必需的最基本的图。

7.3.2.2 当前船位处（15 日 0000UTC）的天气、海况分析

（1）作图

将 12 月 15 日 0000UTC 的船位 38°N、170°E 标注在 15 日 0000UTC 的 ASAS 图和 AWPN 图中的 A 点 × 处（图 7.4、图 7.5）。根据 ASAS 图中气象报告内容，在影响本船的天气系统中标出大风圈，如图 7.4 中正在发展的 978 hPa 锢囚气旋中绘制的两个半圆。

（2）形势分析

由图 7.4 可见，在本船航行的西北太平洋海域，主要受下列天气系统影响：0822 号强热带风暴海豚（DOLPHIN）位于菲律宾群岛以东洋面，中心位置在 13.7°N、130.3°E，中心气压 980 hPa，中心附近最大风力 60 kt，阵风 85 kt；日本以东到阿留申群岛洋面，有中心位置在 44°N，160°E，中心气压 978 hPa 的正在发展的锢囚气旋，和中心位置在 41°N、162°W，中心气压 1004 hPa 的低气压；日本海上有 1018 hPa 的弱低压；1028 hPa 的冷高压向东伸展的高压脊正控制中国东部海区。978 hPa 锢囚气旋与 1030 hPa 海上高压形成东高西低形势，两系统中间过渡地带上出现大范围的强劲大风，气旋中心附近风力大于等于 10 级，30 ~ 55 kt 的大风圈半径在气旋南半圆为 900 nmile（海里），其他方位为 700 nmile（图 7.4 中的两个半圆）。

由 978 hPa 锢囚气旋引起的 3 ~ 8 m 的大到狂浪区位于日本以东到东北洋面；阿留申群岛附近洋面有 3 ~ 6 m 的大到巨浪；0822 号强热带风暴引起的 3 ~ 6 m 的大到巨浪区位于菲律宾群岛以东洋面；中国东海和南海有 3 ~ 4 m 的大浪。

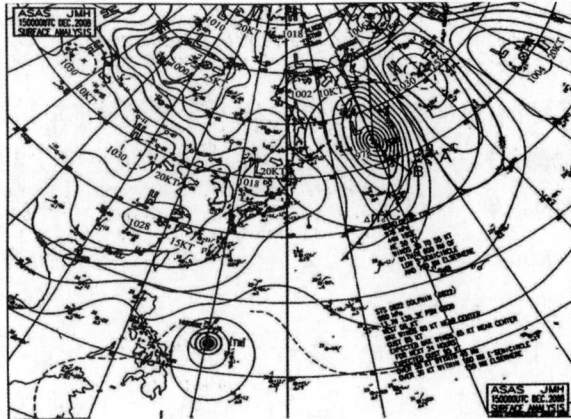

图7.4　2008年12月15日0000UTC地面分析（ASAS）

图7.5中的A点＊处显示，本船正处于1030hPa入海变性冷高和978hPa正在发展的锢囚气旋之间的过渡地带，距离气旋暖锋前约6个经度。

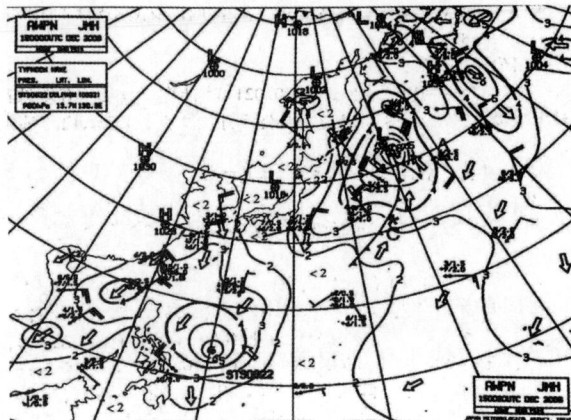

图7.5　2008年12月15日0000UTC海浪分析（AWPN）

7.3.2.3　天气海况要素分析

（1）天空状况、天气现象和能见度

根据北半球锋面气旋天气模型，并参考本船附近测站资料，分析得出当前船位处多云到阴，有时有雨，能见度有所降低。

（2）风

①方法一：根据天气模型及附近测站资料直接判断

本船当前位于锋面气旋暖锋前，附近两测站分别为SE风8 m/s和SSE风12 m/s，且船位在30～55 kt的大风圈内，故得出当前船位处风力5～6级、阵风7～8级、风向SSE。

②方法二：根据地转风理论计算

若船位处没有测站资料供参考，又需要具体的风速值，则可以运用地转风理论求算海面风速和风向。其操作步骤是，先利用地面天气图求出船位处的地转风，然后用海面风速与地转风速的经验关系，以及海面风向与地转风向之间的偏转关系，求出船位处的海面风。

下面用公式法求算当前船位处的地转风。

如图 7.5 所示，过 A 处 * 符号作相邻两根等压线的公垂线段 Δn_A，量得 Δn_A 为 1.8 纬距，Δn_A 两端气压差为 4 hPa，代入地转风公式中 $n_g = \frac{4.78}{\sin\varphi}(\frac{\Delta p}{\Delta n})$，有 $n_{gA} = \frac{4.78 \times 4}{\sin 38° \times 1.8} = 17.3$ m/s。则海面风速为 $n_{海A} = 65\% n_{gA} = 65\% \times 17.3 = 11.2$ m/s，6 级风。

A 点 * 处地转风向偏 S，中纬度海面风向比地转风向向低压内偏转 10°～20°，故海面风为 SSE 风。

（3）海浪

①方法一：根根海浪分布图及附近测站资料直接判断

由图 7.5AWPN 图中 A 点 * 处等波高线分布、主波向以及测站资料情况判断，当前船位处浪向 SSE，浪高 3.5～3.8 m。

②方法二：用公式法计算波高

如果没有传真波浪图，可利用经验公式 $H = 0.0214 V_0^2$ 计算船位处的有效波高。式中 V_0 为海面风速。对于本例，将 11.2 m/s 的风速代入公式计算得 $H = 2.7$ m，比波浪分析图上的波高要偏低一些，误差偏大。

7.3.2.4　12 h 推算船位处（15 日 1200UTC）的天气、海况预报

（1）作图和形势预报

船舶以 20 kt 的速度向西航行，12 h 后船舶西移 4 个经度，则推算船位为 38°N、166°E，见图 7.4 中 B 点 * 处。

1030 hPa 入海变性冷高以 25 kt 的速度向东移动，船舶受其影响将越来越弱。978 hPa 锢囚气旋在 14 日中加速向 ENE 移动（14 日 0000UTC，移向 E，移速 25 kt；14 日 0600UTC，移向 ENE，移速 35 kt；14 日 1200UTC，移向 ENE，移速 40 kt；14 日 1800UTC，移向 ENE，移速 50 kt），中心气压快速加深（14 日 0000UTC，1006 hPa；14 日 0600UTC，1000 hPa；14 日 1200UTC，994 hPa；14 日 1800UTC，986 hPa），在 14—15 日的 24 h 内，中心气压下降了 26 hPa，达到了暴发性发展的程度。受前方 1030 hPa 海上变性高压的阻挡，预计未来 12 h 内该锢囚气旋移速会有所减缓，但变化幅度不大，中心气压将进一步加深，意味着低压内大风风力等级会增大，大风范围会扩大。因此，本船未来 12 h 的航行中仍然重点防范 978 hPa 锢囚气旋的影响。

未来 12 h 后，978 hPa 锢囚气旋将以 50 kt 的速度向 NE 方向移动 10 个纬距。根据矢量三角形作图法求相对运动的原理，在 ASAS 图上，假定该气旋的中心不动，船舶从 12 h 推算船位（图 7.4 中 B 点 * 处）出发，向气旋中心移动相反的方向，即 SW 方向移动 10

个纬距，则得到 12 h 后船舶相对于移动后的气旋中心的位置，即相对船位 31°N、157°E，见图 7.4 中 C 点 * 处，并将 C 点 * 标在图 7.5AWPN 图中相应位置上。

上述分析和作图表明，12 h 内本船将穿越暖锋，到达加深后的 978 hPa 锢囚气旋的暖区，离冷锋线 1 个纬距左右，相对船位仍在 30 ~ 55 kt 的大风圈内。

（2）天气海况要素预报

① 天空状况、天气现象和能见度

根据北半球锋面气旋天气模型，并参考相对船位附近测站资料，预报未来 12 h 内本船航线上阴有小阵雨。

② 风

a. 方法一：根据天气模型及附近测站资料直接判断

相对船位位于锋面气旋冷锋前，并在 30 ~ 55 kt 的大风圈内，故预报未来 12 h 内航线上风力由 6 ~ 7 级转 5 ~ 6 级，阵风 7 ~ 8 级，船舶穿越暖锋后风向转为 S—SW。

b. 方法二：根据地转风理论计算

如图 7.5 所示，过 C 处 * 符号作相邻两根等压线的公垂线段 Δn_C，量得 Δn_C 为 3 纬距，Δn_C 两端气压差为 4 hPa，代入地转风公式中 $n_g = \frac{4.78}{\sin\varphi}(\frac{\Delta p}{\Delta n})$，有 $n_{gA} = \frac{4.78 \times 4}{\sin 31° \times 3} = 12.4$ m/s。则海面风速为 $n_{海C} = 65\% n_{gC} = 65\% \times 12.4 = 12.4$ m/s，5 级风。

C 点 * 处地转风向 WSW，中纬度海面风向比地转风向向低压内偏转 10° ~ 20°，故海面风为 SW 风。

③ 海浪

a. 方法一：根据海浪分布图及附近测站资料直接判断

由图 7.5AWPN 图中 C 点 * 处等波高线分布、主波向以及测站资料情况判断，未来 12 h 船位处浪向 SW，浪高 3.0 ~ 3.5 m。

b. 方法二：用公式法计算波高

将 $V_0 = 8.0$ m/s 代入公式 $H = 0.0214 V_0^2$ 中，计算得 $H = 1.38$ m，比波浪分析图上的波高要偏低，误差偏大。

7.3.2.5 24 h 推算船位处（16 日 0000UTC）的天气、海况预报

（1）作图

24 h 后船舶继续向西航行 4 个经度至 38°N、162°E 处，将该 24h 推算船位标在 FSAS 图和 FWPN 图上，见图 7.6 和图 7.7 中的 D 点 * 处。

（2）形势预报

由图 7.7 可见，24 h 后，对本船航线天气影响较大的 978 hPa 锢囚气旋已加深至 966 hPa，但船舶已经摆脱其影响，24 h 推算船位位于 1028 hPa 入海变性冷高的东部边缘。

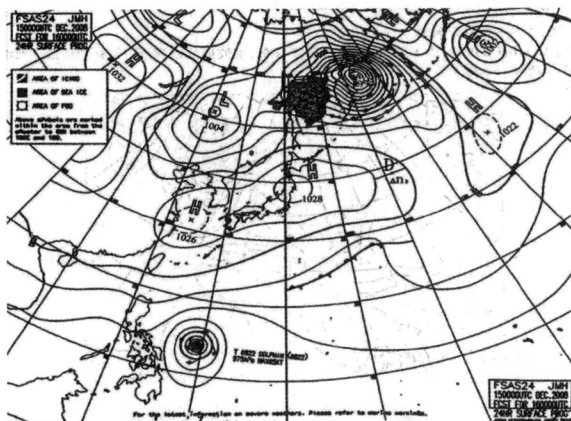

图 7.6　2008 年 12 月 15 日 0000UTC 地面预报

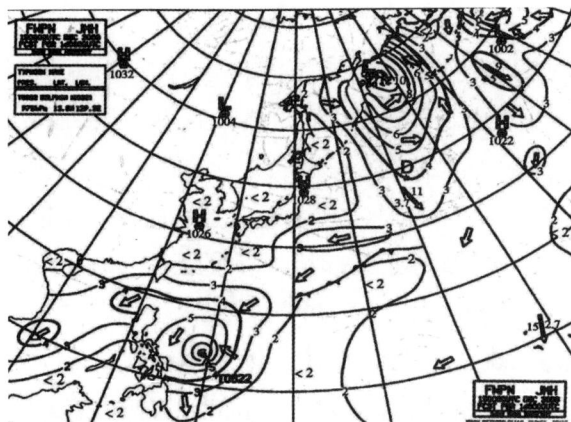

图 7.7　2008 年 12 月 15 日 0000UTC 海浪预报

（3）天气海况要素预报

①天空状况、天气现象和能见度

根据北半球冷高压天气模型，预报未来 24 h 船位处阴转多云，能见度有所改善。

②风

a. 方法一：根据天气模型预报

推算船位位于冷高压东部边缘，等压线比较稀疏，预报未来 24 h 船位处风力 3 ~ 4 级，风向 NNW。

b. 方法二：根据地转风理论计算

如图 7.7 所示，过 D 处 * 符号作相邻两根等压线的公垂线段 Δn_D，量得 Δn_D 为 5 纬距，

Δn_D 两端气压差为 4 hPa，代入地转风公式中 $n_g=\dfrac{4.78}{\sin\varphi}(-\dfrac{\Delta p}{\Delta n'})$，有 $n_{gA}=\dfrac{4.78\times4}{\sin38°\times5}=6.2$ m/s。则海面风速为 $n_{海\text{D}}=65\%n_{g\text{D}}=65\%\times6.2=4.0$ m/s，3 级风。

D 点 * 处地转风向偏 N，中纬度海面风向向低压内偏转 10°～20°，故海面风为 NNW 风。

③海浪

a. 方法一：根据海浪分布图直接判断

由图 7.4FWPN 图中 D 点 * 处等波高线分布、主波向情况判断，未来 24 h 船位处浪向 NW，浪高约 4 m。

b. 方法二：用公式法计算波高

将 $V_0=4.0$ m/s 代入公式 $H=0.0214V_0^2$ 中，计算得 $H=0.35$ m，比波浪预报图上的波高明显偏低。结论不予采用。

由上述预报结论可见，从 15 日 0000UTC 到 1200UTC，本船航线上会遭遇到强烈发展的锢囚气旋引起的大风、大浪的影响，风力范围 6～8 级，浪高 4 m 以下，尤其在前 6 h 内，风、浪影响会更强一些，船舶应做好抗击风浪的准备。12 h 后，即 15 日 1200UTC 到 16 日 0000UTC，随着强锢囚气旋的远离，船舶很快脱离其影响，并进入天气相对较好的冷高压中，风力逐渐减小，由于气旋当中海浪成长的特性，海面波高在后 12 h 内仍达到 4 m 左右的大浪等级，船舶仍需重视。但可以预见，随着冷高压的进一步东移，未来 2 d 内，航线天气多云到少云，海面浪高将减小，适合船舶航行。因此，如果船舶具备在短时间内抗击风浪的能力，则为取得后续更长时间有利的天气、海况条件，建议按原计划航线继续航行。

用 15 日 0600UTC、1200UTC、1800UTC、16 日 0000UTC、17 日 0000UTCASAS 图检验上述分析和预报结论，可靠性很高。其中，978 hPa 强锢囚气旋的移动比预报结论要快，15 日 1200UTC 时，船位已西行至冷锋后部，因此，船舶实际受该气旋大风、大浪影响的时间比前面预报的要短。说明上述航线天气预报及航行建议是有参考价值的。

7.3.3 跟踪导航与变更航线

跟踪导航是指被导船舶在航行过程中，气象导航机构继续对其实施计算机跟踪导航服务，并根据不断更新的、精度较高的短、中期天气和海况预报推算船位，当发现航线前方有恶劣天气和海况时，及时报警提示，并对其初始推荐航线提出修改或变更的建议。

正常情况，被导船舶在航行途中，若推荐航线上的天气、海况无大变化时，气象导航机构每隔 2 d 会将航线前方的天气、海况等情况电告给船长。若发现情况变化较大时，则将考虑是否提出修改或变更航线的建议。目前较先进的气象导航机构，对已确定的推荐航线，开航后仍有 10%～12% 需要进行修正或变更。

航线变更实例：将计划航线 JH 和相对位移线 Rm（变更线）绘在图上（图 7.8）。

由计划航向和天气系统移向看出，船将与 988 hPa 的锋面气旋相遇（图 7.9）。

气旋区域内有大风和暴风警报（图 7.10）。

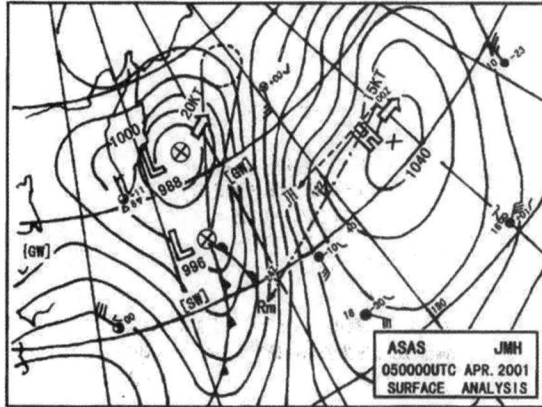

图 7.8　ASAS 分析

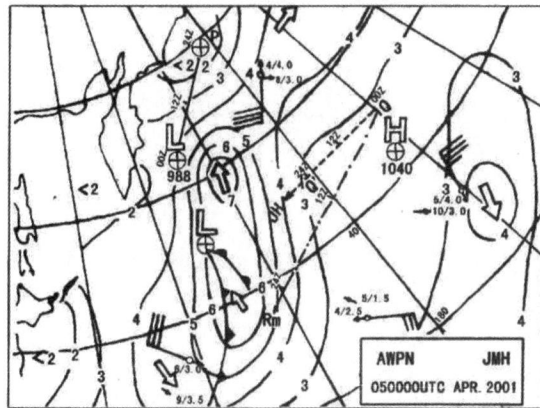

图 7.9　地面 AWPN 分析

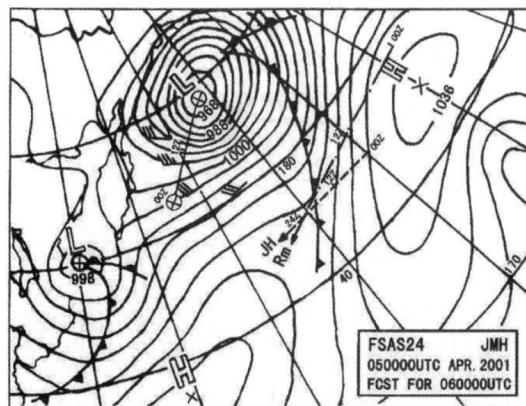

图 7.10　FSASA24 预报

绘出天气系统位移线，绘出船舶位移线。根据等分点原理点出两条线上各同时刻预测位置点（图7.11）。

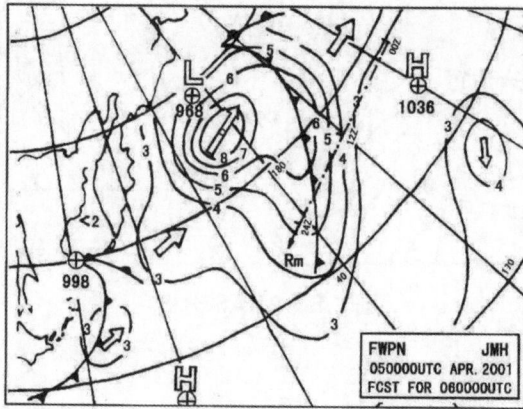

图7.11 FWPN预报

依据图7.12，同时刻点相连：A_1—B_1，A_2—B_2。两条线均平移到B_0点，得到C_1与C_2点，连接A_0—C_1—C_2点，可获得A_0—R_m相对位移线。R_m线与A_i线的夹角即需调整的航线角度（图7.12）。将原航向改为SW，等避开后，再恢复原航向。注意，SW是R_m线方向，纬圈方向为西（W），R_m方向即为西南。B为天气系统；A为船舶A_0—R_m，相对位移线C_i由A_iB_i线平移得到。

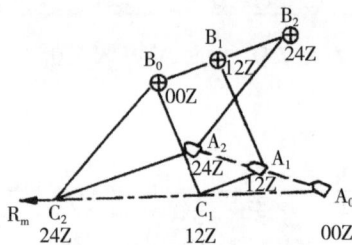

图7.12 相对位移线的制作

7.3.4 天气定航的等时线法

在天气定线中应用最早的，首推基于图表计算的等时线法。等时线法，又称最短时间航线作图法。

其基本原理是：首先用大圆航线将起航点至目的地，或某时刻船舶在海上的实际位置至目的地连接起来作为参照，然后在这条大圆航线附近天气海况允许航行的范围内进行作图推算（图7.13）。

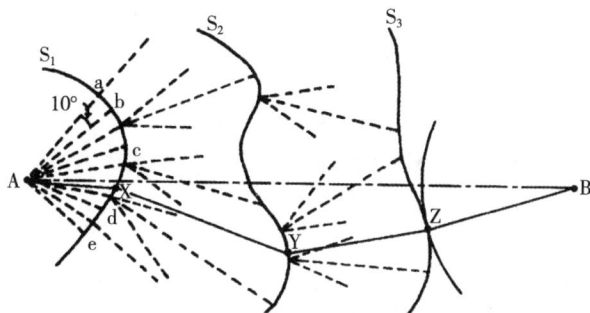

图 7.13　等时线航线作图法

　　具体做法：以起点为原点，向终点方向的 45° 范围内，每隔 10° 定一条方向线。考虑天气及其影响、航路特征等，利用波浪预报图和船舶运动性能曲线计算出各条行航线上的船航速，再求出一天的航程，从而得到 24 h 后船舶的一系列可能到达点，将这些点用一条光滑曲线 S1 连接起来。

　　然后由 S1 上各点出发，再考虑第二天的天气及其影响、航路特征等，利用波浪预报图和船舶性能曲线求得 24 h 后的曲线 S2，如此绘制下去，可以得到 S3 等一系列曲线。

　　然后以目的地为圆心作最后一条曲线的切线，得一切点，该切点离目的地的位置最近。再以该切点作倒数第二条曲线的切线，又得一切点，如此下来，直至做至第一条 S 曲线为止。

　　这样得到一系列切点，将这些切点及航点（或某时船舶在海上的实际位置点）和目的地连接起来，就得到最短时间航线。

　　显然最短时间航线的每一分段航线都垂直于各自的 S 曲线，利用上述方法最后得到图 7.13 中最短时间线。

7.3.5　航线选择举例

　　横渡大西洋的航线选择。A 航线是以大圆为主的航线，B 航线是气象导航人员在当时天气和海况形势下推荐的航线（图 7.14）。

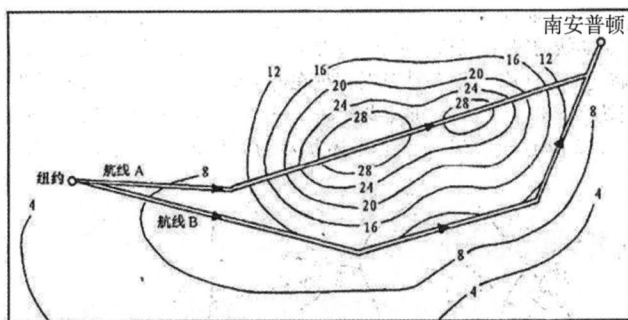

图 7.14　大浪区航线选择比较

A 线与波浪区相遇，航速将大大降低，货物也易受损。B 线浪小，船舶失速小，总航时可能会小于 A 线。但这是将波浪场看成不变的量时给出的定性估计，实际情况会有变化。

横渡太平洋航线的选择。A 为气象导航推荐的经白令海的高纬度航线，B 为相同时段内中纬度习惯航线。两条航线针对同一类型船舶，见图 7.15 所示。

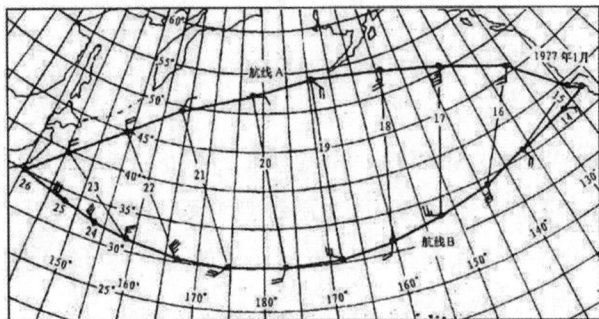

图 7.15　气象导航航线比较

一般认为，高纬度海区冬季风浪较大，但实际并不完全如此。A 航线遇到的风速起初一天大，其余天数比 B 航线风速小，而 B 航线上另一艘同类型的船舶是一路顶风。

总效果：

B 线航程 4990 n mile（海里），平均航速 16.8 km/h，总航时 297 h。

A 线航程 4885 n mile（海里），平均航速 21.3 km/h，总航时 229 h。

气象导航使航程缩短 105 n mile（海里），航时节省 68 h。

7.3.6　航次评价报告

航行结束后，气象导航机构将需要及时做出本航次的航行总结报告。内容包括实际总航程、航时和航程平均航速，还有逐日推算船位、船速、风向、风速、浪向、浪高等。还要统计全部航途中船舶遇到的不同风力等级下顺浪、顶浪和横浪的日数，以及实际天气与海流对船速的影响。此报告送交船公司，副本交船长，以便总结经验。由于中、长期天气预报和海况预报准确度的限制，推荐航线不一定是最理想的航线。但船舶抵港之后，总可以根据全程中的天气实况找出风浪最小、航时最省的理想航线，事后航次分析将推荐航线、实际航线与理想航线进行对比，找出该航次中前两者不足之处并分析其原因，以改进气象导航技术。

7.4　大风引起海损事故分析

大风造成的海损事故同风力大小、风向、起风时间、关键风力持续时间及结束时间有关。

浙江省统计气象海损事故中，沉船发生的概率为82%，其中因大风（浪）引发的沉船占60%，因海雾引发的沉船占40%。

由于风力大小决定了在海上作业船只是否采取返港、落拱、逃洋等避风措施，它会直接影响海损事故的发生。

7.4.1 风力大小

8%的船只在小于8级风时发生海损事故，78%海损事故是8～10级大风过程中发生的（图7.16）。

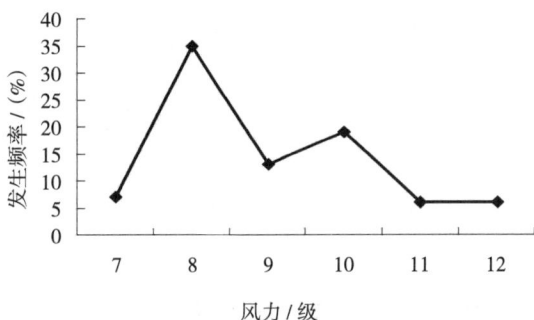

图 7.16 渔业海损事故发生频率与风力等级关系

7.4.2 风向

70%事故是由北风引起的，30%则是由南风引起的。由风向导致海损事故发生比例为12%，尤其是在港口、码头发生的事故大多数是风向转换引起的。

由于风向的不同直接决定了渔船避风的港口的选择及返港、落拱、逃洋的路线，特别是台风和低气压系统，一次大风过程往往有几种风向甚至是旋转的风向，由于风向变换快，经常会造成海损事故的发生，甚至在港口翻船。

7.4.3 起风时间、关键风力的持续时间及结束时间

50%船只在返港途中发生海损事故；8～10级大风持续时间在24 h以上，则事故发生的概率要比12 h增加近2倍。

7.5 沿海大风预报服务注意事项

（1）必须树立安全第一的指导思想。应当在安全第一的前提下，兼顾生产。

（2）严密监视天气变化。

（3）注意偏南大风急转偏北大风，防止在转港过程中发生事故。

（4）注意偏北大风风向的预报。即使是偏北大风也需要区分是东北大风还是西北大风，以便渔船选择合适的港口避风。

（5）注意小低压在渔场发生、发展形成大风的可能性。

（6）注意黄渤海低压具有起风早、风力强的特点。

（7）在重视强过程的同时还需注意一般的大风预报。

（8）关于抓"暴头鱼和暴尾鱼"的问题。

（9）注意台风的影响。

（10）注意捕捞渔区的变化。沿海台站必须要把延长外海预报服务时效，提高准确率作为努力方向。

7.6 海区大风预报检验

可参考《沿岸海区风预报质量检验办法（试行）》进行海区大风预报检验。

7.6.1 适用范围

适用于沿岸海区，即自海岸线向外 100 km 内的近海及近岸区域风预报产品的检验。

7.6.2 检验的区域范围和时段

检验范围为全国沿岸 34 个海区，检验时段为全年。

7.6.3 检验内容

对于每日 08 时、14 时和 20 时起报的未来 1 ~ 3 d 12 h 间隔的风预报，进行风力、风向检验。

7.6.4 实况数据

7.6.4.1 预报质量评定代表站的选取

针对沿岸 34 个海区，分别选取预报质量评定代表站，代表站的选取原则如下。

（1）首选浮标站。

（2）站点海拔高度控制在 30 m 以下，如代表性较好则可适当放宽，但不超过 70 m。

（3）同一海区的代表站尽量选取海拔接近 10 m 的站点。

（4）同一海区的 3 个代表站尽量分散。

（5）站点选取尽量选取远离陆地的海中站点。

（6）选取周围无遮挡的站点。

（7）选取到报率高的站点。

（8）选取观测值与气候态状况相近的站点。

7.6.4.2 风力和风向实况

（1）沿岸 34 个海区风的观测实况以选取的代表站为准。

（2）风力实况为预报时效内某一海区所有代表站出现的最大风力。

（3）风向实况为预报时效内某一海区最大风力出现时对应的风向。如出现 2 个或 2 个以上代表站最大风力相同时，选取与预报风向相近的代表站风向作为实况风向。

7.6.4.3 实况资料质量控制

当某一个沿岸海区有两个及以上代表站，且在预报时效内这些代表站中任何两个站之间的风力等级差异超过 3 个风力等级（≥ 12 m/s）时，认为该实况资料质量不可靠。出现该情况时，不对该时效内、该海区的预报进行预报质量检验。

7.6.5　检验方法

检验以风力检验为主，风向检验为辅。

7.6.5.1　风力检验

沿岸海区风力检验分为风力预报评分和大风预报评分两种，其中，风力预报评分对所有风力预报进行检验，检验结果分为 3 级：6 级以下风的检验（风速 < 10.8 m/s）、6 ~ 7 级风的检验（10.8 m/s ≤ 风速 < 17.2 m/s）和 8 级及以上风的检验（风速 ≥ 17.2 m/s）；大风预报评分仅对海上灾害性大风，即风力 ≥ 8 级进行检验。

风力预报评分是根据预报风力与实况风力的差值大小给出相应的预报评分，分数范围为 0 ~ 100 分。

具体评分方法为：

（1）当预报风力与实况风力一致时，预报评分为 100 分。所谓一致，即预报时段评分站点观测到的最大风力在预报风力等级范围内，且预报等级只能是相邻的两个等级。

（2）当预报风力与实况风力相差半个量级时，预报评分为 80 分。所谓半个风力量级分为预报风力范围上限半个量级和下限半个量级。

（3）当预报风力与实况风力相差一个量级时，预报评分为 60 分。所谓一个风力量级分为预报风力范围上限一个量级和下限一个量级。

（4）当预报风力与实况观测最大风力相差一个量级以上时，预报评分为 0 分。

（5）实况低于 3.3 m/s，预报 3 级以下时，预报评分为 100 分；预报 3 级以上时，按具体评分方法（2）~（4）。

（6）实况大于 61.2 m/s，预报 17 级及以上时，预报评分为 100 分；预报 17 级以下时，按具体评分方法（2）~（4）。

对于某一次风力预报，直接给出针对不同海区的预报评分；对于一段时间（如月、季、年度等），给出该段时间内不同海区、不同风力等级的平均风力预报评分，即平均风力预报评分 = 总的风力预报评分 / 预报次数。

大风预报评分是对某一段时间（如月、季、年度等）≥ 8 级的大风预报评分，检验量包括准确率、漏报率和空报率，分数范围为 0 ~ 1.0。

具体评分方法为：

准确率：$TS_k = \dfrac{NA_k}{NA_k + NB_k + NC_k}$

漏报率：$PO_k = \dfrac{NC_k}{NA_k + NC_k}$

空报率：$FAR_k = \dfrac{NB_k}{NA_k + NB_k}$

以上式中，NA_k 为预报正确次数；NB_k 为空报次数；NC_k 为漏报次数。所谓正确，即预报风力达到或超过 8 级，实况风力也达到或超过 8 级；所谓空报，即预报风力达到或超过 8 级，实况风力小于 8 级；所谓漏报，即预报风力小于 8 级，实况风力达到或超过 8 级。

7.6.5.2 风向检验

风向检验结果为正确、不正确两种。

当预报风向与实况观测风向的绝对偏差 ≤ 45° 时，评定为正确；否则为不正确。所谓实况观测风向，即预报时段评分站点观测到的最大风力时的风向。如有多个等风力不同风向时，以与预报方向一致的观测方向作为评分标准。

当预报为转风时，以检验时段出现 3 个不同风向（所谓实况观测风向，即预报时段内各观测时刻观测到最大风力的观测站风向为准），其中 2 个为预报风向与实况观测风向的绝对偏差 ≤ 45° 时，评定为正确；否则为不正确。

当预报为旋转风时，以检验时段出现 3 个不同风向（所谓实况观测风向，即预报时段内各观测时刻观测到最大风力的观测站风向为准）评定为正确；否则为不正确。

对于某一次风向预报，直接给出针对不同海区的检验结果；对于一段时间（如月、季、年度等），给出该段时间内不同海区的风向预报正确率，即正确率 = 预报正确次数 / 所有预报次数。

7.7 海上工程施工窗口期预报

以海上风电场设备安装项目为例，施工窗口期是指适合施工的环境时期。合理利用施工窗口期，对降低施工风险、提高施工效率、节约施工成本具有重要意义。

影响海上风电施工的自然因素主要有潮位、海面风、波浪、海流、降雨、大雾、雷暴、台风等。其中潮位和海流等属于较为稳定的影响因子，它们的规律相对易于掌握；雨、雾、雷暴和台风这些气象因子属于短期影响因子，可预报性也相对较强；而影响海上风电施工最大的因子是强风与波浪，尤其是强风驱动着强浪。

取广东粤电湛江外罗海上风电项目的例子，本工程暂不考虑海流对施工的影响，又因施工海域年暴雨天气较少，暂不考虑暴雨影响。

这样，施工窗口期的界定为：

（1）风机基础和海上升压站基础施工：连续 4 d 及以上满足风况不大于 5 级且浪高不高于 1.5 m。

（2）塔筒安装施工：连续 2 d 及以上满足风力不大于 5 级且浪高不高于 1.5 m。

（3）叶轮安装施工：连续 2 d 及以上满足风力不大于 4 级且浪高不高于 1.5 m。

（4）海缆铺设施工：风力不高于 5 级，且浪高不高于 1.5 m，能见度大于 1000 m。

根据 2015—2017 年广东省气象台广东沿海海洋天气预报历史数据中的琼州海峡海洋气象，结合各项施工船机设备对于海况，尤其是风况和浪高两个关键因子的要求，得出施工海域施工窗口期的特点：

（1）可利用的窗口期主要集中在每年的 5—9 月，其中风机基础施工时间平均达到 25 d 左右，塔筒和叶轮吊装接近 30d，海缆铺设施工接近 30 d。

（2）5—9 月影响施工的主要因子为台风等极端恶劣海况，每次台风过境，对施工影响的天数大约为 7 d。

（3）利用 5—9 月的窗口期，将风机基础施工、风电机组安装等工序形成流水作业，月平均需完成 6～7 台风机的各项施工。

因此，做好工程海域的海洋气象资料收集、分析和预测，掌握施工海洋气象的规律，可以有效克服复杂多变海洋气象条件带来的对施工安全、质量和进度的不利影响。海上施工窗口期预测是海上大风专业气象预报服务的重要方面之一。

参考文献

[1]　崔玉玺，陆家琏.海洋气象服务手册与指南 [M].北京：气象出版社，1990.

[2]　陈登俊.航海气象学与海洋学 [M].北京：人民交通出版社，2009.

[3]　许小峰，顾建峰，李永平.海洋气象灾害 [M].北京：气象出版社，2009.

[4]　郑治斌.气象防灾减灾与服务研究 [M].北京：气象出版社，2018.

[5]　马鹤年.气象服务学基础 [M].北京：气象出版社，2012.

[6]　中国海事服务中心.航海气象与海洋学 [M].北京：人民交通出版社，2008.

[7]　腾骏华.全国海洋渔业生产安全环境保障服务系统研究 [M].北京：海洋出版社，2015.

[8]　傅海威.宁波海洋服务业务发展路径研究 [M].北京：经济科学出版社，2013.

[9]　罗晓勇.现代气象服务的经济学分析 [M].北京：气象出版社，2015.

[10] 秦剑.气象服务业务概论 [M].北京：气象出版社，2016.